中 等 职 业 教 育 规 划 教 材
工业和信息化人才教育与培养指导委员会审定

电工电子技术与技能

学习指导和练习

陈振源 主编

人 民 邮 电 出 版 社
北 京

图书在版编目（CIP）数据

电工电子技术与技能学习指导和练习 / 陈振源主编
. -- 北京 : 人民邮电出版社, 2012.8
中等职业教育规划教材
ISBN 978-7-115-28236-1

Ⅰ. ①电… Ⅱ. ①陈… Ⅲ. ①电工技术－中等专业学校－教学参考资料②电子技术－中等专业学校－教学参考资料 Ⅳ. ①TM②TN

中国版本图书馆CIP数据核字(2012)第116449号

内 容 提 要

本书为《电工电子技术与技能》(陈振源主编，ISBN 978-7-115-22580-1）的学习配套教材。本书与《电工电子技术与技能》相对应地分为 11 章，第 1 章至第 6 章为电工技术相关内容，第 7 章至第 11 章为电子技术相关内容。每章包括【要点归纳】、【典题解析】、【同步练习】、【技能拓展】4 个模块。本书简洁明了地叙述了各章知识的重点和难点，对学习电工电子技术有很好的指导作用。书中对典型习题进行了详细的解析，有助于学生对所学知识进行深入理解。各章配有同步练习题，便于学生进一步自我检测相关内容的学习效果。【技能拓展】模块重点突出了实践技能的强化和拓展训练。

本书既可作为《电工电子技术与技能》的学习辅导教材，也可作为教师教学和学生学习相关电工电子技术课程的参考书。

◆ 主　　编　陈振源
　责任编辑　刘盛平
◆ 人民邮电出版社出版发行　　北京市丰台区成寿寺路 11 号
　邮编　100164　　电子邮件　315@ptpress.com.cn
　网址　http://www.ptpress.com.cn
　北京天宇星印刷厂印刷
◆ 开本：787×1092　1/16
　印张：11.25　　2012 年 8 月第 1 版
　字数：279 千字　　2024 年 10 月北京第 14 次印刷

ISBN 978-7-115-28236-1

定价：24.00 元

读者服务热线：(010) 81055256　印装质量热线：(010) 81055316
反盗版热线：(010) 81055315
广告经营许可证：京东市监广登字 20170147 号

前　言

本书是《电工电子技术与技能》（陈振源主编，ISBN 978-7-115-22580-1）的学习配套用书，依据教育部2009年颁布的《中等职业学校电工电子技术与技能教学大纲》编写，同时参考了相关行业的职业技能鉴定规范及中级技术工人等级考核标准，并参考了部分省市高职对口升学考试大纲。

本书各章内容包括【要点归纳】、【典题解析】、【同步练习】和【技能拓展】4部分。

【要点归纳】是每章教材内容的概括，对有关的学习重点、难点进行提示，以帮助学生梳理所学的知识，把握学习的重点。

【典题解析】中选择了一些具有典型意义的题型，其中不乏高职对口升学考试题目。通过典型例题分析可以帮助学生理解和巩固基本概念，提高解决问题的能力。

【同步练习】分为选择题、填空题、计算题、作图题、分析题等类型，有参考答案供学生查阅。训练题紧扣各阶段学习的重要内容和能力达标要求，方便学生自我检查学习效果，有利于复习和巩固所学知识。

【技能拓展】重点突出了电工电子实践技能的强化和拓展训练。

本书具有以下几个特点。

（1）为了有利于学习过程的同步指导和同步训练，便于及时复习和巩固所学的知识，按照主教材的项目内容及顺序，介绍了各项目的学习要求，对重要概念、主要结论都作了扼要的归纳和梳理，以使学生在学习过程中有明确的学习目标和清晰的学习思路。

（2）本书的【同步练习】深浅度适中、题型新颖，参考了相关行业的职业技能鉴定规范及中级技术工人等级考核标准，并参考了部分省市高职对口升学考试大纲，便于学生对本课程相关知识的巩固和提高，有助于学生的综合素质和实践能力提升。

（3）本书是在中等职业学校实施理论与实践一体化教学改革经验的基础上归纳整理出来的，【技能拓展】是本门课程同步训练的重点，是主教材的实践教学的强化和扩展。学生通过这部分的学习和训练，能进一步加强电工电子技术基础的实践操作能力，并可培养学生识读电路图、分析实验结果以及对电工电子线路进行测试和调整的能力。

本书可作为高职升学考试的复习用书，也可供相关行业岗位培训或自学电子技术使用。

本书由陈振源任主编，参加本书编写工作的还有吴友明、杜伊凡、孙跃岗、杨涛和王昊。

本书编写过程中，由于时间仓促，加之编者水平有限，书中难免出现错误和不妥之处，敬请读者批评指正，以便今后不断改进。

编　者

2012年5月

目 录

第1章 直流电路……1

要点归纳……1

典题解析……6

同步练习……8

1.1 电路……8

1.2 电路的常用物理量……8

1.3 电阻元件……10

1.4 电阻的连接……12

1.5 电路基本定律……13

技能拓展……15

第2章 电容与电感……17

要点归纳……17

典题解析……20

同步练习……21

2.1 电容……21

2.2 电磁基础知识……23

2.3 电感……25

技能拓展……26

第3章 单相正弦交流电路……27

要点归纳……27

典题解析……31

同步练习……33

3.1 交流电的基本知识……33

3.2 基本正弦交流电路……35

3.3 串联交流电路……37

3.4 LC 谐振电路……39

技能拓展……40

第4章 三相正弦交流电路……43

要点归纳……43

典题解析……46

同步练习……47

4.1 三相正弦交流电源……47

4.2 三相负载的联结……48

4.3 安全用电……50

技能拓展……50

第5章 用电技术和常用低压电器……53

要点归纳……53

典题解析……55

同步练习……56

5.1 电力供电与节约用电……56

5.2 变压器……57

5.3 照明灯具的选用及安装……58

5.4 常用低压电器……59

技能拓展……61

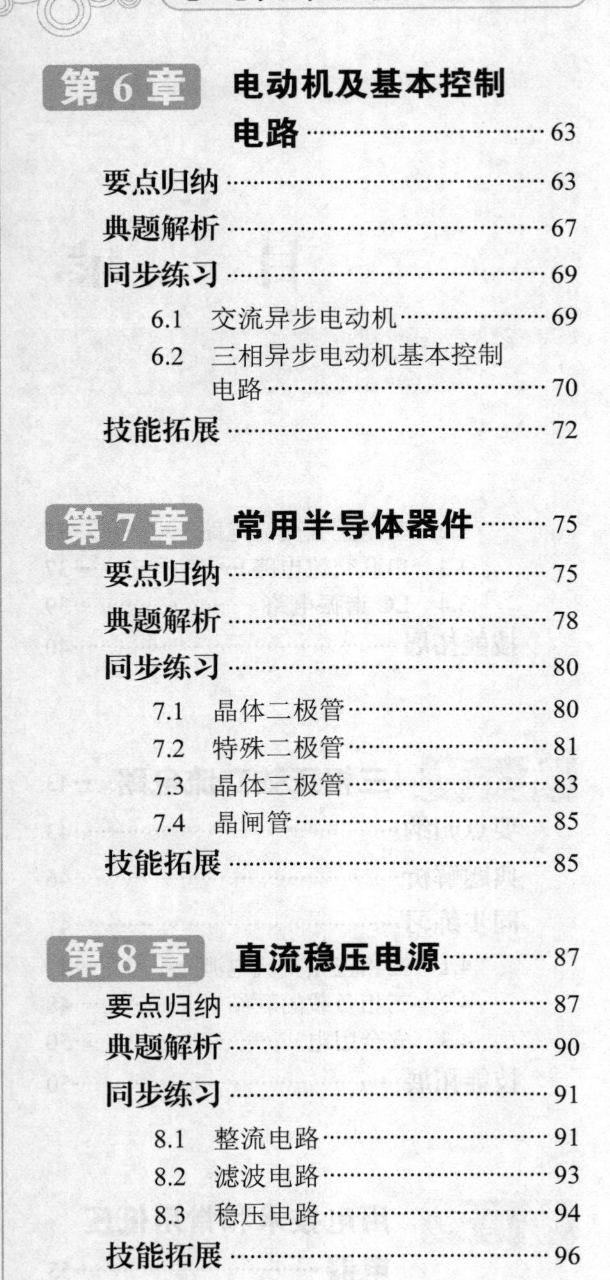

第6章 电动机及基本控制电路……63
要点归纳……63
典题解析……67
同步练习……69
6.1 交流异步电动机……69
6.2 三相异步电动机基本控制电路……70
技能拓展……72

第7章 常用半导体器件……75
要点归纳……75
典题解析……78
同步练习……80
7.1 晶体二极管……80
7.2 特殊二极管……81
7.3 晶体三极管……83
7.4 晶闸管……85
技能拓展……85

第8章 直流稳压电源……87
要点归纳……87
典题解析……90
同步练习……91
8.1 整流电路……91
8.2 滤波电路……93
8.3 稳压电路……94
技能拓展……96

第9章 放大电路与集成运算放大器……98
要点归纳……98
典题解析……101
同步练习……104
9.1 基本放大电路……104
9.2 集成运算放大器……107
9.3 放大电路中的负反馈……109
技能拓展……110

第10章 数字电路基础知识……113
要点归纳……113
典题解析……115
同步练习……117
10.1 脉冲与数字信号……117
10.2 数制与码制……119
10.3 逻辑门电路……120
技能拓展……122

第11章 组合逻辑电路与时序逻辑电路……124
要点归纳……124
典题解析……131
同步练习……135
11.1 组合逻辑电路……135
11.2 触发器……138
11.3 时序逻辑电路……141
技能拓展……144
参考答案……149

第1章

直流电路

本章学习的重点是掌握电路的组成和电路图的表示方法，理解电路的基本物理量的含义，认知电阻元件并掌握其接法，理解电路的基本定律，为学好电工与电子技术打下知识基础。技能方面将学会直流电压、直流电流的测量，绝缘电阻的测量。

要点归纳

一、电路

1. 电路组成

可以使电流流通的回路叫做电路。电路是由电源、导线、负载和控制器构成的。

2. 电路的状态

（1）开路状态。电路处于开路状态，电路中没有电流流过。开路通常又叫断路。

（2）有载状态。当开关 S 闭合后，电源与负载接成闭合回路，电源处于有载工作状态，电路中有电流流过。

（3）短路状态。此时电源的两个极性端直接相连，将导致电源因发热而损坏或引起电气设备的损伤。

二、电路的常用物理量

1. 电流

电荷的定向运动形成电流。通常把正电荷运动的方向规定为电流的方向。

电流的大小用每秒中通过导体横截面的电荷量 q 来表示，即

$$I=\frac{q}{t} \qquad (1.1)$$

式中：q 表示电量，单位为库仑（C）；t 表示时间，单位为秒（s）；电流的基本单位是安培（A）。用电流表来测量电流的大小时，应注意以下几点。

（1）电流表必须串接到被测量的电路中。

（2）对交流电流、直流电流应分别用交流电流表和直流电流表测量。

（3）测量直流电流时，正负表笔不能接错。

（4）测电流时，一般要先估计被测电流的大小，选择合适的电流表的量程。

2. 电压

电压又称电位差，是衡量电场力做功多少的物理量。电压的大小是单位正电荷从电场中 A 点移到 B 点电场力所做的功。

$$U_{AB}=\frac{W}{q} \tag{1.2}$$

在国际单位制中，q 的单位是库仑（C），W 的单位是焦耳（J），U_{AB} 的单位是伏特（V）。电压的实际方向是从高电位点指向低电位点，即由电源正极指向负极。

用电压表来测量电压的大小时，应注意以下几点。

（1）电压表必须并联在被测电路的两端。

（2）对交流电流、直流电流应分别用交流电压表和直流电压表测量。

（3）测直流电压时，正负表笔不能接错。

（4）测量电压时，一般要先估计被测电压的大小，以便合理选择电压表的量程。

3. 电位

电位是电场力把单位正电荷从零电位移动到某一点时所作的功。电路中任意两点 A、B 之间的电位差就是这两点间的电压，关系式为

$$U_{AB}=V_A-V_B \tag{1.3}$$

电位的单位也是伏特（V）。

4. 电动势

在电源内部，电源力把单位正电荷从电源的负极移到正极所做的功，称为电动势，即

$$E=\frac{W}{q} \tag{1.4}$$

式中：W 的单位是焦耳（J），q 的单位是库仑（C），电动势的单位是伏特（V）。
电动势的正方向在电源内部是由电源的负极指向正极。

5. 电能

在电场力作用下，电荷定向移动形成的电流所做的功叫电能。

$$W=qU=UIt \tag{1.5}$$

电能的单位也是焦耳（J），在实际应用中常以千瓦时（kW·h），俗称度，作为电能的单位。电能是利用电能表（俗称电度表）来测量的。

6. 电功率

电器在单位时间 t 内所消耗的电能 W 称为电功率，用字母 P 表示，可记为

$$P=\frac{W}{t}=UI \tag{1.6}$$

电功率的单位为瓦特（W），常用的单位还有千瓦（kW）。电功率可利用功率表进行测量。

三、电阻元件

1. 电阻

导体能导电，但同时对电流通过又具有一定的阻碍作用，称为电阻。电阻 R 的大小与导体的电阻率ρ、导体的长度 L、导体的横截面积 S 有关，用公式表示为

$$R = \rho \frac{L}{S} \tag{1.7}$$

在温度不变时，一定材料导体的电阻跟它的长度成正比，跟它的截面积成反比，这个规律叫作电阻定律。电阻的单位是欧姆（Ω）。

2. 电阻器的分类

（1）按电阻器的制作材料来分，可分为碳膜电阻、金属膜电阻、线绕电阻、水泥电阻等。

（2）按电阻的数值能否变化来分，可分为固定电阻、微调电阻、电位器等。

（3）按电阻的用途来分，可分为普通电阻、压敏电阻、光敏电阻、热敏电阻等。

3. 电阻器的识读

（1）色标法。色环电阻的阻值和误差一般用色环来表示，如图 1.1 所示。靠近电阻端的第一道色环表示阻值的最大一位数字，第二道色环表示第二位数字，第三道色环表示阻值末应该有几个零，第四道色环表示阻值的误差。

（2）直标法。把元器件的主要参数直接印制在元件的表面上即为直标法。

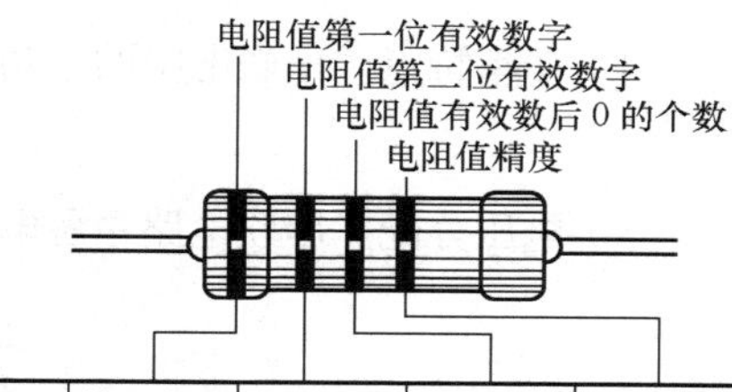

颜色	第一色环第一位数	第二色环第二位数	第三色环环倍数	第四色环误差
黑	0	0	10^0	
棕	1	1	10^1	
红	2	2	10^2	
橙	3	3	10^3	
黄	4	4	10^4	
绿	5	5	10^5	
蓝	6	6	10^6	
紫	7	7	10^7	
灰	8	8	10^8	
白	9	9	10^9	
金			10^{-1}	±5%
银			10^{-2}	±10%
无色				±20%

图 1.1　电阻器色环表示法

4. 欧姆定律

欧姆定律是反映电路中电压、电流、电阻等物理量之间内在联系的一个极为重要的定律。

（1）部分电路欧姆定律。在一段不含电源只有电阻的电路中，流过电阻的电流 I 大小和加在电阻两端的电压 U 成正比，与电阻 R 成反比，即

$$R = \frac{U}{I} \tag{1.8}$$

式中：电压 U 以伏特（V）为单位，电流 I 以安培（A）为单位，电阻 R 以欧姆（Ω）为单位，常用的单位还有千欧（kΩ）、兆欧（MΩ），换算关系为 $1\ \text{M}\Omega = 10^3\ \text{k}\Omega = 10^6\Omega$。

（2）全电路欧姆定律。一个含有电源的闭合电路称为全电路。全电路欧姆定律，用公式表示为

$$I = \frac{E}{R + R_0} \tag{1.9}$$

式中：总电阻为负载电阻 R 和电源内部电阻 R_0 之和，以欧姆（Ω）为单位；电源电动势 E 以伏特（V）为单位；电流 I 以安培（A）为单位。

四、电阻的连接

1. 电阻串联电路

把两个或两个以上的电阻器依次连接，使电流只有一条通路的电路，称为电阻串联电路。电阻串联电路的特点如下。

（1）电流特点。串联电路的电流处处相等，即

$$I_1=I_2=I_3=\cdots=I_n \tag{1.10}$$

（2）电压特点。串联电路的总电压等于各电阻上分电压之和，即

$$U=U_1+U_2+U_3+\cdots+U_n \tag{1.11}$$

（3）电阻特点。串联电阻的总电阻等于各分电阻之和，即

$$R=R_1+R_2+R_3+\cdots+R_n \tag{1.12}$$

（4）功率特点。串联电阻的总功率等于各电阻的分功率之和，即

$$P=P_1+P_2+P_3+\cdots+P_n \tag{1.13}$$

（5）电压分配。串联电路中各电阻分得的电压与其阻值成正比，即

$$\frac{U_1}{R_1}=\frac{U_2}{R_2}=\frac{U_3}{R_3}=\cdots=\frac{U}{R}=I \tag{1.14}$$

如果两个电阻 R_1、R_2 串联，电阻 R_1 分得的电压 $U_1=\frac{R_1}{R_1+R_2}U$，电阻 R_2 分得的电压 $U_2=\frac{R_2}{R_1+R_2}U$。

2. 电阻并联电路

把几个电阻器的首、尾接在相同两点之间所构成的电路称为电阻并联电路。电阻并联电路的特点如下。

（1）电压特点。各并联电阻两端的电压相等，即

$$U_1=U_2=U_3=\cdots=U_n \tag{1.15}$$

（2）电流特点。并联电路的总电流等于通过各电阻上分电流之和，即

$$I=I_1+I_2+I_3+\cdots+I_n \tag{1.16}$$

（3）电阻特点。并联电阻，总电阻的倒数等于各分电阻的倒数之和，即

$$\frac{1}{R}=\frac{1}{R_1}+\frac{1}{R_2}+\frac{1}{R_3}+\cdots+\frac{1}{R_n} \tag{1.17}$$

（4）功率特点。并联电阻的总功率等于各电阻的分功率之和，即

$$P=P_1+P_2+P_3+\cdots+P_n \tag{1.18}$$

（5）电流分配。并联电路中通过各电阻的电流与各个电阻的阻值成反比，即

$$U=I_1R_1=I_2R_2=I_3R_3=\cdots=I_nR_n \tag{1.19}$$

如果两个电阻 R_1、R_2 并联，电阻 R_1 分得的电流 $I_1=\frac{R_2}{R_1+R_2}I$，电阻 R_2 分得的电流

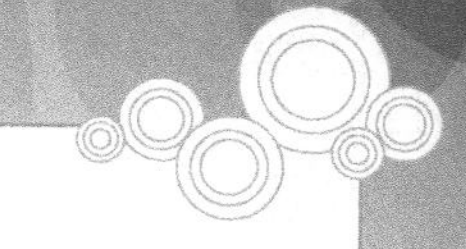

$I_2 = \dfrac{R_1}{R_1 + R_2} I$ 。

3. 电阻的混联电路

既有电阻串联又有电阻并联的电路，称为电阻的混联电路，图 1.2 所示的等效电阻（总电阻）R 可看成 R_1、R_2 串联支路与 R_3、R_4 并联支路的串联，用下式计算。

$$R = R_1 + R_2 + \frac{R_3 R_4}{R_3 + R_4}$$

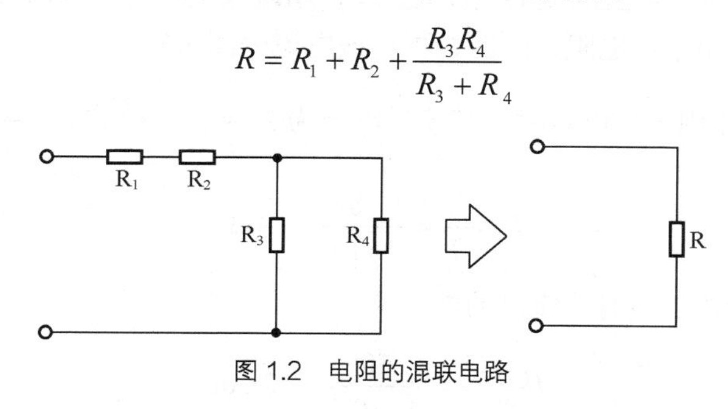

图 1.2 电阻的混联电路

五、电路基本定律

1. 基尔霍夫第一定律——电流定律（KCL）

基尔霍夫第一定律：任一瞬间，流入（或流出）电路任一节点的电流的代数和恒等于零。

$$I_1 + I_2 + (-I_3) = 0$$

通常取流入节点的电流为正，流出节点的电流为负。其通式为

$$\sum I = 0 \tag{1.20}$$

2. 基尔霍夫第二定律——电压定律（KVL）

基尔霍夫第二定律：任一瞬间在电路中沿任一闭合回路，各段电压的代数和恒等于零，即

$$\sum U = 0$$

基尔霍夫第二定律也可以表示为另一种形式，即在任意一个闭合回路中，各电动势的代数和等于各电阻上电压降的代数和，其通式为

$$\sum E = \sum RI \tag{1.21}$$

式中：电动势及电压符号按选定的回路绕行方向确定，如电动势方向与选定的回路绕行方向相同，则取正号，反之则取负号。通过电阻上的电流与绕行方向一致时，该电阻上的电压降取正号，反之取负号。

3. 支路电流法

对于一个复杂电路，以各条支路电流为未知量，先假定各支路的电流的参考方向和回路方向，再根据基尔霍夫定律列出方程式进行计算的方法称为支路电流法。其分析步骤如下。

（1）在电路图上标出各支路的电流参考方向和回路绕行方向。

（2）用基尔霍夫电流定律列出节点电流方程式。

（3）用基尔霍夫电压定律列出回路电压方程式。

（4）代入已知数，解联立方程组，求出各支路的电流。

（5）确定各支路电流的实际方向。当支路电流计算结果为正值时，其方向与假设的参考方向相同，若计算结果为负值时，表示与假设的参考方向相反。

典题解析

【例题 1】 已知作用于电阻两端的电压是 8V，用最大量程为 10mA 的电流表测量其电流为 2mA，现将 50V 电压作用于该电阻，问能否再用该电流表测量?

解：由于 8V 电压作用于该电阻时，其流过电流为 2mA，由公式 $I=\frac{U}{R}$ 得

$$R=\frac{U}{I}=\frac{8}{2\times10^{-3}}=4\text{k}\Omega$$

当 50V 电压作用于该电阻时，流过的电流为

$$I'=\frac{U}{R}=\frac{50}{4\times10^{-3}}=12.5\text{mA}$$

流过的电流为 12.5mA，超过最大量程 10mA，所以不能再用该电流表测量。

【例题 2】 一盏“220V、60W”的电灯接到入 220V 电路中。

（1）试求电灯的电阻。

（2）当接到 220V 电压下工作时的电流。

（3）如果每晚用 3 小时，问一个月（按 30 天计算）用多少电?

解：（1）根据 $R=\frac{U^2}{P}$ 得

电灯电阻 $R=\frac{U^2}{P}=\frac{220^2}{60}=807\Omega$

（2）根据 $I=\frac{U}{R}$ 或 $P=UI$ 得

$$I=\frac{P}{U}=\frac{60}{220}=0.273\text{ A}$$

（3）由 $W=PT$ 得

$$W=60\times60\times60\times3\times30=1.944\times10^2\text{ J}$$

在实际生活中，电量常以“度”为单位，即“千瓦时”。对 60W 的电灯，若每天使用 3 小时，一个月（30 天）的用电量为

$$W=(60/1000)\times3\times30=5.4\text{ kW}\cdot\text{h}$$

【例题 3】 已知电路如图 1.3 所示，试计算 a、b 两端的电阻。

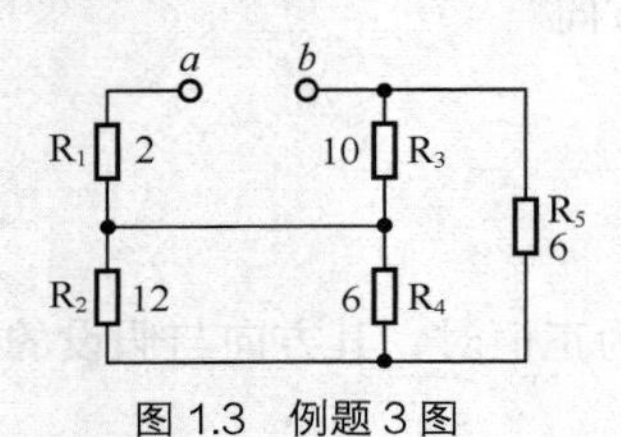

图 1.3 例题 3 图

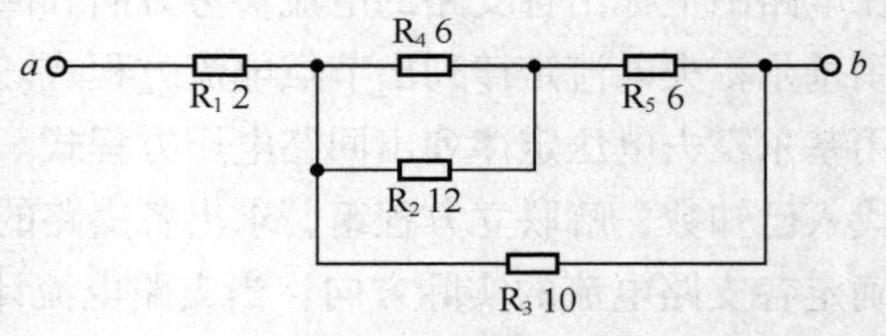

图 1.4 例题 3 等效电路

解：在求解电阻网络的等效电阻时，应先将电路化简并转化为常规的直流电路。该电路可等效为图 1.4 所示的电路，则

$$R_{ab} = R_1 + \left[(R_2 // R_4) + R_5\right] // R_3$$
$$= 2 + (4+6)//10 = 2+5 = 7(\Omega)$$

【例题 4】 如图 1.5 所示，有一满偏电流 $I_g = 200\mu A$、内阻 $R_g = 1600\Omega$ 的表头，若要改为能测量 lmA 的电流表，问需并联的分流电阻为多大。

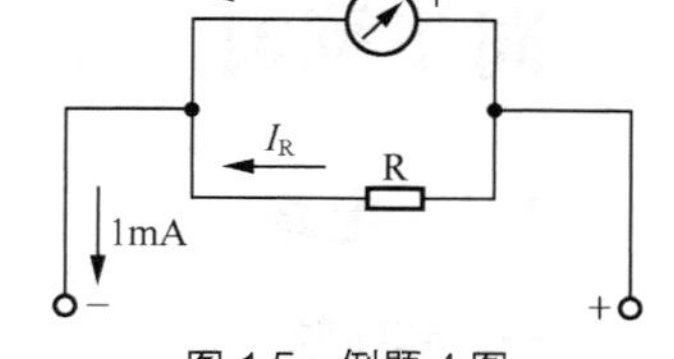

图 1.5 例题 4 图

解：要改装成 1mA 的电流表，应使 lmA 的电流通过电流表时，表头指针刚好满偏。根据基尔霍夫电流定律

$$I_R = I - I_g = (1\times10^{-3} - 200\times10^{-6})A = 800\mu A$$

根据并联电路电压相等的特点，有 $I_R R = I_g R_g$，则

$$R = \frac{I_g}{I_R} R_g = \frac{200}{800} \times 1600\Omega = 400\Omega$$

即在表头两端并联一个 400Ω 的分流电阻，可将电流表的量程扩大为 lmA。

【例题 5】 已知电路如图 1.6 所示，求电位 V_A、V_B 及电压 U_{AB}、U_{BC}。

解：以地作为参考点（零电位），则

$$A \text{ 点电位 } V_A = 2V$$

$$C \text{ 点电位 } V_C = 8V$$

$$B \text{ 点电位 } V_B = V_C + R_2 I = V_C + R_2 \times \frac{V_C - V_A}{R_1 + R_2} = 8 + 1 \times \frac{8-2}{5+1} = 7V$$

$$U_{AB} = U_A - U_B = 2 - 7 = -5V$$

$$U_{BC} = U_B - U_C = 7 - 8 = -1V$$

【例题 6】 已知电路如图 1.7 所示，其中 $E_1 = 15V$，$E_2 = 65V$，$R_1 = 5\Omega$，$R_2 = R_3 = 10\Omega$。试用支路电流法求 I_1、I_2 和 I_3。

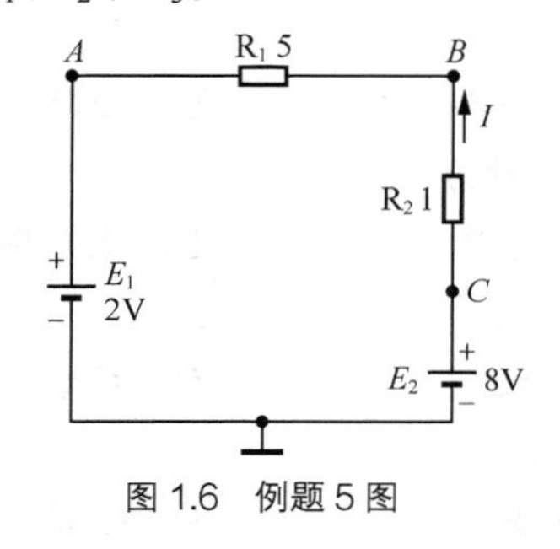

图 1.6 例题 5 图

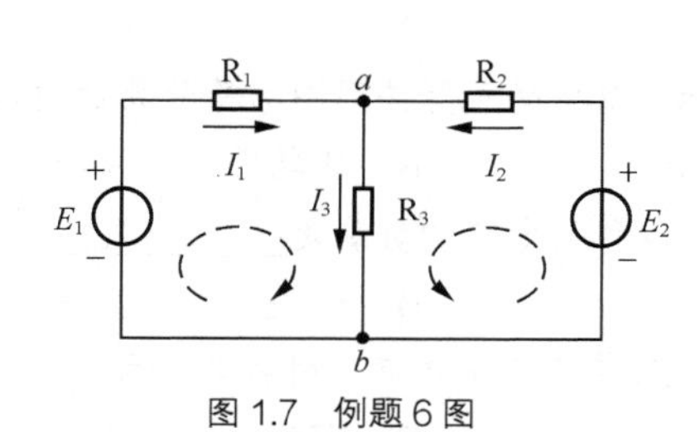

图 1.7 例题 6 图

解：在电路图上标出各支路电流的参考方向，如图所示，选取绕行方向。应用 KCL 和 KVL 列方程如下

$$I_1 + I_2 - I_3 = 0$$
$$I_1 R_1 + I_3 R_3 = E_1$$
$$I_2 R_2 + I_3 R_3 = E_2$$

代入已知数据得

$$I_1 + I_2 - I_3 = 0$$

$$5I_1+10I_3=15$$
$$10I_2+10I_3=65$$

解方程可得

$$I_1=-7/4\text{A},\ I_2=33/8\text{A},\ I_3=19/8\text{A}。$$

同步练习

1.1 电路

一、判断题

1. 一个完整的电路，均是由负载、连接导线和开关3部分组成的。（ ）
2. 当电路处于断路状态时，其主要特点是：负载为零；电路中电流最大。（ ）
3. 电路处于通路（负载）状态下，电源端电压输出电流最大。（ ）
4. 电路短路将导致电源损坏或引起电气设备的损伤。（ ）
5. 在开路状态，通过负载的电流为零。（ ）

二、填空题

1. 电路的作用是实现电能的________和________。
2. 直流电路是以________或________等作电源的电路。
3. 电路通常分________电路和________电路。
4. 在电路中电阻器通常用字母________表示，电容器通常用字母________表示，电感器通常用字母________表示，开关通常用字母________表示。
5. 在手电筒中，负载是________，电源是________。

三、选择题

1. 开关在电路中起到把负载与电源________的作用。

A. 接通　　B. 断开　　C. 接通与断开　　D. 短路

2. 将实际电路中的元器件用图形符号表示出来的图，称为________。

A. 工艺图　　B. 实物图　　C. 装配图　　D. 电路图

3. 以下可以作为电路的负载是________。

A. 灯泡　　B. 开关　　C. 导线　　D. 熔断器

4. 电路有正常的工作电流，则电路处于________状态。

A. 开路　　B. 有载　　C. 无载　　D. 短路

5. 以下不可以作为电路的电源是________。

A. 发电机　　B. 蓄电池　　C. 干电池　　D. 电动机

1.2 电路的常用物理量

一、判断题

1. 电荷移动的方向就是电流方向。（ ）
2. 在不同截面的同一段电路上，其电流强度和电流密度总是处处相同。（ ）

3. 电路中参考点原则上可以任意选取，所以参考点的电位规定也可以是任意值。工程上通常以大地为参考点。 (　　)

4. 电路中的参考点原则上可以任意选定，因为电路中某点的电位值是唯一的。 (　　)

5. 电路中任意两点间电压值与所选的参考点无关。 (　　)

6. 电动势和电压的单位都是伏特（V），两者是没有区别的。 (　　)

7. 电动势仅存在于电源内部。 (　　)

8. 电动势是表示电场力做功的本领，而电压则表示非电场力做功的本领。 (　　)

9. 电源电动势与电源端电压在方向上是一致的。 (　　)

二、填空题

1. 电流的大小决定于在单位时间内通过导体横截面的________多少。

2. 电路中 a、b 点间的电压在数值上等于电场力把________从 a 点移到 b 点所做的________。

3. 电路中任意一点的电位是________________在该点所具有的电位能，它在数值上等于电场力把________沿任意路径从该点移到________所做的功。

4. 电位的计算实质上仍是电压的计算，是计算该点与________电压。

5. 在一个电路中，电流的实际方向，对于电源而言是由________电位指向________电位；对于负载来说，是由________电位指向________电位。

6. 跟电流一样，电压也有方向问题，电压的实际方向是指________电位端指向________电位端的方向。

7. 电功率是表示电流做功________的物理量。1 度电等于功率为________的用电设备在________内所用的________。1V 表示________对________电荷所作的功是________。

8. 1A 的电流通过 1Ω的电阻时，该电阻在 1min 内其横截面上通过的电量为________C，电流做的功是________；产生的热量是________。

三、选择题

1. 设 220V、40W 灯泡的电阻值为常数，把它接在 110V 电压上，其功率为________。

A. 40W　　B. 20W　　C. 10W　　D. 30W

2. 某导体接在 100V 电源上，1min 内通过其横截面的电量为 120C，则此导体的电阻为________。

A. 50Ω　　B .1/12Ω　　C. 12Ω　　D. 20Ω

3. 设 12V、6W 灯泡的电阻为常数，把它接在 6V 电压上，则通过该灯泡的实际电流为________。

A. 0.25A　　B. 0.5A　　C. 2A　　D. 1A

4. 某实验室装有 220V、60W 白炽灯 50 盏，现有 9 度电可使它们正常发光________h。

A. 50　　B. 5　　C. 6　　D. 3

5. 若使电炉丝消耗的功率减小到原来的一半，则该电炉丝的________。

A. 电压应加倍　　B. 电压应减半　　C. 电阻应加倍　　D. 电阻应减半

四、计算题

1. 图 1.8 所示电路，已知 $R_1=14\Omega$，$R_2=9\Omega$。当开关 S 接通 R_1 时，测得回路电流 $I_1=0.2\text{A}$；当 S 接通 R_2 时，测得回路电流 $I_1=0.3\text{A}$。试求电源电动势 E 和内阻 R_0。

2. 一个标有“40kΩ、4W”的电阻允许工作电流和电压各为多少？

3. 某剧院有电灯 40 盏，每盏功率为 100W，该剧院每天工作 2 小时，问一个月（以 30 天计）消耗电能多少度？

4. 一个标有“60W、220V”的灯泡，正常使用多少时间消耗1度电？

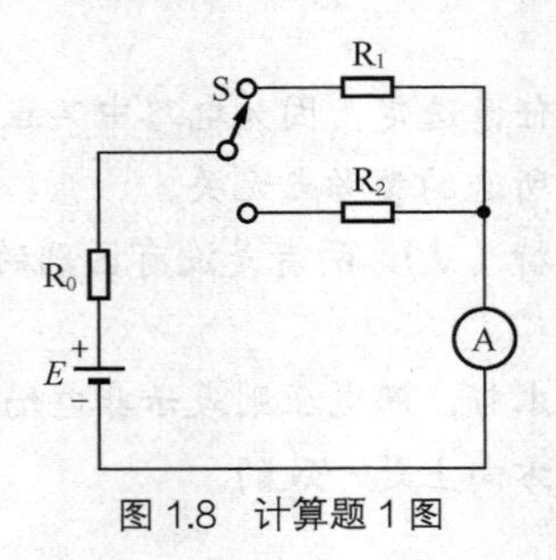

图1.8 计算题1图

1.3 电阻元件

一、判断题

1. 电阻是表示导体对电源的电动势起阻碍作用的物理量。 (　　)
2. 一个元器件的电阻大，表明该元器件的导电能力强。 (　　)
3. 色环电阻器的第四道是金色的，表示其阻值误差是±5%。 (　　)
4. 不同的物质有不同的电阻率，电阻率的大小反映了各种材料导电性能的好坏。 (　　)
5. 由公式$R=\frac{U}{I}$可知，导体电阻与它两端的电压成正比，与通过它的电流成反比。 (　　)
6. 一电阻上标有4k7字样，则该电阻标称值为4.7kΩ，功率为7W。 (　　)
7. 可变电阻器的额定阻值是指两个固定引线之间的电阻值。 (　　)
8. 选用电阻器时，为保证工作可靠性，要求额定功率应等于它的实际消耗功率。 (　　)
9. 由公式$P=\frac{U^2}{R}$可知，当电源电压一定时，输电线的电阻越小，则功率损耗越大。 (　　)
10. 额定值为5 W/500Ω的线绕电阻，其工作电流为0.2A时，使用时电压不得超过25 V。 (　　)
11. 白炽灯的灯丝烧断了重新搭上后，使用时发光要比正常时亮一些。 (　　)
12. 一个实际的电源，不论是否接负载，电源两端的电压值等于该电源的电动势。 (　　)
13. $U=RI$中的R是元件参数，它的大小是由电压和电流的大小决定的。 (　　)
14. 电源电动势等于电路内、外电压之和。 (　　)
15. 电阻元件的参数可用色环法表示，如某电阻的色环依次是“绿、棕、金、银”，可判别其阻值为51Ω，误差为±10%。

二、填空题

1. 导体对电流________作用称电阻，常用的电阻按制作材料可分为________、________、________和________4种，选用电阻要注意________和________。
2. 电阻的国际单位是________，电阻率的国际单位是________。
3. 普通电阻器的允许误差一般分为3级，即________、________、________，或用Ⅰ、Ⅱ、Ⅲ表示。
4. 4.7kΩ的色环电阻，其前三道色环的颜色分别为________、________、________。
5. 电阻器一般用________、________和________等色环来表示电阻值的误差。

6. 在不含电源的电路中，通过导体的电流与导体两端的________成正比，与导体的________成反比，这叫部分电路欧姆定律。

7. 电源的端电压随负载电流变化的关系称电源的________。

8. 通常讲负载大小是指________。

9. 通过闭合电路的电流与电源的电动势成________，与电路________与________之和成反比。

三、选择题

1. 若不考虑温度对电阻的影响，下列关于电阻的说法，正确的是________。

A. 铜导线的电阻比铝导线的电阻小

B. 短导线的电阻比长导线的电阻小

C. 粗导线的电阻比细导线的电阻小

D. 长度相同而粗细不同的两条铜线，其中较粗铜线的电阻小

2. 以下有关电阻的观点中，错误的是________。

A. 不同的导体，电阻一般不同

B. 导体被加热后，电阻一般会随温度升高而增大

C. 一个导体两端的电压越大，电流越大，则它的电阻就越小

D. 导体的电阻大小取决于导体的材料、长度、横截面积和温度

3. 把一段粗细均匀电阻线对折后使用，则电阻________。

A. 不变　　B. 变为原来的

C. 变为原来的　　D. 变为原来的2倍

4. 电源电动势是3 V，内阻是0.1Ω，当外电路断路时，电路中的电流和端电压分别是________。

A. 0.3V　　B. 3V　　C. 20V　　D. 0V

5. 当一个电阻两端加15 V电压时，通过3 A的电流，若在电阻两端加18 V电压时，通过它的电流为________（A）

A. 1A　　B. 3A　　C. 3.6A　　D. 5A

6. 某色环电阻的色环第一道为棕色，第二道为绿色，第三道为橙色，第四道为金色，该电阻的阻值为________，误差为________。

A. 15kΩ±5%　　B. 15kΩ±10%　　C. 153 kΩ±5%　　D. 1.5Ω±10%

7. 已知某电阻为24Ω，加在它两端的电压为12 V，那么流过它的电流为________。

A. 0.2A　　B. 0.5A　　C. 2A　　D. 2.88 A

8. 在文字符号标志的电阻法中，5k6的阻值为________。

A. 560 kΩ　　B. 56 kΩ　　C. 5.6 kΩ　　D. 5×10^6 kΩ

9. 数码标称为222J的电阻器，其标称值及偏差为________。

A. 222Ω±5%　　B. 220Ω±10%　　C. 222 kΩ±10%　　D. 2.2 kΩ±5%

10. 某电阻器的色环依次为黄紫黑棕棕，那么其标称值及偏差为________。

A. 47Ω±1%　　B. 470Ω±2%　　C. 4.7 kΩ±1%　　D. 47 kΩ±2%

四、计算题

1. 如图1.9所示，当S闭合时，电压表上的读数为18 V；S断开时，电压表上的读数为20 V，如果R = 10 Ω，求电源电动势和内电阻。

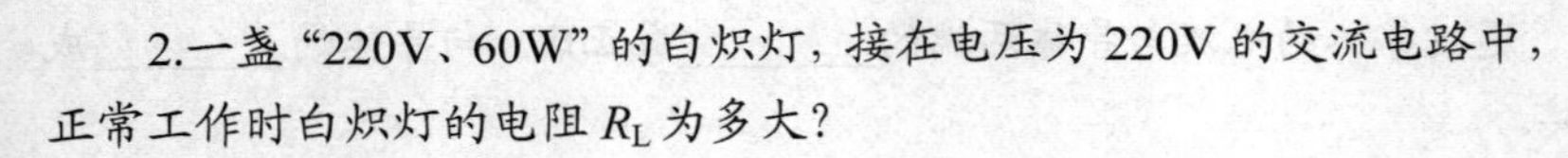

2.一盏“220V、60W”的白炽灯，接在电压为220V的交流电路中，正常工作时白炽灯的电阻 R_L 为多大？

3. 一只电阻器标注为“100Ω、$\frac{1}{4}$W”，则正常工作时能加的最大电压是多少？

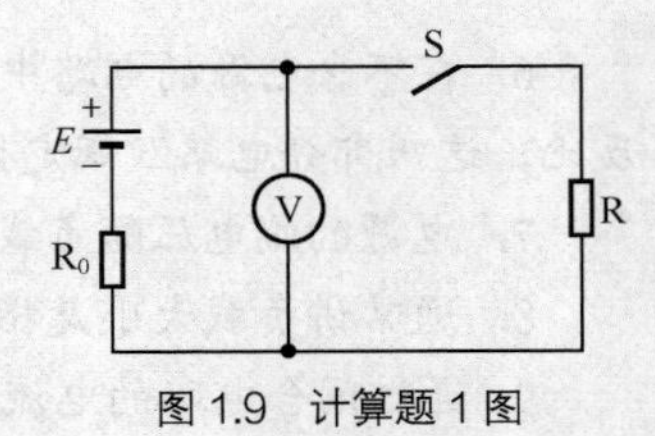

图 1.9 计算题1图

1.4 电阻的连接

一、判断题

1. 电阻串联电路的等效电阻值大于其中任一个电阻值。（ ）
2. 两个电阻并联使用，它们消耗的总功率总是等于两电阻实际消耗功率之和。（ ）
3. 电阻值为 $R_1=20\,\Omega$，$R_2=10\,\Omega$的两个电阻串联，R_2 中流过的电流比 R_1 中的电流大些。（ ）
4. 几个电阻并联后的总电阻值小于其中任意一只电阻的阻值。（ ）
5. 通过电阻的并联可以达到分流的目的，电阻越小，分流作用越显著。（ ）
6. 在电阻串联电路中，电阻值越大，其两端分得的电压就越高。（ ）

二、填空题

1. 在串联电路中，流过每个电阻的电流都________。
2. 在串联电路中，各电阻上分配的电压与各电阻值成________。
3. 并联电路中的等效电阻等于________________。
4. 电阻并联时，因____相同，其消耗的功率与电阻成____比。
5. 将3只10Ω的电阻作不同的连接，可以得到4个不同等效电阻值，分别为________、________、________和________。

三、选择题

1. 如图1.10所示的电路图中，2个灯泡组成并联电路的是______。

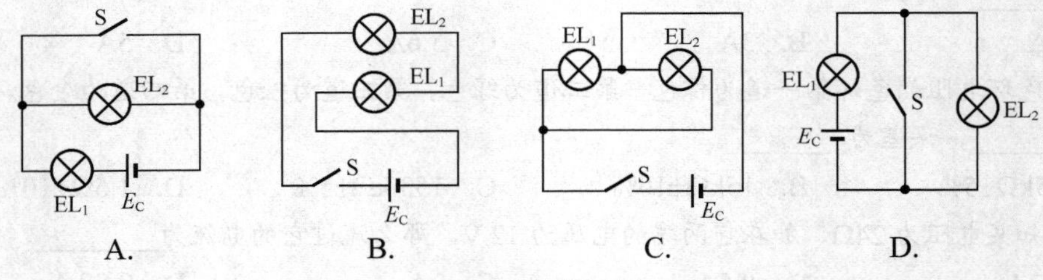

图 1.10 选择题1图

2. 将3个电阻串联（$R_1>R_2>R_3$），接在电压为 U 的电源上，电阻________获得最大功率。

A. R_3　　B. R_2　　C. R_1　　D. R_1、R_2、R_3 均等

3. R_1 和 R_2 为两个串联电阻，已知 $R_1=4R_2$，若 R_1 上消耗的功率为 2W，则 R_2 上消耗的功率为________。

A. 0.5W　　B. 10 W　　C 8 W　　D. 2 W

4. R_1 和 R_2 为两个并联电阻，已知 $R_1=2\,R_2$，若 R_2 上消耗的功率为 1 W，则 R_1 上消耗的功率为________。

A. 0.5 W　　B. 1 W　　C. 2 W　　D. 4 W

5. 有3个电阻，阻值均为R，其中两个并联后再与另一个电阻串联，则总电阻为________。

A. R　　B. $R/3$　　C. $3R$　　D. $1.5R$

四、计算题

1. 一只“60W、110V”的灯泡若接在220 V电源上，问需串联多大的降压电阻?

2. 有一个表头，量程是10μA，内阻R_g为1kΩ，如果把它改装成一个量程分别为3V、30 V、300V的多量程电压表，如图1.11所示，试计算R_1、R_2及R_3的数值。

3. 如图1.12所示，$R_1=20\Omega$，$R_2=40\Omega$，$R_3=50\Omega$，电流表的读数为2A，求总电压U、R_1上的电压U_1及R_2上的功率P_2。

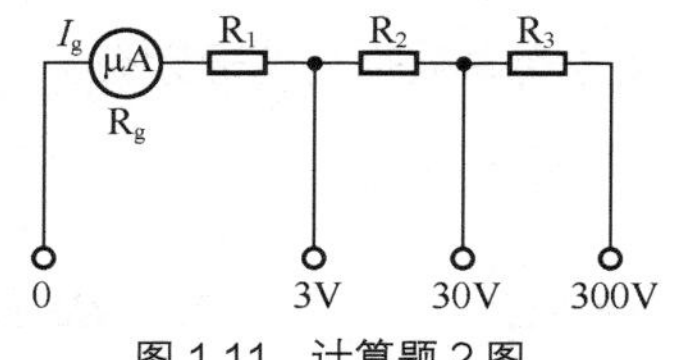

图1.11　计算题2图

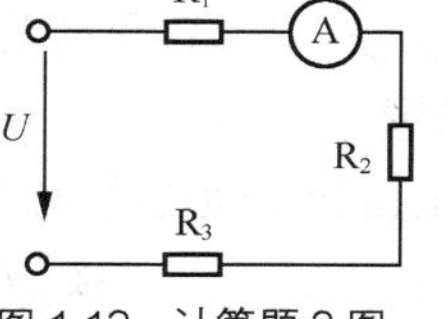

图1.12　计算题3图

4. 如图1.13所示电路中，电阻值均为$R=12\Omega$，分别求S打开和闭合时A、B两端的等效电阻R_{AB}。

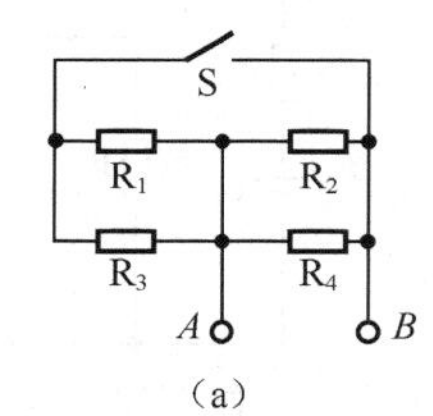

（a）

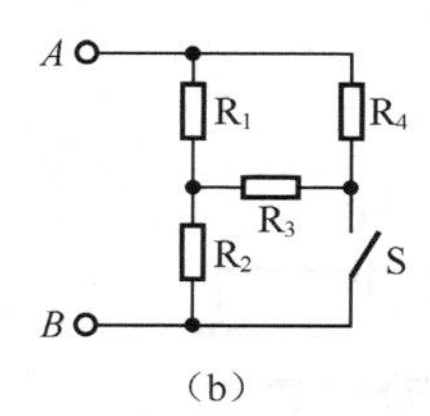

（b）

图1.13　计算题4图

1.5　电路基本定律

一、判断题

1. 电流的参考方向，既可能是电流的实际方向，也可能与实际方向相反。（　）

2. 利用基尔霍夫第一定律列写节点电流方程时，必须已知支路电流的实际方向。（　）

3. 利用基尔霍夫第二定律列写回路电压方程时，所设的回路绕行方向不同，会影响计算结果的大小。（　）

4. 基尔霍夫电流定律是指沿任意回路绕行一周，各段电压的代数和一定等于零。（　）

5. 在电路中任意一个节点上，流入节点的电流之和一定等于流出该节点的电流。（　）

6. 支路电流法是利用欧姆定律求支路电流的方法。（　）

7. 支路电流法只能求一条支路的电流。（　）

二、填空题

1. 基尔霍夫电流定律指出：在任一时刻，通过电路任一节点的________恒等于零，其数学表达式为________。

2. 基尔霍夫电压定律指出：在任一时刻，对电路中的任一闭合回路，________的代数和等于________的代数和，其数学表达式为________。

3. 如图1.14所示电路，A点的电位V_A等于________。

4. 如图 1.15 所示电路中，I_3=________。

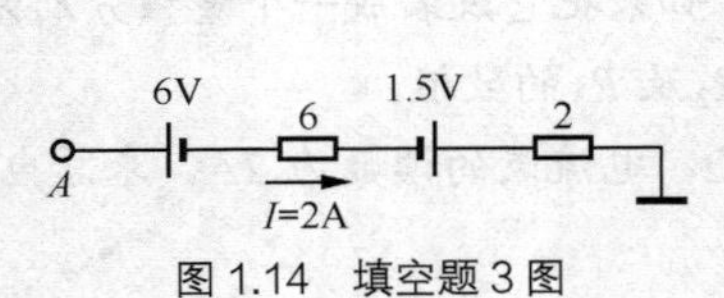

图 1.14 填空题 3 图

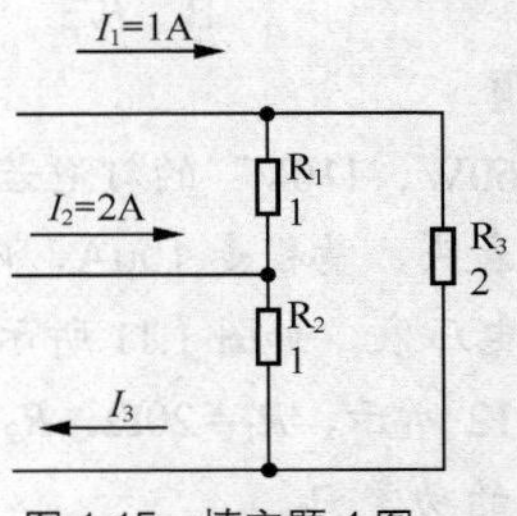

图 1.15 填空题 4 图

5. 用支路电流计算得出的电流为负值时，表示其电流方向与假设的参考方向________。

三、选择题

1. 如图 1.16 所示电路中 V_d 等于________。

A. $IR+E$　　B. $IR-E$　　C. $-IR+E$　　D. $-IR-E$

2. 在图 1.17 中，电路的节点数为________。

A. 1　　B. 2　　C. 3　　D. 4

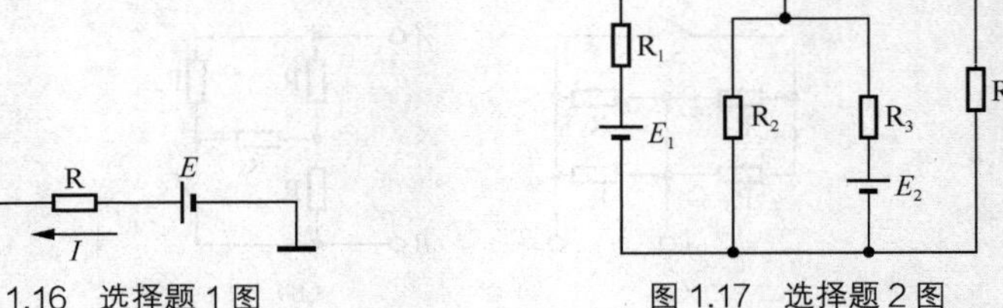

图 1.16 选择题 1 图　　图 1.17 选择题 2 图

3. 上题中，电路的支路数为________。

A. 3　　B. 4　　C. 5　　D. 6

4. 如图 1.18 所示电路，A 点的电位 V_A 为________。

A. 2V　　B. −2V　　C. 18V　　D. −18V

5. 图 1.19 所示电路中，I=

A. −3A　　B. 3A　　C. −5A　　D. 5A

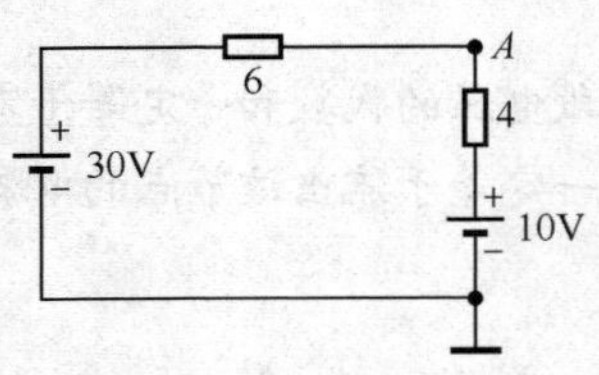

图 1.18 选择题 4 图

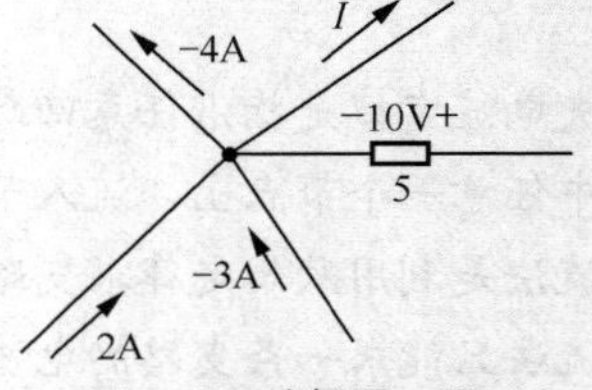

图 1.19 选择题 5 图

6. 图 1.20 所示的电路中，I_1、I_2 分别为________。

A. 1A、2A　　B. −1A、2 A　　C. 1A、−2A　　D. −1A、−2A

7. 图 1.21 所示电路，已知 R_1、R_2 为固定电阻，R_r 为可变电阻，则________。

A. R_r 增大时，U_{R_2} 增大　　B. R_r 增大时，U_{R_2} 减少

C. R_r 增大时，U_{R_2} 不变　　D. R_r 减小时，U_{R_2} 增大

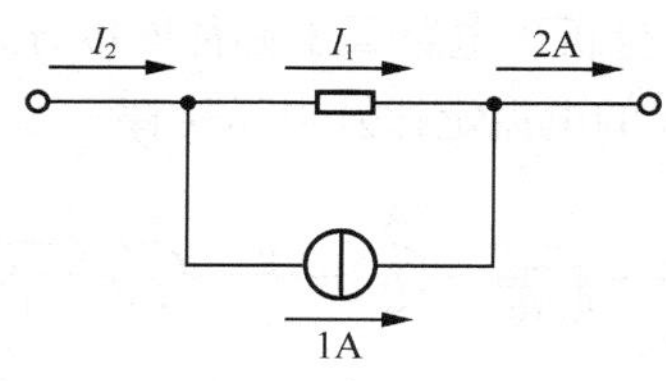

图 1.20　选择题 6 图

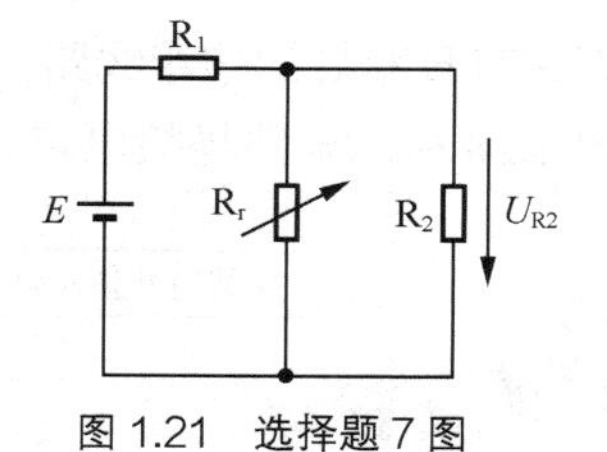

图 1.21　选择题 7 图

四、计算题

1. 试计算图 1.22 所示电路中的电压 U_{ab}。

2. 图 1.23 所示电路中，已知 $I_1=10A$、$I_4=4A$、$I_3=6A$，求 I_2、I_5、I_6。

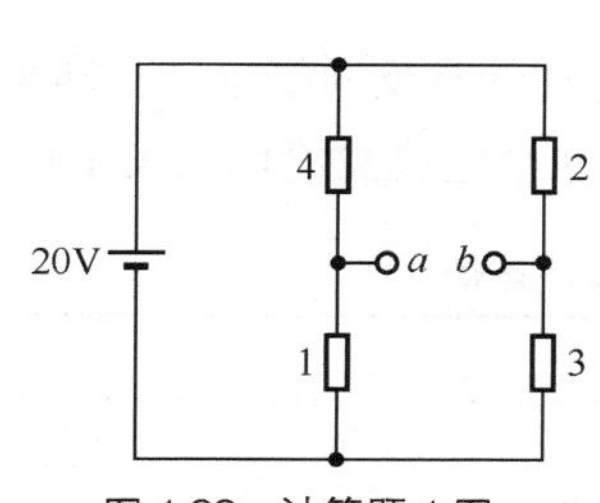

图 1.22　计算题 1 图

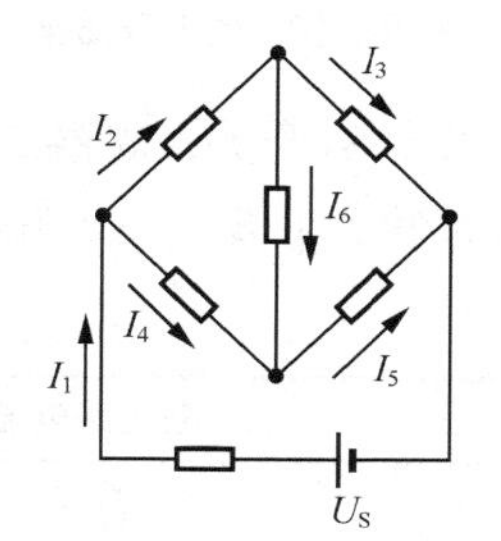

图 1.23　计算题 2 图

3. 图 1.24 所示电路中，$R_1=200\Omega$，$I=5$ mA，$I_1=3$ mA，求 R_2 及 I_2 的值。

4. 图 1.25 所示电路中，已知 $E_1=120V$、$E_2=130V$、$R_1=10\Omega$、$R_2=2\Omega$、$R_3=10\Omega$，求各支路电流和 U_{AB}。

5. 图 1.26 所示电路中，电流表读数为 0.2A，$E_1=12V$，$R_1=R_3=10\Omega$，$R_2=R_4=5\Omega$，求 E_2。

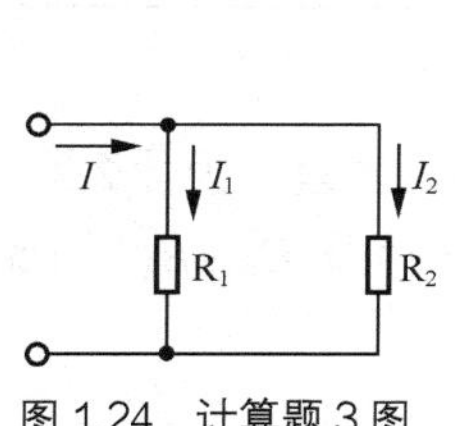

图 1.24　计算题 3 图

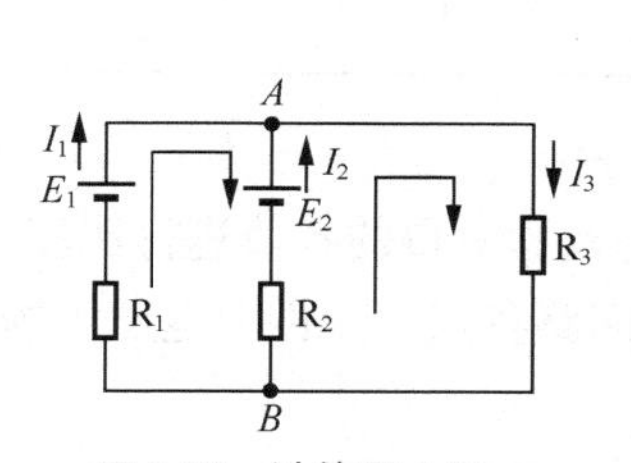

图 1.25　计算题 4 图

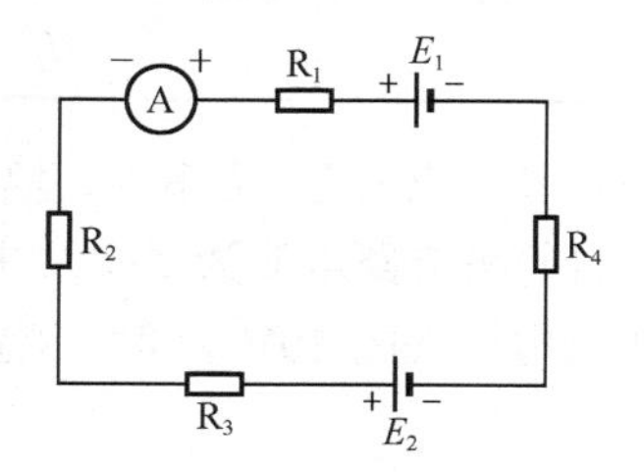

图 1.26　计算题 5 图

技能拓展

1. 观察试电笔的内部结构，并画出电路图。

2. 在如图 1.27 所示的电源插座上加装开关通断指示灯，功能要求：开关闭合，绿色指示灯亮；开关断开，红色指示灯亮。

3. 如果某家庭电路中有一只表盘上标有 1250r/kW · h 的电能表，另外还有一块秒表，如何测量某一电火锅的实验功率？要求如下。

（1）写出测量方法和要测量的量。

（2）写出根据测量的量计算电火锅的电功率（单位为 W）的数学表达式。

4. 仔细观察节日彩灯的连接线路，画出电路图，分析该电路属于哪种连接方式？

5. 根据图 1.28 所示电路搭接电路，验证基尔霍夫的电流定律及电压定律。

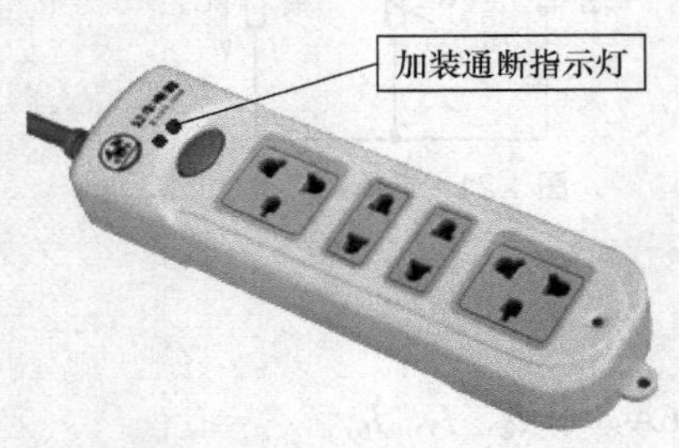

图 1.27 有通断指示的电源插座

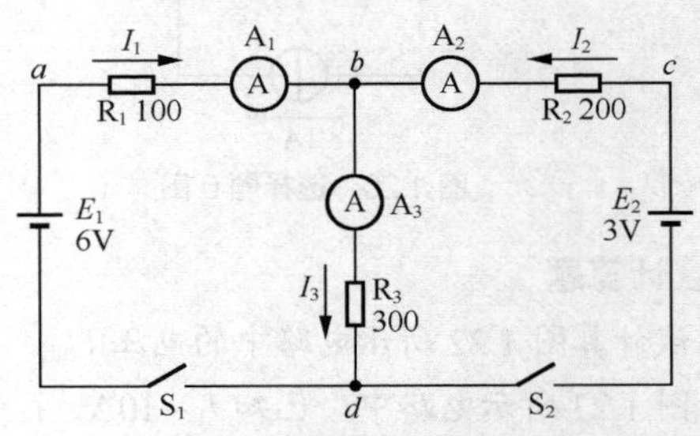

图 1.28 基尔霍夫定律验证电路

（1）同时合上 S_1、S_2 开关，观察 3 个电流表（若指针有反向指示，立即关闭 S_1、S_2，将电流表正负极调换，再重新合上 S_1、S_2）并将实验测得的 3 个电流数值填入表 1.1 中。

表 1.1 电流测量数据与计算值

各支路电流			节点 b 电流 $\sum I$
实验数据	I_1		
	I_2		
	I_3		
计算数据	I_1'		
	I_2'		
	I_3'		

（2）计算 b 点处 $\sum I$ 为多少，填入表中。

（3）计算各支路电流为多少，并与实验测得的各值进行比较，有无误差，为什么？

（4）用电压表的 10V 量程，测量回路各点（元件上电压）的电压值及 E_1、E_2，并记入表 1.2 之中。

（5）计算各回路压降值的代数和 $\sum U$ 是否为零？为什么？

表 1.2 电压测量数据与计算值

实验数据 各元件电压	U_{ab}	U_{bc}	U_{bd}	E_1	E_2
计算数据 $\sum U$	回路 $abda$				
	回路 $bcdb$				

第2章

电容与电感

电容器和电感器是电工和电子电路中的基本元件，它们的用途非常广泛，如在电力系统中，利用它们可以提高系统的功率因数；在电子技术中，利用它们可以起到滤波、耦合、调谐和选频等作用。

本章主要介绍电容器和电感器的基本概念、种类、参数及连接等，以达到识别和会选用电容器和电感器的目的。

要点归纳

一、电容

1. 电容器及电容量

电容器是具有储存电荷能力的器件，将两个导体中间用绝缘物质隔开就构成电容器。

电容器的极板上的电荷量 Q 与电压 U 的比值定义为电容器的电容量，定义式为

$$C = \frac{Q}{U} \tag{2.1}$$

电容器基本单位为法拉（F），电容器所带电量的单位为库仑（C）；U 为电容器两极板间的电压，单位为伏特（V）。

电容量与极板面积 S 及介质的介电常数 ε 成正比，与两极板间的距离 d 成反比，用公式表示为

$$C = \frac{\varepsilon S}{d} \tag{2.2}$$

电容器的单位为法拉（F），极板面积 S 的单位是平方米（m^2），两极板间的距离 d 的单位是米（m），介电常数 ε 的单位是法拉每米（F/m）。

2. 电容器的参数和种类

（1）电容器的参数。电容器的参数通常都标注在电容器的外壳上，主要有电容器的额定工作电压、标称容量和允许误差。

（2）电容器的种类。电容器按介质材料的不同，可分为铝电解电容、瓷片电容、钽电容和涤纶电容等；按电容的容量能否变化来分，可分为固定电容、半可变电容和可变电容等。

3. 电容器的充电和放电

（1）充放电。使电容器带电的过程称为电容器的充电。充电时电容器两个极板上带等量异种电荷。电容器充电后，两个极板间就存在电场。

使电容器失去电量的过程称为电容器的放电，最简单的放电方法是用一根导线将电容器的两端连接起来。

（2）时间参数 τ。时间参数 τ 反映了电容器的充电和放电时间的长短。时间参数的计算公式为

$$\tau = RC \tag{2.3}$$

4. 电容器的连接

（1）电容器的串联。将几只电容器头尾依次连接，称为电容串联电路。下式为将 3 个电容器串联后得到的总电容量大小。

$$\frac{1}{C}=\frac{1}{C_1}+\frac{1}{C_2}+\frac{1}{C_3} \tag{2.4}$$

串联电容器的总容量的倒数等于各个电容器电容量的倒数之和。当不同容量的电容器串联时，最小容量的电容器承受的电压最高。

（2）电容器的并联。将几只电容器的一个极板连接在一起，另一个极板连接在一起，称为电容并联电路。下式为将 3 个电容器并联后得到的总电容量大小。

$$C = C_1 + C_2 + C_3 \tag{2.5}$$

二、电磁基础知识

1. 磁场

（1）磁铁的磁场。把两个磁铁的磁极靠近时，它们之间会产生相互作用的磁力，将存在于磁体周围的特殊物质称为磁场。

磁铁并不是磁场的唯一来源，在通电导线的周围和磁铁的周围一样，存在着磁场。

（2）磁感应线（磁感线）。磁感线不是真实存在的曲线，而是为了形象地描述磁场所假想的。磁铁外部的磁感线都是从 N 极发出，进入到 S 极，在空间形成一条条封闭的回路。磁感线越密集的地方，磁场越强。

2. 磁场的基本物理量

（1）磁感应强度。衡量磁场强弱程度的物理量称为磁感应强度。在磁场中，通电导线受到的电磁力 F 的大小与磁场强弱 B、导线的长度 l、导线的电流 I 成正比。因此，定义磁感应强度为

$$B=\frac{F}{Il} \tag{2.6}$$

在国际单位制中，磁感应强度的单位是特斯拉，简称特，符号是 T。

（2）磁通。磁通是描述磁场在某一范围内分布情况的物理量，用字母 Φ 表示。

$$\Phi = BA \tag{2.7}$$

磁通的国际单位是韦伯（Wb）。

（3）磁导率。磁导率是表示物质导磁性能的物理量，用字母 μ 表示，单位为亨/米（H/m）。

3. 电磁感应

（1）导线的电磁感应。闭合电路中的一段导线在磁场中切割磁感线时，感应电动势的计算公式为

$$E=Blv\sin\theta \quad (2.8)$$

式中，l 为导线有效长度，v 为导线切割磁场的有效速度。感应电动势的方向可用右手定则判定。

（2）线圈的电磁感应。闭合回路中产生的感应电流的方向，总是要使它的磁场阻碍引起感应电流的原磁通量的变化，这就是楞次定律。

三、电感

1. 线圈和电感

电感是衡量线圈产生电磁感应能力的物理量。通过线圈的磁通量和通入的电流是成正比的，它们的比值叫做自感系数，也叫做电感，公式表示为

$$L=\frac{\Phi}{I} \quad (2.9)$$

电感的单位是亨（H），也常用毫亨（mH）或微亨（μH）做单位。$1\text{H}=10^3\text{mH}$，$1\text{H}=10^6\mu\text{H}$。

线性电感的电感量只与线圈的形状、尺寸、匝数、心子的磁导率有关，与电流的大小无关。

一个环形线圈，其圆环的平均长度为 l，圆环的截面积为 S，其心子磁导率为 μ，均匀密绕有 N 匝线圈，则其电感为

$$L=\frac{\mu N^2 S}{l} \quad (2.10)$$

一般来说，L 与线圈的匝数平方成正比，心子的截面积越大，长度越短，电感越大；在同样形状、尺寸与匝数的情况下，铁心线圈电感比空心线圈大得多。

2. 电感元件的电流与电压

当变化的电流通过线圈时，感应电动势的大小与电流的变化速度成正比。若自感电动势的参考方向的规定与线圈中电流的参考方向一致，则有

$$e=-L\frac{\Delta i}{\Delta t} \quad (2.11)$$

3. 电感器的参数和种类

（1）电感器的参数

① 标称电感量。电感量的单位是亨，用字母 H 表示。实际标称电感量常用毫亨（mH）及微亨（μH）表示，一般电感器的电感量精度为±5%～±20%。

② 品质因数。品质因数是指线圈在某一频率的交流电压下工作时所呈现的感抗与线圈的总损耗电阻的比值，计算公式为

$$Q=\frac{2\pi fL}{R}=\frac{\omega L}{R} \quad (2.12)$$

在谐振回路中，线圈的 Q 值越高，回路的损耗越小。

③ 分布电容。分布电容是指线圈的匝间形成的电容，即由空气、导线的绝缘层、骨架所形成的电容，它的存在降低了线圈的品质因数。

（2）电感的种类

常见的电感种类有：空心电感线圈、小型固定电感器、铁氧体磁心线圈、铁心电感线圈、可调电感器。

典题解析

【例题 1】 已知两个电容 $C_1=50\mu F$，$C_2=250\mu F$，耐压分别为 250V 和 450V，试求：

（1）两电容并联使用时的等效电容及工作电压；

（2）两电容串联使用时的等效电容及工作电压。

解：（1）根据电容并联的性质，并联后等效电容为

$$C=C_1+C_2=50+250=300\mu F$$

并联时，电容处于同一电压下，所以工作电压不能超过各电容中额定电压的最小值，即

$$U\leqslant 250V$$

（2）根据电容串联的性质，串联后后等效电容为

$$\frac{1}{C}=\frac{1}{C_1}+\frac{1}{C_2}$$

$$C=\frac{C_1C_2}{C_1+C_2}=\frac{50\times 250\times 10^{-12}}{(50+250)\times 10^{-6}}\approx 41.7\times 10^{-6}F=41.7\mu F$$

串联时电容的电压与电容值成反比，电容小的分压大。应使电容小的 C_1 的分压不超过其耐压，即 $U_1=250V$，电容大的 C_2 的分压为

$$U_2=\frac{C_1}{C_2}U_1=\frac{50}{250}\times 250=50V$$

所以串联后允许的端电压为 $U\leqslant 250+50=300V$

【例题 2】 小张修理洗衣机时需要“68μF/400V”电容器，但手头只有参数分别为“100μF/400V”、“220μF /400V”的电容器，小王应如何正确连接才能满足要求?

解：当电容器的电容量大于所需的电容量时，可以采用串联的方式来满足电路要求，可以选择“100μF/400V”、“220μF /400V”的电容器各一只，将它们串联起来。

串联后的电容量 $C=\frac{C_1C_2}{C_1+C_2}=\frac{100\times 220}{100+200}=68\mu F$

两只耐压为 400V 的电容器串联后，其总耐压一定大于 400V，故满足电路要求。

【例题 3】 如图 2.1 所示，判断两个螺线管 P 和 Q 的极性，并判断它们是相互吸引还是相互排斥。

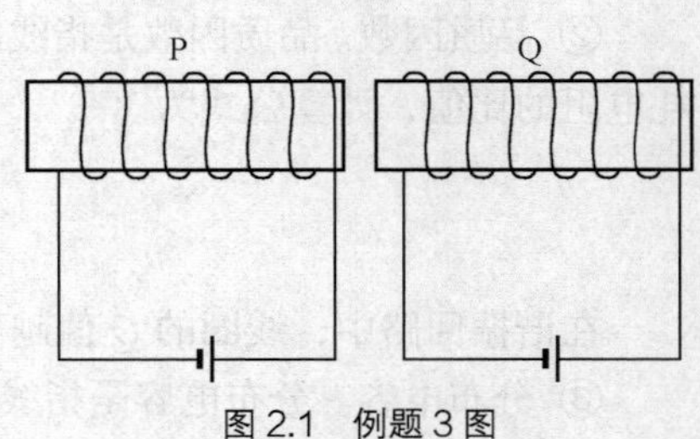

图 2.1 例题 3 图

解：根据右手定则可以判断出，螺线管 P 的左端是 N 极，右端是 S 极；螺线管 Q 的左端是 N 极，右端是 S 极。由此可知，它们相互吸引。

【例题 4】 已知空心电感线圈中的电流为 10A，一共 1000 匝，每匝线圈的磁通量为 1×10^{-6}Wb，试求此线圈的电感。

解：$L=\dfrac{\Psi}{I}=\dfrac{N\Phi}{I}=\dfrac{1000\times1\times10^{-6}}{10}=1\times10^{-4}\,\text{H}$

同步练习

2.1　电容

一、判断题

1. 电容器的电容量是不会随它所带电荷量的多少而变化的。（　　）

2. 电容值不相等的电容器串联后接到交流电源上，每只电容器分配到的电压与它本身的电容值成反比。（　　）

3. 两个 10 μF 的电容器耐压值分别为 15 V 和 25 V，则串联后总的耐压值为 40 V。（　　）

4. 电容器的电容量等于电容器两极板上的电荷与所建立电压的比值。（　　）

5. 并联电容器的总电容量等于各个电容器的电容量之和。（　　）

6. 电容器具有隔直流通交流的作用。（　　）

7. 任何两个彼此绝缘而又相互靠近的导体都可以看成是一个电容器。（　　）

8. 电容器的电容量和额定工作电流是电容器的两个重要参数。（　　）

9. 一个优良的电容器，其介质损耗和漏电流都很小。（　　）

10. 用万用表可粗略测试较大容量的电容器质量的好坏，而容量太小的电容器则无法判别。（　　）

11. 电容器的主称用字母 G 表示。（　　）

12. 电容器的表面标注“303 K”，表示该电容标称容量为 303 pF，偏差为 ± 10%。（　　）

二、填空题

1. 组成电容器的两个导体叫________，中间的绝缘物质叫________。

2. 1F = ________μF = ________pF。

3. 电容器的额定工作电压一般称________，接到交流电路中，其额定工作电压________交流电压最大值。

4. 串联电容器的总电容比每个电容器的电容________，每个电容器两端的电压和自身容量成________。

5. 两个电容器的电容和额定工作电压“10μF/25V”，“22μF/15V”；现将它们并联后接在 10V 的交流电源上，并联后等效电容是________，允许加的最大电压是________；若将它们串接在 32V 的交流电源上，则它们的端电压分别为________、________，串联后等效电容为________。

6. 图 2.2 所示为电容器 C 与电压 6V 的直流电源连接成的电路。当开关 S 与 1 接通，电容器 *A* 板带________电，*B* 板带________电，这一过程称电容器的________。电路稳定后，两板间的电势差为________。当 S 与 2 接通，流过导体 *acb* 的电流方向为________，这就是电容器的________过程。

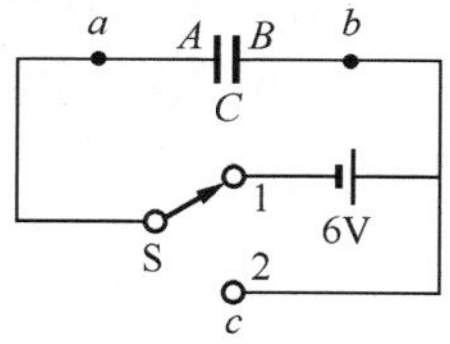

图 2.2　填空题 6 图

7. 有一电容器，带电量为 1.0×10^{-5}C，两板间电压为 200V，如果使它的带电量再增加 1.0×10^{-6}C，这时它的电容是________F，两板间电压是________V。

8. 判断大容量电容器的质量时，应将万用表拨到________挡，倍率使用________。当万用表的表笔分别与待测电容器两端接触时，看到指针有一定的偏转，并很快回到接近于起始位置的地方，则说明该电容器________；如果看到指针偏转到零后不再返回，则说明电容器内部________。

三、选择题

1. 电容元件是________元件。

A. 耗能元件　　B. 储能元件　　C. 线性元件　　D. 节能元件

2. 已知一个电容器的电容量为 47μF，如果不带电，它的电容量是________。

A. 大于 47μF　　B. 等于 47μF　　C. 小于 47μF　　D. 为 0

3. 图 2.3 所示的电路中，已知电源电动势为 10V，其内阻忽略不计，电阻 R 为 1Ω，电容 C 为 1μF，则电容两端的电压为________。

A. 10V　　B. 9V　　C. 1V　　D. 0V

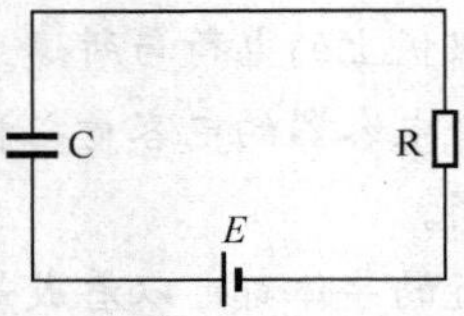

图 2.3 选择题 3 图

4. 对电容 $C = Q/U$，以下说法正确的是________。

A. 电容器充电量越大，电容增加越大

B. 电容器的电容跟它两极所加电压成反比

C. 电容器的电容越大，所带电量就越多

D. 对于确定的电容器，它所充的电量跟它两极板间所加电压的比值保持不变

5. 电容器 C_1 和 C_2，设 C_2 的容量小于 C_1 的容量，则________。

A. C_2 的带电量小于 C_1　　B. C_2 所加的电压大于 C_1

C. C_2 所加的电压小于 C_1　　D. C_2 能够容纳电荷的本领比 C_1 弱

6. 两只电容器，一只电容器的电容为 20μF，耐压为 30V；另一只电容器的电容为 30μF，耐压为 40V。将两只电容器串联后其等效电容和耐压分别是________。

A. 50μF、30V　　B. 12μF、70V　　C. 12μF、50V　　D. 50μF、40V

7. 电解电容器在使用时，下面说法正确的是________。

A. 电解电容器有极性，使用时应使负极接低电位，正极接高电位

B. 电解电容器有极性，使用时应使正极接低电位，负极接高电位

C. 电解电容器与一般电容器相同，使用时不用考虑极性

D. 电解电容器在交、直流电路中都可使用

8. 图 2.4 所示的图形符号________是电解电容。

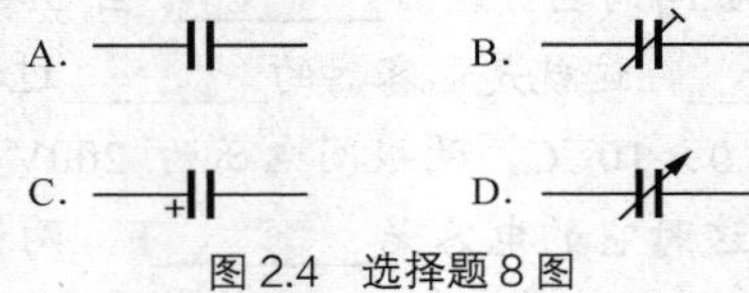

图 2.4 选择题 8 图

四、计算题

1. 如图 2.5 所示，已知 $C_1=C_4=20\ \mu F$，$C_2=C_3=10\mu F$，各个电容器的耐压均为 25V，求电路的等效电容和最高工作电压。

2. 已知图 2.6 所示电路中，$C_1=C_2=50\mu F$，$C_3=100\mu F$，C_1 上的电压 $U_1=150V$，求:

（1）电路的等效电容 C 的值;

（2）电压 U_{AB} 为多少?

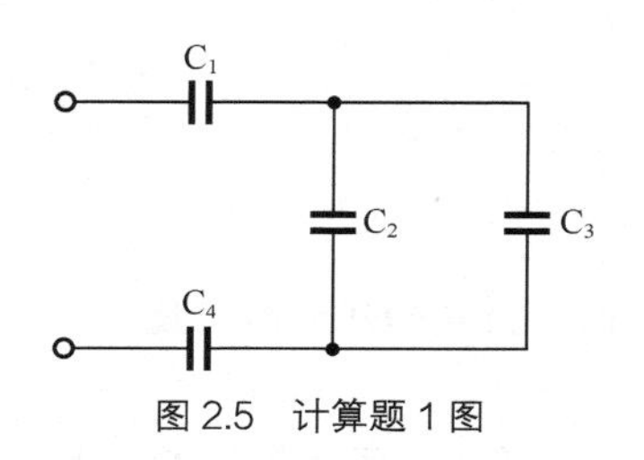

图 2.5　计算题 1 图

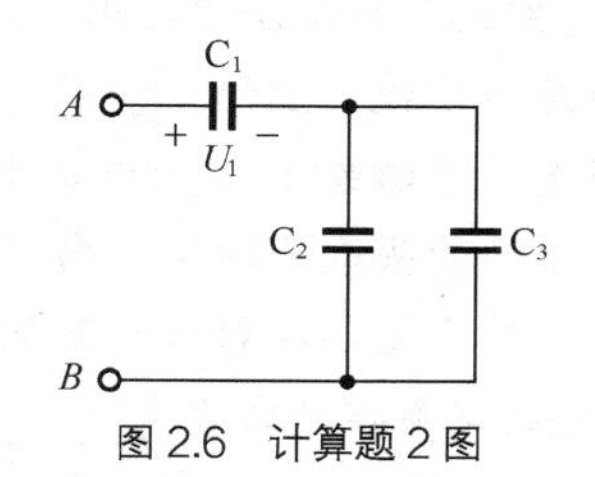

图 2.6　计算题 2 图

2.2　电磁基础知识

一、判断题

1. 磁铁上的两个极，一个叫 N 极，另一个叫 S 极，若把磁体截成两段，则一段为 N 极磁铁，另一段为 S 极磁铁。（　　）

2. 磁感线总是从 N 极到 S 极。（　　）

3. 通电导体的周围存在着磁场，这种现象叫电流的磁效应。（　　）

4. 磁感应强度既能反映某点磁场的强弱，又能反映该点磁场的方向。（　　）

5. 如果将通电直流导线与磁场的方向平行放置，导线会受磁场的作用力。（　　）

6. 由左手定则可知，通电直流导线的电流方向、磁感应的方向和导线的受力方向三者是互相垂直的。（　　）

7. 通电导体周围的磁感应强度只取决于电流的大小及导体的形状，而与介质的性质无关。（　　）

8. 通电导线在磁场中某处受到的力为零，则该处的磁感应强度一定为零。（　　）

9. 两根靠得很近的平行直导线，若通以相同方向的电流，则它们互相吸引（　　）

二、填空题

1. 把两个磁铁的磁极靠近时，它们之间会产生相互作用的________。

2. 磁体两端磁性最强的区域叫________，任何磁体都有两个磁极，即______________。

3. 磁极之间存在相互作用力，同名磁极相________，异名磁极相________。

4. 在磁铁外部，磁感线从________到________；在磁铁内部，磁感线的从________到________。磁感线密集的地方，表示磁场比较________；磁感线稀疏的地方，表示磁场比较________。

5. 直线电流的磁感线方向与电流方向的关系可以用________来判断。

6. 定量地描述磁场在一定范围内分布情况的物理量是________，定量地描述磁场强弱程度的物理量是________。在匀强磁场中，磁通与磁感应强度之间的关系是________。

7. 磁导率是表示物质________的物理量，用字母________表示，单位为________。真空中的磁导率是一个常数 μ_0=________。

8. 在磁感应强度为B的匀强磁场中，电流I通过长度为l的直导线，为使其受到的磁场力为$F=BIl$的条件是________。

9. 利用磁场产生电流的现象叫________，用电磁感应的方法产生的电流叫________。

10. 根据楞次定律，当线圈中的磁通增加时，感应电流的磁通方向与原磁通方向________；当线圈中的磁通减少时，感应电流的磁通方向与原磁通方向________。

三、选择题

1. 关于磁感线的下列说法中，正确的是________。

A. 磁感线是由磁铁产生的

B. 磁感线是始于磁铁N极而终止于磁铁S极

C. 磁感线上的箭头表示磁场方向

D. 磁感线上某点处小磁针静止时N极所指的方向与该点切线方向一致

2. 条形磁铁磁场最强的地方是________。

A. 磁铁两极　　B. 磁铁中心点　　C. 磁感线中间位置　　D. 无法确定

3. 如图2.7所示，当线圈顺磁场方向向右移动时，下列说法正确的是________。

A. 电动势方向垂直进入纸里　　B. 电动势方向垂直穿出纸外

C. 无电动势　　D. 电动势方向向上

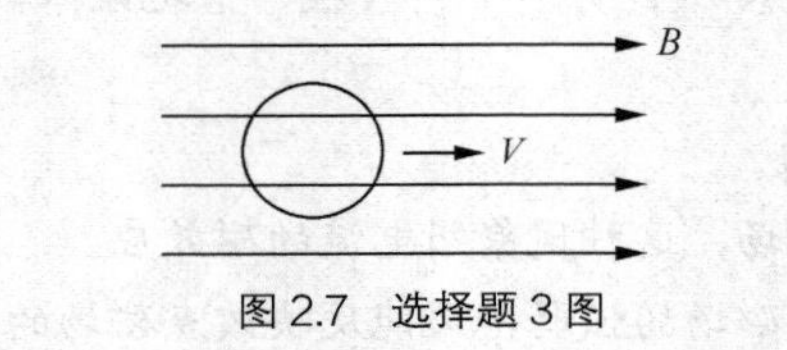

图2.7　选择题3图

4. 在匀强磁场中，原来截流导线所受的磁场力为F，若电流增加到原来的两倍，而导线的长度减少一半，这时截流导线所受的磁力为________。

A. F　　B. $F/2$　　C. $2F$　　D. $4F$

5. 判定通电导线或通电线圈产生磁场的方向，用________。

A. 右手定则　　B. 右手螺旋法则　　C. 左手定则　　D. 楞次定律

6. 如图2.8所示，当条形磁铁插入线圈时，流过电阻R的电流方向为________。

A. 从上到下　　B. 从下到上　　C. 无电流　　D. 无法确定

7. 如图2.9所示，在电磁铁的左侧放置了一根条形磁铁，当合上开关S以后，电磁铁与条形磁铁之间________。

A. 互相排斥　　B. 互相吸引　　C. 静止不动　　D. 无法判断

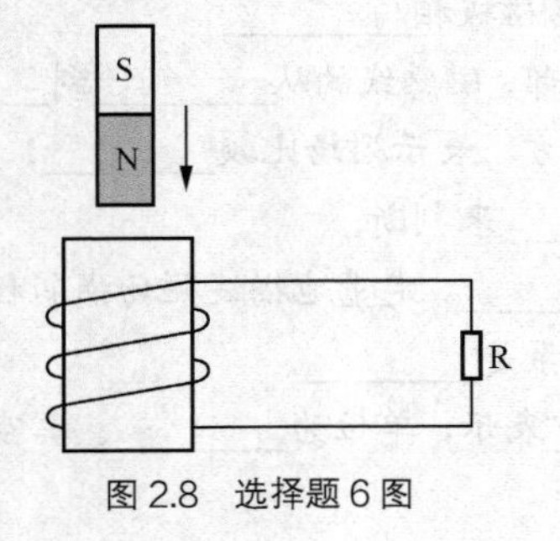

图2.8　选择题6图

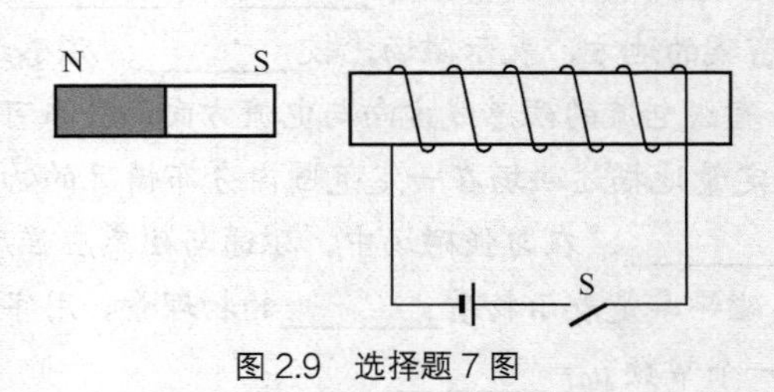

图2.9　选择题7图

四、计算题

1. 有一匀强磁场，磁感应强度 B 与长 60 cm、宽 50 cm 的矩形磁极板面垂直，穿过矩形面积的磁通为 0.3 Wb，求磁感应强度 B 的大小。

2. 在 0.5s 内穿过某线圈的磁通从 1.5×10^{-5}Wb 变化到 7.5×10^{-5}Wb，线圈的匝数为 200 匝，求线圈中感应电动势的大小。若回路中的电阻为 10Ω，求感应电流的大小。

3. 有一线圈，当通过它的电流在 $\frac{1}{200}$ s 内由零增加到 5A 时，线圈中产生的感应电动势为 1200V，求线圈的自感系数 L。

2.3 电感

一、判断题

1. 电感是衡量线圈产生电场感应能力的物理量。 (　　)
2. 当一个线圈通入电流，线圈周围就会产生磁场。 (　　)
3. 通过线圈的磁通量和通入的电流是成正比的。 (　　)
4. 线性电感器的电感量与流入的电流是成正比的。 (　　)
5. 在同样形状、尺寸与匝数的情况下，空心线圈比铁心线圈的电感量小得多。 (　　)
6. 线圈采用蜂房绕法或间绕法可以减小分布电容。 (　　)
7. 铁心线圈、铁氧体线圈可用于高频电路。 (　　)
8. 小型固定电感器常用在滤波、扼流、延迟、陷波等电路中。 (　　)

二、填空题

1. 变化的磁场会产生感应电动势，称为________。

2. 自感现象的发现者是美国的物理学家________。

3. 使用空心电感线圈为避免改变电感量，不能随意改变线圈的________、________和________。

4. 当电流的变化率一样时，电感系数 L 越大的线圈产生的________________也越大，这个线圈阻碍________的作用也越大。

5. 电感器的主要参数有________、________和________。

6. 电感器的分布电容是指线圈的________________。

7. 电感器的品质因数是指线圈的________与线圈的________________的比值，其计算公式为：________。

8. 电感器的参数标示主要有 3 种方式：________、________________、________。

9. 铁心电感线圈是由________及________所组成，多用于________中起阻碍交流的作用。

10. 电感器是一种能够把________转化为________而存储起来的器件。

三、选择题

1. 线圈的自感系数也叫做电感，用 L 表示，用公式表示为________。

A. $L=\frac{I}{\Phi}$　　B. $L=\frac{\Phi}{I}$　　C. $I=\frac{\Phi}{L}$　　D. $L=\Phi I$

2. 电感的基本单位是________。

A. 欧姆　　B. 伏特　　C. 安培　　D. 亨

3. 一个环形线圈，其圆环的平均长度为 l，圆环的截面积为 S，心子的磁导率为 μ，均匀密绕有 N 匝线圈，则其电感 L 为________。

A. $L=\dfrac{\mu N^2 S}{l}$　　B. $L=\dfrac{\mu NS}{l}$　　C. $L=\dfrac{\mu N^2 l}{S}$　　D. $L=\dfrac{\mu N^2}{I}$

4. 空心电感线圈一般用在________。

A. 低频电路　　B. 直流电路　　C. 高频电路　　D. 交流电路

5. 利用万用表的电阻挡对电感器进行测量，若表针不动，则说明该线圈________。

A. 断路　　B. 严重短路　　C. 局部短路　　D. 正常

技能拓展

1. 观察电子节能灯的电路板上的电容器，在白纸上画出节能灯电路板上的电容元件的位置、元件编号，并判定电容的类型，从电容器标称上读取电容量。

2. 打开收音机后盖，在白纸上画出收音机主电路板上的电感元件的位置、元件编号，并从电感器标称上读取电感类型及电感的大小。

单相正弦交流电路

正弦交流电是日常生活和生产领域中最常见、应用最广泛的一种电的形式，该内容在电类基础课程中占有极其重要的地位。本章学习重点是交流电的基本知识，认知纯电阻、纯电感、纯电容电路中电流与电压的关系，掌握串联正弦交流电路和 LC 谐振电路的特点、电量之间的相位关系及功率关系。在技能方面将学会用示波器观测交流电的波形，掌握荧光灯电路的安装。

要点归纳

一、交流电的基本知识

交流电是指大小和方向随时间作周期性变化，并且在一个周期内的平均值为零的电压、电流和电动势。

1. 正弦交流电的三要素

（1）最大值。最大值又称振幅或峰值，是指交流电在一个周期内数值最大的值，用大写的字母带下标 m 表示，如 I_m、U_m、E_m 等。

在一个周期内产生的热量与某直流电通过同一电阻在同样长的时间内产生的热量相等，就将这一直流电的数值定义为交流电的有效值。正弦交流电的有效值 I 和最大值 I_m 之间的关系为

$$I=\frac{I_m}{\sqrt{2}}=0.707I_m \qquad (3.1)$$

（2）角频率。角频率是表示正弦交流电变化快慢的物理量，是指单位时间内变化的弧度数，单位是弧度/秒（rad/s）。角频率与周期 T、频率 f 之间的关系为

$$\omega=\frac{2\pi}{T}=2\pi f \qquad (3.2)$$

（3）初相角。初相角是指正弦交流电在计时起点 $t=0$ 时的相位角值，也就是角度 φ_0。

2. 正弦交流电的 3 种表示法

（1）解析法。解析法是用三角函数式表示正弦交流电与时间的变化关系的方法，即瞬时值表

达式。

（2）波形图表示法。波形图表示法是在平面直角坐标系中作出正弦交流电的瞬时值 u（或 i）与时间 t（或 ωt）的变化关系曲线。

（3）相量表示法。相量表示法又叫矢量图示法，是用旋转矢量表示正弦量的方法。矢量的长度表示正弦量的最大值，叫最大值相量，用 $\dot{I}_m$、$\dot{U}_m$、$\dot{E}_m$ 表示。

二、基本正弦交流电路

1. 纯电阻电路

（1）电压和电流的关系。在纯电阻组成的交流电路中，电流与电压同相位，并满足如下欧姆定律。

$$I_m = \frac{U_m}{R} \quad 或 I = \frac{U}{R}$$

（2）瞬时功率 p。瞬时功率是电路中某时刻电阻所消耗的功率，单位为瓦特（W），其数学表达式为

$$p = U_m I_m \sin^2 \omega t = 2UI\sin^2 \omega t \tag{3.3}$$

（3）有功功率 P。有功功率是指交流电在一个周期内的平均值，又称为平均功率，以大写字母 P 表示，单位为瓦特（W）。

$$P = UI = R^2 I = \frac{U^2}{R} \tag{3.4}$$

2. 纯电感电路

（1）电流与电压的关系。在纯电感的交流电路中，电压超前电流 90°，且电压与电流是同频率的正弦交流电。

（2）电感器的感抗。电感器所加交流电压 u_L 与流过电感器电流 i_L 的有效值的比值称为感抗，用 X_L 表示，即

$$X_L = \frac{U}{I} \tag{3.5}$$

感抗的单位是欧姆（Ω）。

① 电感线圈的感抗与电压、电流无关。

② 在工作频率变化的情况下，频率越高，感抗也越大。因此，电感对直流相当于短路，对交流则有阻碍作用，且频率越高，阻碍作用越大。

③ 在工作频率相同的情况下，自感量 L 越大，感抗越大。

$$X_L = 2\pi fL = \omega L \tag{3.6}$$

式中：X_L 的单位为欧姆（Ω）；f 为交流电路的信号频率，单位为赫兹（Hz）；L 为自感量，单位为亨（H）。

（3）电路的功率

① 瞬时功率 p。电感上的电压与电流的瞬时值的乘积称为瞬时功率，即

$$p = UI\sin 2\omega t \tag{3.7}$$

② 有功功率 P。既然电感是个储能元件，不消耗电能，因此有功功率为零，即

$$P=0$$

③ 无功功率 Q。无功功率反映了电感元件与电源之间交换能量的数量大小。把纯电感电路中瞬时功率的最大值称为无功功率。

$$Q=UI=X_{\mathrm{L}}I^2=\frac{U^2}{X_{\mathrm{L}}} \tag{3.8}$$

无功功率的单位为乏尔（var）。

3. 纯电容电路

（1）电流与电压的关系。在纯电容的交流电路中，电流超前电压 90°，电压与电流是同频率的正弦交流电，电压与电流有效值的关系为 $U=\frac{1}{2\pi fC}I$。

（2）容抗 X_{C}。电容器所加交流电压 u_{C} 与流过电容器的电流 i_{C} 的有效值的比值称为容抗，即

$$X_{\mathrm{C}}=\frac{U}{I}=\frac{1}{2\pi fC} \tag{3.9}$$

（3）纯电容电路的功率

① 瞬时功率 p。电容上的电压与电流的瞬时值的乘积称为瞬时功率，即

$$p=UI\sin 2\omega t \tag{3.10}$$

② 无功功率 Q。纯电容电路的瞬时功率的最大值为无功功率，即

$$Q=UI=\frac{U^2}{X_{\mathrm{C}}}=X_{\mathrm{C}}I^2 \tag{3.11}$$

式中：Q 为容性无功功率，单位乏尔（var）；X_{C} 为电容容抗，单位为欧姆（Ω）。

三、串联交流电路

1. 电阻与电感串联电路

（1）电压间的关系

$$U=\sqrt{U_{\mathrm{R}}^2+U_{\mathrm{L}}^2} \tag{3.12}$$

（2）RL 串联电路的阻抗

$$Z=\frac{U}{I}=\sqrt{R^2+X_{\mathrm{L}}^2} \tag{3.13}$$

阻抗角 φ 的大小为

$$\varphi=\arctan\frac{U_{\mathrm{L}}}{U_{\mathrm{R}}}=\arctan\frac{X_{\mathrm{L}}}{R} \tag{3.14}$$

（3）功率

① 有功功率 P。它是电阻消耗的功率，数值上等于电阻两端电压 U_{R} 与电路中电流 I 的乘积，即

$$P=UI\cos\varphi \tag{3.15}$$

② 无功功率 Q。电路中的电感不消耗能量，它与电源之间不停地进行能量交换，感性无功功率为

$$Q_L = UI\sin\varphi \tag{3.16}$$

③ 视在功率 S。表示电源提供总功率（包括 P 和 Q_L）的能力，即交流电源的容量。

$$S = \sqrt{P^2 + Q_L^2} \tag{3.17}$$

阻抗角 φ 为

$$\varphi = \arctan\frac{Q_L}{P} \tag{3.18}$$

（4）功率因素

有功功率和视在功率的比值叫做功率因数，用符号 λ 表示，即

$$\lambda = \frac{P}{S} = \frac{UI\cos\varphi}{UI} = \cos\varphi \tag{3.19}$$

2. 电阻与电容串联电路

（1）电压的关系

$$U = \sqrt{U_R^2 + U_C^2} \tag{3.20}$$

（2）交流阻抗

$$Z = \frac{U}{I} = \sqrt{R^2 + X_C^2} \tag{3.21}$$

阻抗角 φ 为

$$\varphi = \arctan\frac{U_C}{U_R} = \arctan\frac{X_C}{R} \tag{3.22}$$

（3）RC 串联电路的功率

① 有功功率。它是电阻消耗的功率，数值上等于电阻两端电压 U_R 与电路中电流 I 的乘积，即

$$P = UI\cos\varphi = S\cos\varphi \tag{3.23}$$

② 无功功率。电路中的电容不消耗能量，它与电源之间不停地进行能量交换，容性无功功率为

$$Q_C = UI\sin\varphi = S\sin\varphi \tag{3.24}$$

③ 视在功率。它等于总电压 U 与电流 I 的乘积，即

$$S = UI \tag{3.25}$$

从功率三角形还可得到有功功率 P、无功功率 Q_C 和视在功率 S 间的关系，即

$$S = \sqrt{P^2 + Q_C^2} \tag{3.26}$$

阻抗角 φ 的大小为

$$\varphi = \arctan\frac{Q_C}{P} \tag{3.27}$$

四、LC 谐振电路

1. 串联谐振电路

将电容器 C、线圈 L 和信号源串联连接，就构成了 LC 串联谐振电路。

（1）谐振频率。

在串联谐振电路中，交流电源在某一频率时，使该电路出现最大的电流的现象叫串联谐振，这个频率就是谐振频率，用 f_0 表示。

$$f_0 = \frac{1}{2\pi\sqrt{LC}} \tag{3.28}$$

（2）串联谐振的特点。

① 感抗和容抗的作用完全抵消，故电路的总阻抗最小，并且为纯电阻。

② 电路中的电流最大，电容（或线圈）两端的分压最大，往往比电源电压大很多倍。

2. 并联谐振电路

将电容器 C、线圈 L 和信号源并联连接，就构成了 LC 并联谐振电路。

（1）谐振频率

$$f_0 = \frac{1}{2\pi\sqrt{LC}} \tag{3.29}$$

（2）并联谐振的特点。

① 电路的总阻抗最大，并且是纯电阻，电路的总电流最小。

② 通过电容支路或线圈支路的电流比电路总电流大许多倍。

3. 谐振电路的特点

① 感抗等于容抗，即 $X_L = X_C$。

② 谐振频率 $f_0 = \dfrac{1}{2\pi\sqrt{LC}}$。

③ 电路的阻抗为纯电阻，电源电压与总电流同相位。

4. 谐振电路的 Q 值

谐振时的感抗 X_L（或容抗 X_C）与回路中电阻 R 的比值用 Q 来表示，称为谐振电路的品质因数，即

$$Q = \frac{1}{R}\sqrt{\frac{L}{C}} \tag{3.30}$$

典题解析

【例题 1】 某个正弦交流电流，其最大值为 $3\sqrt{2}$ A，初相角为 $-\dfrac{\pi}{6}$，角频率为 ω，作出它们的旋转矢量，写出其对应的解析式。

解： 选定 $3\sqrt{2}$ A 为矢量长度，在横轴下方 $\dfrac{\pi}{6}$ 角度作矢量，它们都以 ω 角速度逆时针旋转，如图 3.1 所示。

对应的解析式为 $i=3\sqrt{2}\sin(\omega t-\frac{\pi}{6})$ A。

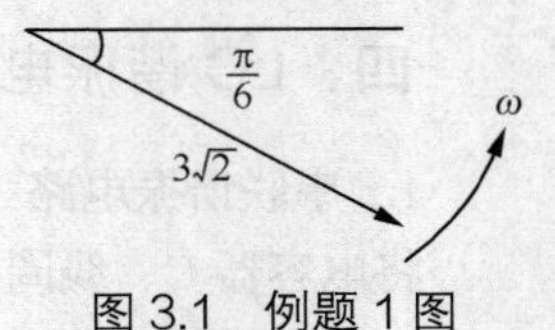

图 3.1 例题 1 图

【例题 2】 将一个阻值为 50.5Ω 的电热锅接在电压为 $u=220\sqrt{2}\sin(\omega t-\frac{\pi}{3})$ V 的电源上，求：

(1) 通过电热锅的电流并写出电流的解析式；

(2) 电热锅消耗的功率。

解：由 $u=220\sqrt{2}\sin(\omega t-\frac{\pi}{3})$ V 可知：

电源电压有效值 $U=220$V，初相位 $\varphi_u=-\frac{\pi}{3}$

(1) 通过电热锅的电流 $I=\frac{U}{R}=\frac{220}{50.5}=4.37$A，初相位 $\varphi_i=\varphi_u=-\frac{\pi}{3}$

电流的解析式为 $i=4.37\sqrt{2}\sin(\omega t-\frac{\pi}{3})$ A

(2) 电热锅消耗的功率 $P=UI=220\times4.37=961$W

【例题 3】 一个容量为 47μF 的电容器，接在电压 $u=220\sqrt{2}\sin(314t-30°)$ V 的电源上，求：

(1) 通过电容器的电流并写出电流的解析式；

(2) 电路的无功功率。

解：由 $u=220\sqrt{2}\sin(314t-30°)$ V 可知：

电源电压有效值 $U=220$V，角频率 $\omega=314$ rad/s，初相位 $\varphi_u=-30°$

(1) 电容器的容抗 $X_C=\frac{1}{\omega C}=\frac{1}{314\times470\times10^{-6}}\approx68\Omega$

通过电容器的电流 $I=\frac{U_C}{X_C}=\frac{220}{68}\approx3.2$A

初相位 $\varphi_i=\varphi_u+90°=-30°+90°=60°$

电流的解析式为 $i=3.2\sqrt{2}\sin(\omega t+60°)$ A

(2) 电路的无功功率 $Q_C=U_CI=220\times3.2=704$var

【例题 4】 有一 RL 串联交流电路，接在 $U=220$ V 的交流电源上，电路消耗的功率 $P=24$ W，功率因数 $\cos\varphi=0.6$，求：

(1) 电路中的电流；

(2) 电源需要提供的视在功率；

(3) 电路的无功功率。

解：(1) 电路中的电流 $I=\frac{P}{U\cos\varphi}=\frac{24}{220\times0.6}\approx0.18$A

(2) 视在功率 $S=IU=0.18\times220\approx40$V·A

(3) 无功功率 $Q=\sqrt{S^2-P^2}=\sqrt{40^2-24^2}=\sqrt{1024}=32$ var

【例题 5】 在 RLC 串联谐振电路中，电阻 $R=50\Omega$，电感 $L=5$ mH，电容 $C=50$pF，外加电压有效值 $U=30$ mV，求：

(1) 电路的谐振频率；

（2）谐振时的电流；

（3）电路的品质因数；

（4）电容器两端的电压。

解：（1）电路的谐振频率

$$f_0=\frac{1}{2\pi\sqrt{LC}}=\frac{1}{2\times\pi\times\sqrt{5\times10^{-3}\times50\times10^{-12}}}=318471\ \text{Hz}=318.5\ \text{kHz}$$

（2）谐振时的电流 $I_0=\frac{U}{R}=\frac{10}{50}=0.2\text{mA}$

（3）电路的品质因数 $Q=\frac{1}{R}\sqrt{\frac{L}{C}}=\frac{1}{50}\sqrt{\frac{5\times10^{-3}}{50\times10^{-12}}}=200$

（4）电容器两端的电压 $U_C=QU=200\times30=6000\ \text{mV}=6\ \text{V}$

同步练习

3.1 交流电的基本知识

一、判断题

1. 一个正弦交流电，当它的最大值和初相位确定之后，这个正弦交流电的变化情况也就完全确定下来了。（ ）

2. 正弦交流电的频率和周期都是用来表示交流电的变化快慢的。（ ）

3. 已知一正弦交流电动势为 $e=50\sin(314t+45°)$ V，其最大值为50V，频率为50Hz，周期为0.02s。（ ）

4. 已知两个同频率电动势：$e_1=E_{1m}\sin(314t+45°)$ V，$e_2=E_{2m}\sin(314t-45°)$ V，这两个电动势的初相位分别为45°和−45°，两电动势的相位差为90°。（ ）

5. 在相同的时间内，如果一个交流电通过一个电阻所产生的热量与另一个电流通过同一电阻产生的热量相等，那么，这个电流的量值就称为是交流电的有效值。（ ）

6. 正弦交流电可用旋转矢量法来表示，其长度代表正弦交流电的最大值，最大值矢量任意瞬时间在横轴上的投影就是该瞬间正弦交流电的瞬时值。（ ）

7. 旋转矢量起始时与横轴的夹角代表正弦交流电的初相角。（ ）

8. 旋转矢量法的表示，可以大大简化正弦交流电的加减计算，同时能适用于不同频率正弦交流电的加减。（ ）

9. 用旋转矢量法来表示正弦交流电时，旋转矢量沿逆时针方向旋转的角速度等于正弦交流电的角频率。（ ）

10. 交流电压表测得的读数是交流电的有效值。（ ）

11. 矢量旋转一周，对应正弦量变化的一个周期。（ ）

二、填空题

1. 周期用符号________来表示，单位是________。

2. 频率是指1s内交流电重复变化的________，用字母________表示。

3. 交流电的频率是表示交流电变化________的一个物理量。

4. 交流电的周期和频率在数量上互为________，它们都是表示交流电变化的________。

5. 正弦交流电角频率 ω 和频率 f 之间的数量关系是________。

6. 正弦交流电在 0.1s 时间内变化了 5 周，它的周期等于________，频率等于________。

7. 美国民用交流电压的有效值为________，频率为________Hz。

8. 一个电热器接在 110V 的直流电源上，产生一定的热功率，把它接到交流电源上，要产生与直流时相等的热功率，则交流电压的最大值是________。

9. 已知正弦交流电流 $i=15\sin\left(100\pi t+\frac{\pi}{6}\right)$A，则其有效值为________，频率为________，初相位为________。

10. 已知正弦交流电流最大值是 30A，频率为 50Hz，初相位为 30°，则其解析式为________A。

11. 旋转矢量在纵轴上的投影，就是该正弦量的________值。

12. 已知交流电压的解析式：$u_1=10\sqrt{2}\sin(100\pi t-90°)$V、$u_2=10\sin(100\pi t+90°)$V，则它们之间的相位关系是________。

13. 正弦量在 $t=0$ 时的相位叫________。

14. 若正弦交流电在 $t=0$ 时的瞬时值为 2A，其初相为 $\pi/6$，则它的有效值为________。

15. 已知某正弦交流电流在 $t=0$ 时，瞬时值为 0.5 A，电流初相位为 30°，则这个电流的有效值为________。

三、选择题

1. 用来描述交流电变化快慢的物理量是________。

A. 幅值　　B. 初相　　C. 角频率　　D. 功率因数

2. 某负载两端所加的正弦交流电压和流过的正弦交流电流最大值分别为 U_m、I_m，则该负载的有效功率为________。

A. $\sqrt{2}U_mI_m$　　B. $2U_mI_m$　　C. $\frac{1}{2}U_mI_m$　　D. $\frac{1}{\sqrt{2}}U_mI_m$

3. 已知 $e_1=50\sin(314t+30°)$V，$e_2=70\sin(628t-45°)$V，则 e_1、e_2 的相位关系是________。

A. e_1 比 e_2 超前 75°　　B. e_1 比 e_2 滞后 75°

C. e_1 比 e_2 滞后 15°　　D. 无固定相位关系

4. 最大值为 311V 交流电的有效值是________。

A. 220 V　　B. 311V　　C. 380V　　D. 440V

5. 已知两个正弦交流电的电压解析式分别为：$u_1=5\sqrt{2}\sin(314t-30°)$V、$u_2=220\sin(314t+45°)$V，则这两个交流电相同的量是________。

A. 幅值　　B. 周期　　C. 初相　　D. 有效值

6. 已知一交流电流，初相位为 30°，当 $t=0$ 时，电流 $i_0=1$A，则这个交流电的幅值为________。

A. 2A　　B. 1A　　C. 1.414A　　D. 0.5 A

7. 如图 3.2 所示的波形图，下列结论正确的是________。

A. i 比 u 超前 $\frac{\pi}{6}$　　B. i 比 u 滞后 $\frac{\pi}{6}$

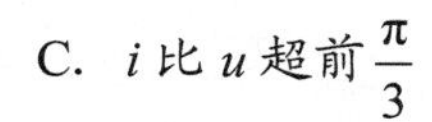

C. i 比 u 超前 $\dfrac{\pi}{3}$　　　　D. i 比 u 滞后 $\dfrac{\pi}{3}$

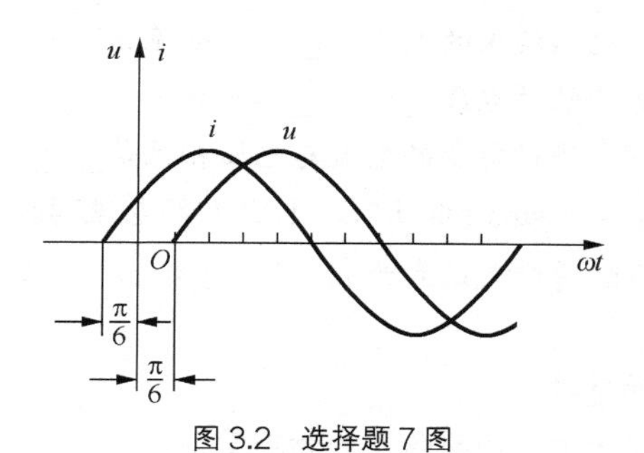

图 3.2　选择题 7 图

四、计算题

1. 已知 $u=100\sin(2000\pi t-45°)$ V，求出它的频率、周期、角频率、幅值、有效值及初相位各为多少？

2. 将正弦交流电流 $i=30\sin\left(100\pi t+\dfrac{\pi}{3}\right)$ A 用旋转矢量表示。

3. 已知某正弦交流电其初相位为 45°，在 $t=0$ 时为 220V，求它的有效值。

3.2　基本正弦交流电路

一、判断题

1. 在纯电阻组成的正弦交流电路中，电压与电流的相位差才为零。　（　　）

2. 日常生活和工作中接触到的白炽灯、电阻炉和电烙铁可以看成是纯电阻元件。　（　　）

3. 将一只等效电阻 $R=55\ \Omega$ 的白炽灯，接在 $u=220\sqrt{2}\sin\left(314t+\dfrac{\pi}{3}\right)$ V 电源上，则流过灯丝电流的解析式为 $i=4\sqrt{2}\sin\left(314t+\dfrac{\pi}{3}\right)$ A。　（　　）

4. 电感元件上电流超前电压 $\pi/2$ 相位。　（　　）

5. 在纯电感电路中，电压超前电流 $\pi/2$，所以电路中先有电压后有电流。　（　　）

6. 在纯电容电路中，电压滞后电流 $\pi/2$ 相位。　（　　）

7. 有功功率和无功功率都是功率，它们的单位都是 W。　（　　）

8. 当正弦交流电压加于纯电阻电路时，电路中电压和电流的频率相同。　（　　）

9. 在直流电路中，纯电感 L 的感抗为零，相当于短路。　（　　）

10. 在纯电容电路中，电流的相位超前于电压，所以电路中先有电流后有电压。　（　　）

11. 已知 $u_R=100\sin\left(100\pi t+\dfrac{\pi}{2}\right)$ V，纯电阻电路 $R=10\ \Omega$，则电流的有效值为 10 A。　（　　）

12. 电感相等的两线圈分别加大小相同但频率不同的电压，则两线圈的电流不同。　（　　）

13. 一个电感的感抗是 5Ω，若某一时刻该电感两端的电压是 12 V，则此时流过它的电流应是 2.5 A。　（　　）

14. 在同一交流电压作用下，电容的容量越大，电路中电流越大。　（　　）

15. 纯电感电路中，电压相位超前电流相位 $\pi/2$。　（　　）

16. 在纯电容电路中，电源的外电路不消耗电能。

二、填空题

1. 在纯电感交流电路中，电感两端的电压________电流π/2。

2. 在纯电容电路中，电容两端的电压________电流π/2。

3. 在正弦交流电压作用下，通过电阻的电流与电压相位是________________。

4. 在纯电阻电路中加入 $u=U_m\sin\omega t$ 电压时，电阻 R 的电流瞬时表达式为________________。

5. 设加在纯线圈两端电压的瞬时表达式为 $u_L=U_L\sqrt{2}\sin\omega t$ V，则流过线圈中的电流瞬时表达式为________A。

6. 在直流电路中，线圈的感抗为________。

7. 用来表示电感线圈对交流电起阻碍作用的物理量是________。

8. 在纯电阻电路中，在________瞬间电阻都要从电源取用功率。

9. 在纯电感线圈的电路中，在一个周期内的平均功率为________。

10. 瞬时功率 P_L 为正时，表示线圈要从电源吸取电能，并把它转换为________，储存在线圈周围的________中。

11. 在含电感 L 的电路中，无功功率是用来反映电路中________的数量的大小。

12. 电感元件瞬时功率的最大值叫做________。

13. 一线圈的内阻可忽略不计，若将它接在别 220V、50Hz 的交流电源上，测得通过的交流电流为 1A，线圈的电感量是________。

14. 一个电感线圈电感为 1H，通过的电流 $i=I_m\sin\omega t$A，其中 $I_m=1$A，频率 f 为 50Hz，电感两端的瞬时电压表达式为________________，电感吸取的无功功率为________。

15. 当电容器接到交流电路中时，由于交流电源电压的大小和方向成周期性变化，使电容器在电路中不停地________、________，则电容器电路中就有持续不断的交流电通过。

16. 用来表示电容器对交流电流起阻碍作用大小的物理量是________。

17. 在直流电路中、电容器的容抗等于________。

18. 在纯电容电路中，在一个周期内的平均功率为________。

三、选择题

1. 正弦电流通过电阻元件时，下列关系式中错误的是________。

A. $I=\dfrac{U}{R}$　　B. $i=\dfrac{U}{R}$　　C. $i=I_m\sin\omega t$　　D. $i=\dfrac{U_m}{R}\sin\omega t$

2. 在纯电感电路中，下列各式正确的是________。

A. $I=\dfrac{U}{L}$　　B. $I=\dfrac{u}{X_L}$　　C. $I=\omega LU$　　D. $I=\dfrac{U}{\omega L}$

3. 在纯电感正弦交流电路中，电压有效值不变，增加电源频率时，电路中的电流将________。

A. 增大　　B. 不变　　C. 减小　　D. 不能确定

4. 纯电感电路中，已知电流的初相角为–30°，则电压的初相角为________。

A. 60°　　B. –120°　　C. 90°　　D. –90°

5. 在纯电容电路中，下列的关系式正确是________。

A. $I=\omega CU$　　B. $I=\dfrac{U}{\omega C}$　　C. $I_m=U_mX_C$　　D. $I=\dfrac{u}{X_C}$

6. 某些电容器上标有电容量和耐压值，使用时应根据加在电容器两端电压的________来选择电容器。

A. 有效值　　B. 最大值　　C. 平均值　　D. 瞬时值

7. 将 $U = 220$ V 交流电压接在 $R = 220\Omega$的电阻两端，则电阻上________。

A. 电压的有效值为 220 V，流过电流的有效值为 1 A

B. 电压的平均值为 220 V，流过电流的平均值为 1 A

C. 电压的最大值为 220 V，流过电流的有效值为 1 A

D. 电压的最大值为 220 V，流过电流的最大值为 1 A

8. 当正弦电压加于纯电感电路时，电感端电压的相位________。

A. 与电流的相位同相　　B. 比电流的相位滞后π/2

C. 比电流的相位超前π/2　　D. 比电流的相位超前π/3

9. 纯电感线圈电路的瞬时功率为电流、电压值的________乘积。

A. 最大值　　B. 有效值　　C. 瞬时值　　D. 平均值

10. 在电感电路中，感抗 X_L 的大小取决于线圈的电感量和流过它的电流的________。

A. 相位角　　B. 相位差　　C. 初相位　　D. 频率

四、计算题

1. 一个阻值 $R = 100\Omega$ 的电阻，其两端的电压为 $u_R = 100\sqrt{2}\sin(\omega t - 30^\circ)$ V，试求:

（1）通过电阻 R 的有效电流 I_R;

（2）写出电流 i_R 的瞬间表达式;

（3）电阻 R 接受的功率 P_R。

2. 已知一个电感 $L = 1$H，其两端的电压 $u_L = 220\sqrt{2}\sin(314t - 45^\circ)$ V，试求:

（1）感抗 X_L;

（2）流过电感的的有效电流 I_L;

（3）写出电流 i_L 的瞬间表达式;

（4）电感上的无功功率 Q_L。

3. 一个电容 $C = 100$F，其两端的电压 $u_C = 220\sqrt{2}\sin(100\pi t - 30^\circ)$ V，试求:

（1）容抗 X_C;

（2）流过电容的有效电流 I_C;

（3）写出电流 i_C 的瞬间表达式;

（4）电容上的有功功率 P_C 和无功功率 Q_C。

3.3 串联交流电路

一、判断题

1. R 和 L 串联接入正弦交流电路，电流为 i 时，电阻电压 $u_R = Ri$，则电感电压 $u_L = X_L i$。（　　）

2. 在 RL 串联交流电路中，电感和电源进行能量交换，电路的无功功率为零。（　　）

3. 一个电感线圈 L 两端加上正弦交流电压，用交流电流表测得电路中电流为 2A，当交流电的频率改变时，只要保持电压的大小不变，则电流表的读数保持不变。（　　）

4. RC 串联交流电路，若 $U_R = U_C$，则 $\omega RC = 1$。（　）

5. 电阻与电容串联后接入交流电源，其两端电压分别为 5 V 和 10 V，则电源总电压为 15 V。（　）

6. 在 RL 串联电路中，总电压与总电流的相位差就是功率因数角。（　）

二、填空题

1. 荧光灯主要由________、________和________组成。镇流器在电路中有两个作用：（1）启动时________________；（2）正常发光时起________________作用。

2. 电容器和电阻器都是构成电路的基本元件，但它们在电路中所起的作用却是不同的，从能量上来看，电容器是________元件，而电阻器则是________元件。

3. 当交流电源的频率增加时，RC 串联电路的端电压与电流的相位差将________，电路中的有功功率将________，无功功率将________。（填"增大"、"减小"或"不变"）

4. 在 RL 串联正弦交流电路中，已知电源电压 $U = 100$ V，电流 $I = 10$ A，电压与电流之间的相位差 $\varphi = \pi/3$，则电阻上电压为________，电感上电压为________，电路的有功功率为________，无功功率为________。

5. 在 RL 串联正弦交流电路中，电压三角形由 U_R、________和________组成。

6. 在 RC 串联正弦交流电路中，电压三角形由 U_C、________和________组成。

7. 在 RC 串联正弦交流电路中，电压有效值与电流有效值的关系式是________，电压与电流的相位关系是________，电路的有功功率 $P =$ ________，无功功率 $Q_L =$ ________，视在功率 $S =$ ________。

8. 在交流电路中，功率因数定义式为________；由于感性负载电路的功率因数往往比较低，通常采用________________的方法来提高功率因数。

三、选择题

1. 一个 RC 串联交流电路，测得电容、电阻两端的电压分别为 3V 和 4V，则电源电压 $U =$ ________。

A. 25 V　　B. 7 V　　C. 220 V　　D. 5 V

2. 某电感线圈接入直流电测出 $R = 15\Omega$，接入工频交流电测出 $Z = 25\Omega$，则线圈的感抗 X_L 为________。

A. 10Ω　　B. 20Ω　　C. 40Ω　　D. 30Ω

3. 一个 RL 串联交流电路，当电源角频率 ω 由 0 增至 ∞ 时，________。

A. Z 由 0 增到 ∞　　B. Z 由 ∞ 减到 R

C. Z 由 R 增到 ∞　　D. Z 由 ∞ 减到 0

4. 在 RC 串联的正弦交流电路中，总阻抗 $Z =$ ________。

A. $R + X_C$　　B. $\sqrt{R^2 + X_C^2}$　　C. $\sqrt{R + X_C}$　　D. $\sqrt{R^2 + X_L^2}$

5. 在 RL 串联的正弦交流电路中，总阻抗 Z 的表达式正确的是________。

A. $\sqrt{R^2 + X_L^2}$　　B. $R + X_L$　　C. $\sqrt{R + X_L}$　　D. $\sqrt{R^2 + L^2}$

6. 在 RL 串联的正弦交流电路中，若 $U_L = 6$V、$U_R = 8$V，则电源电压 $U =$ ________。

A. 2 V　　B. 14V　　C. 100 V　　D. 10 V

四、计算题

1. 荧光灯电路中，灯管电阻 $R = 300\ \Omega$，镇流器感抗 $X_L = 520\ \Omega$，电路端电压 $U = 220\ V$，求：

（1）电路中的电流大小；

（2）灯管和镇流器两端电压；

（3）电路消耗的功率、无功功率和视在功率。

2. 容抗为 800Ω 的电容器与电阻器为 600Ω 的电阻串联接于 220V 的交流电路中，求：

（1）电路中所通过的电流 I；

（2）电阻器两端的电压 U_R；

（3）电容器两端的电压 U_C。

3. 将一个线圈接到电压为 20 V 的直流电源上，测得流过线圈的电流为 0.4 A。把它改接到 65V/50Hz 交流电源上，测得流过线圈的电流为 0.5 A，求线圈的参数 R 和 L。

3.4 LC 谐振电路

一、判断题

1. 当 $X_L = X_C$ 时，电感两端电压与电容器两端电压大小相等，相位相反，电路呈电阻性，电路的这种状态叫做串联谐振。（　　）

2. 通过 R、L、C 组成的串联电路的正弦交流电流为 $i = I_m\sin\omega t$，其电感两端的电压为 $u_L = I_m X_L \sin(\omega t - \frac{\pi}{2})$。（　　）

3. LC 串联谐振的主要特点是：阻抗最小，电流最大，电容（或电感）两端电压比电源电压大好几倍。（　　）

4. 在 RLC 串联的电路中，当 $X_L < X_C$ 时，电路是电感性电路。（　　）

5. 在 RLC 电路中，当电源频率一定时，要使电路发生谐振，就必须适当调整 R、L 或 C 的大小。（　　）

6. 当线圈电阻可以忽略不计时，并联谐振条件和谐振频率的公式与串联谐振相同。（　　）

二、填空题

1. RLC 串联电路发生谐振的条件是________，谐振频率为________________。

2. 在 RLC 串联电路中，当 $X_L > X_C$ 时，电路呈________性，$X_L < X_C$ 时，电路呈________性，当 $X_L = X_C$，则电路呈________性。

3. 在 RLC 串联的正弦交流电路中，测得 R、L、C 上的电压均为 12 V，则电路两端的总电压应是________。

4. 处于谐振状态的 RLC 串联电路中，若电源电压不变，当电容减小时，电路呈________性。

5. RLC 串联电路发生谐振时，若电容两端电压为 10V，电阻两端电压为 1V，则电感两端电压为________，品质因数 Q 为________。

三、选择题

1. 在 RLC 串联电路中，已知 $R = 3\Omega$，$X_L = 5\Omega$，$X_C = 8\Omega$，则电路的性质为________。

A. 感性　　B. 容性　　C. 阻性　　D. 不能确定

2. 在 RLC 串联电路中，已知 $R = 3\Omega$，$X_L = 6\Omega$，$X_C = 6\Omega$，则电路的性质为________。

A. 感性　　B. 容性　　C. 阻性　　D. 非线性

3. 在RLC串联电路中，发生串联谐振时，满足________。

A. $X_L=X_C$　　B. $R=X_C$　　C. $X_L=R$　　D. $R=X_C+X_L$

4. 在LC串联电路发生谐振时，电流为________。

A. 最大　　B. 最小　　C. 为零　　D. 最大值的一半

5. 在串联谐振电路中，电感与电容两端电压相等，相位________。

A. 相同　　B. 差90°　　C. 相反　　D. 差45°

6. 在RLC并联交流电路中，下列情况中属于电容性电路的是________。

A. $X_L=300\Omega$，$X_C=400\Omega$　　B. $X_L=X_C=400\ k\Omega$

C. $R=X_L=X_C=350\Omega$　　D. $X_L=300\Omega$，$X_C=200\Omega$

7. 在理想的RLC并联电路的谐振状态下，若总电流为5mA，则流过电阻的电流是________。

A. 2.5 mA　　B. 5 mA　　C. 1.6 mA　　D. 50 mA

8. 在LC并联电路发生谐振时，通过电容电流为________。

A. 最大　　B. 最小　　C. 为零　　D. 最大值的一半

9. 在LC并联电路发生谐振时，谐振频率正确的表达式是________。

A. $f_0=\dfrac{1}{2\pi\sqrt{LC}}$　　B. $f_0=\dfrac{\pi}{2\sqrt{LC}}$　　C. $f_0=\dfrac{2\pi}{\sqrt{LC}}$　　D. $f_0=\dfrac{1}{2\pi\sqrt{LR}}$

四、计算题

1. 一个电感和电容串联的电路，已知电源频率$f=50$Hz时，电容的容抗$X_C=60$kΩ。当$f=2$kHz时，电路发生谐振，求线圈的电感是多少？

2. 在图3.3所示电路中，已知电阻支路电流为$I_R=40$mA，电感支路电流$I_L=80$mA，电容支路电流$I_C=50$ mA。试求总电流I为多少？

3. 图3.4所示电路中，当$U_R=6$V、$U_L=14$V、$U=10$V时，求U_C为多少？

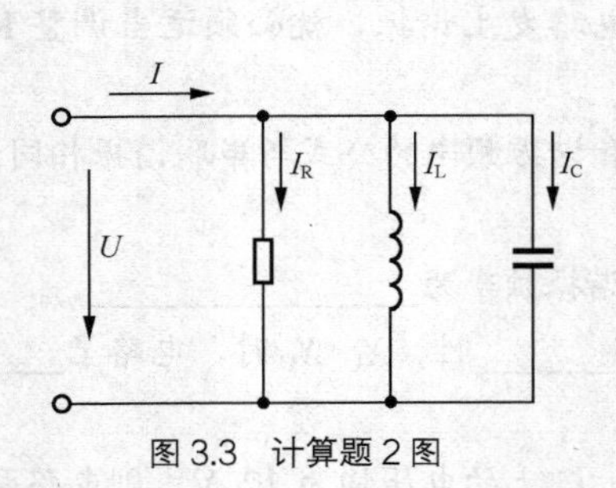

图3.3　计算题2图

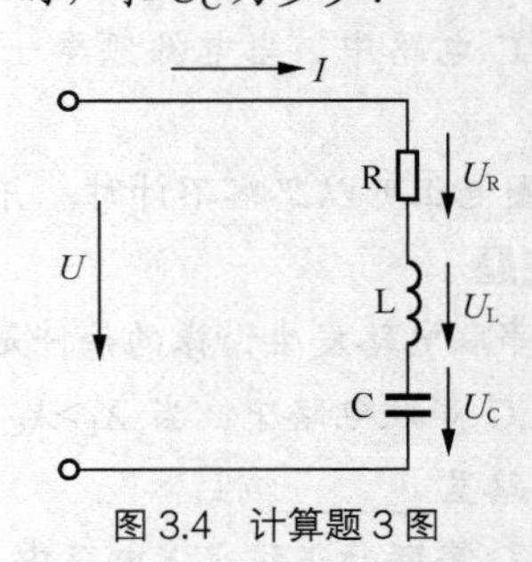

图3.4　计算题3图

4. 一个由线圈和电容器并联的谐振电路，其谐振频率为465kHz，电容$C=200$pF，回路的品质因素$Q=100$，求线圈的电感L和电阻R。

技能拓展

1. 验证RLC串联电路中，总电压与各元件上电压之间的数值关系及相位关系。

（1）在实验板上按图3.5连接电路。白炽灯参数为25W/220V，线圈为8W荧光灯镇流器，电容参数为2μF/600V。

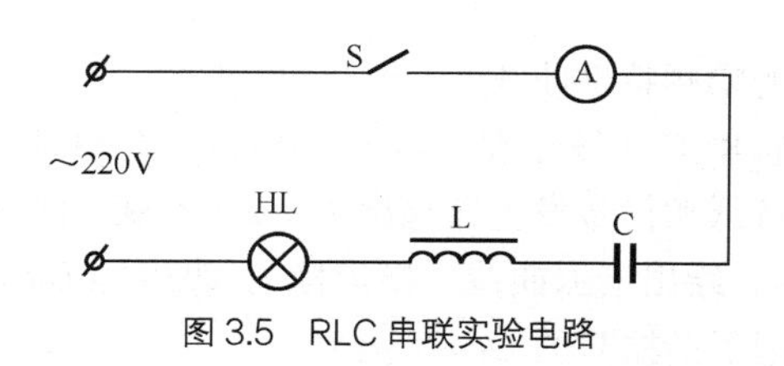

图 3.5　RLC 串联实验电路

（2）用交流电压表分别测量电源电压 U、白炽灯电压 U_R、电感线圈电压 U_L、电容电压 U_C，并将测量数据记入表 3.1 中。

表 3.1　　RLC 串联电路测量数据

电源电压 U/V		电阻电压 U_R/V	电感电压 U_L/V	电容电压 U_C/V	电路电流 I/A
计算值	测量值				

（3）将测量数据 U_R、U_L、U_C 值代入公式 $U=\sqrt{U_R^2+(U_L-U_C)^2}$ 中，计算出电源电压 U 值，记入表 3.1 中并与实验测量值 U 比较。若有误差，试分析误差原因。

（4）根据实验数据计算 Z、R、X_L、X_c、$\cos\varphi$、P、S、Q 各量。

2. 动手做提高荧光灯的功率因数的实验。

（1）按图 3.6 连接电路，开关 S_2 先断开，不接电容器 C。闭合开关 S_1，测量电流 I、功率 P、灯管两端电压 U_D 和镇流器两端电压 U_L，将数据填入表 3.2 中。

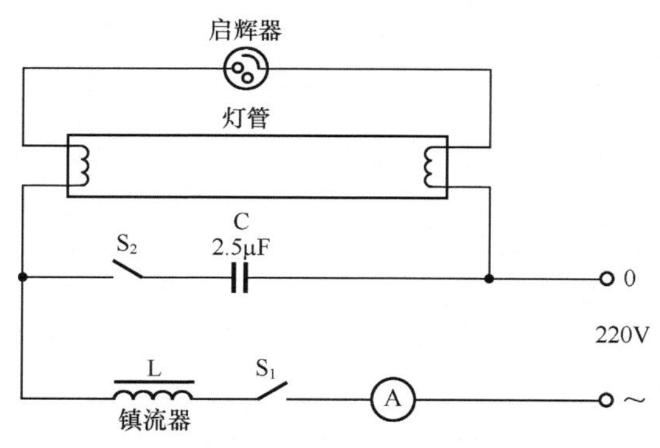

图 3.6　荧光灯功率因数实验电路

表 3.2　　提高功率因数的实验数据

测量值					计算值		
U/V	I/A	P/W	U_D/V	U_L/V	S/VA	Q/var	λ
不接 C							
接入 C							

（2）计算视在功率 S、无功功率 Q 和功率因数 λ，并将结果填入表 3.2 中。

（3）开关 S_2 闭合，将电容器 C 接入电路。闭合开关 S_1，观察并测量电流 I、功率 P、灯管两端电压 U_D 和镇流器两端电压 U_L 的变化情况，将数据填入表 3.2 中。

（4）计算连接电容器时的视在功率 S、无功功率 Q 和功率因数 λ，并将结果填入表 3.2 中。

3. 测量 RLC 串联电路的幅频特性曲线。

（1）按图 3.7 连接成一个 RLC 串联电路，取 $C = 0.1$uF，$L = 0.2$H，$R = 200\Omega$。

（2）在实验过程始终保持低频信号发生器输出 $U = 2$V 不变，使频率改变的间隔及范围要能很好地描述幅频特性，记下 U_R，绘出谐振曲线（横坐标 f，纵坐标 U_R）。

（3）找到谐振频率 f_0，记下谐振时的 U_L、U_C 值。

（4）计算电路的谐振频率，与测量的谐振频率 f_0 进行比较。

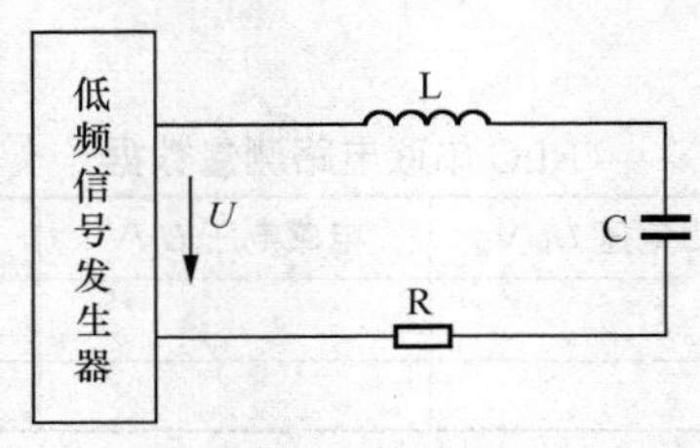

图 3.7 RLC 串联电路

第4章 三相正弦交流电路

目前，我国生产、配送的都是三相交流电。三相交流电比单相交流电有更多优越性，在用电方面，三相电动机比单相电动机结构简单，价格便宜，性能好；在送电方面，采用三相制，在相同条件下比单相输电节约输电线用铜量。因此，三相交流电得到了广泛的应用。

本章学习重点是三相交流电的特点、三相负载的联结及交流电的安全使用。在技能方面将学会三相负载的联结、触电事故应急处理方法。

要点归纳

一、三相正弦交流电源

三相交流电是由 3 个频率相同、电势振幅相等、相位差互差 120° 角的交流电路组成的电力系统。

1. 三相交流电的特点

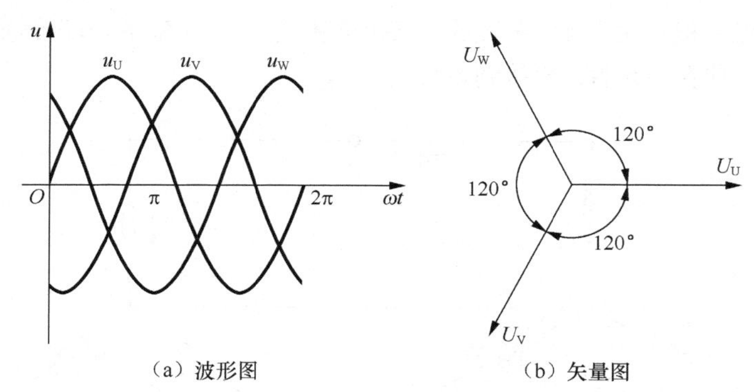

（a）波形图　　（b）矢量图

图 4.1　三相交流电的电压波形和矢量图

从图 4.1 可以看出三相交流电有以下特点。

（1）交流电的电压最大值和周期都相同。

（2）电动势到达最大值（或零值）的时间依次落后 1/3 个周期（120°）。

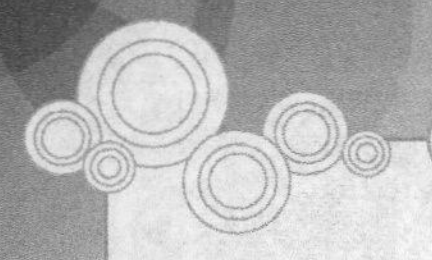

2. 三相交流电源的联结

（1）星形联结（Y形联结） 如图4.2所示，星形联结把发电机3个绕组的末端U_2、V_2、W_2连在一起形成零线。将三相电源的首端U_1、V_1、W_1分别向外引出连接线，作为相线。

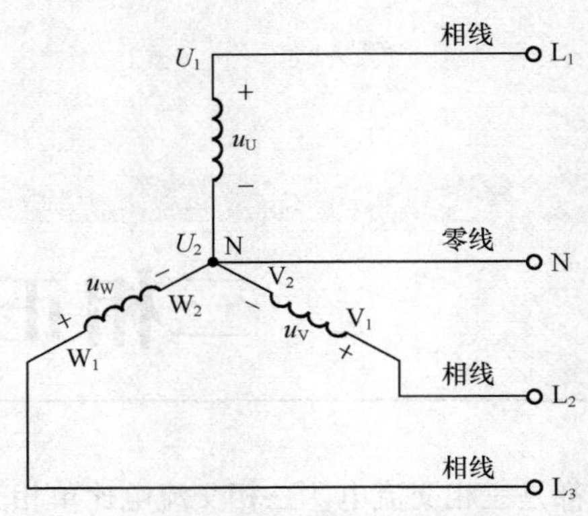

图4.2 三相交流电源的星形联结

（2）相电压

$$u_U=220\sqrt{2}\sin\omega t$$

$$u_V=220\sqrt{2}\ \sin(\omega t-120°)$$

$$u_W=220\sqrt{2}\ U\sin(\omega t+120°)$$

（3）线电压

$$U_{线}=\sqrt{3}U_{相} \quad (4.1)$$

二、三相负载的联结

三相负载的联结主要有星形（Y型）和三角形（△型）两种联结形式。

1. 负载的星形联结

负载的星形联结一般可用图4.3来表示，三相负载Z_U、Z_V、Z_W的一端分别接在三条相线U、V、W上，而另一端连在一起后，再接到零线上。

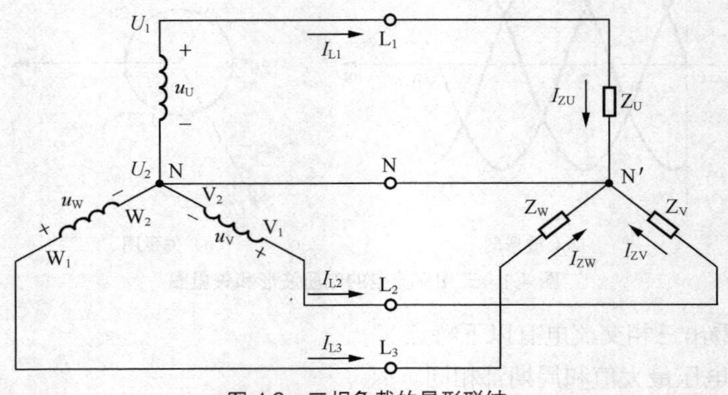

图4.3 三相负载的星形联结

负载星形联结的主要特点如下。

（1）不论电源和负载是否对称，线电流等于相电流，即

$$I_{线}=I_{相} \tag{4.2}$$

（2）线电压和相电压有效值之间的关系为

$$U_{线}=\sqrt{3}U_{相} \tag{4.3}$$

（3）根据基尔霍夫节点电流定律，零线电流等于各线（相）电流的代数和，即

$$I_N=I_U+I_V+I_W \tag{4.4}$$

如果三相负载对称，则 $I_N=I_U+I_V+I_W=0$，零线无电流。

2. 负载的三角形联结

负载的三角形联结如图 4.4 所示，三相负载 Z_{UV}、Z_{VW}、Z_{WU} 依次把一相负载的末端和下一相负载的始端相连，组成一个封闭的三角形，即为三角形联结。

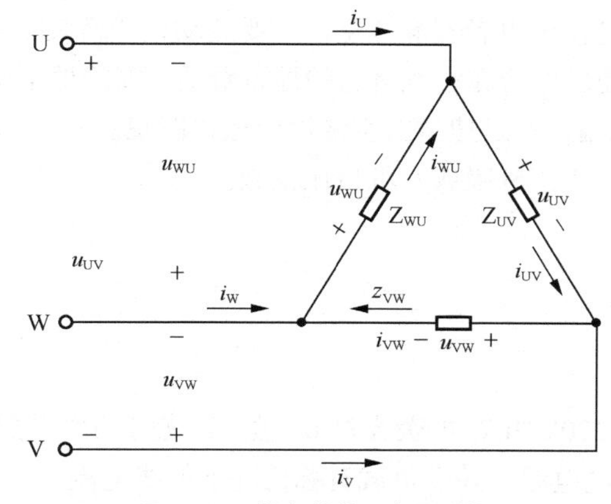

图 4.4 三相负载的三角形联结

负载三角形联结电路主要特点如下。

（1）电源的线电压与负载两端的电压，即负载的相电压，相等，则

$$U_{线}=U_{相} \tag{4.5}$$

（2）当电源和负载都对称时，其线电流和相电流有效值之间的关系是

$$I_{线}=\sqrt{3}\,I_{相} \tag{4.6}$$

三、安全用电

1. 触电的种类和形式

（1）触电的种类

① 电击。电击是指电流通过人体内部使人体内部器官受伤，甚至危及生命安全。

② 电伤。电伤是指电流的热效应给人体体外造成的局部伤害，如电弧烧伤、电烙印等。

（2）触电的形式

① 单相触电。单相触电是指人体在地面或其他接地导体上，人体的某一部位触及一根带电导

体或接触到漏电的电气设备金属外壳的触电事故。

② 两相触电。两相触电即人体两处同时触及两相带电体的触电事故。

③ 跨步电压触电。当带电体接地点有电流流入地下时，电流在接地点周围土壤中产生电压降，当人体走近带电体接地点附近，两脚之间就有电位差，即跨步电压，由此引起的触电事故称为跨步电压触电。

2. 电气安全技术措施

预防触电事故的主要技术措施有：采用安全电压、保证电气设备的绝缘性能、采取屏护、保证安全距离、合理选用电气装置、装设漏电保护装置、保护接地或接零等。

3. 触电急救常识

（1）脱离电源

使触电者脱离电源的方法主要有以下几种：拉闸断电、将带电导线拨离触电者、拽住触电者衣服脱离电源。

（2）急救处理

① 触电不太严重时，应使触电者安静休息，不要走动，严密观察并请医生诊治。

② 触电较严重时，应使触电者在空气流通的地方舒适、安静地平躺，解开衣扣和腰带以便于呼吸；如天气寒冷应注意保温，并迅速请医生诊治或送往医院。

③ 触电严重时，应进行人工呼吸或心脏挤压抢救。

典题解析

【例题 1】 某办公楼有 220V/30W 的荧光灯 66 盏，荧光灯功率因数 $\cos\varphi = 0.5$，怎样接入线电压为 380V 的三相四线制供电电源？并求负载对称情况下的线电流。

解： 66 盏荧光灯应均匀分配到三相中，采用负载星形连接的方法，每相有 22 盏荧光灯并联，荧光灯工作于 220V。

当荧光负载对称时，每相电流 $I_{相}=22\times\dfrac{P}{U_{相}\cos\varphi}=22\times\dfrac{30}{220\times0.5}=6\text{A}$

因为星形连接是线电流等于相电流，所以 $I_{线}=I_{相}=6\text{A}$。

【例题 2】 一个三相电动机，每相绕组的等效电阻 $R=29\Omega$，等效感抗 $X_L=21.8\Omega$，试求在下列两种情况下电动机的相电流和线电流？

（1）绕组联成星形接于线电压为 380V 的三相电源上。

（2）绕组联成三角形接于线电压为 220V 的三相电源上。

解： 每相绕组的阻抗为：$Z=\sqrt{R^2+X_L^2}$

（1）星形连接

$$I_{相}=\frac{U_{相}}{Z}=\frac{220}{\sqrt{29^2+21.8^2}}=6.1\text{A}$$

$$I_{线}=I_{相}=6.1\text{A}$$

（2）三角形连接

$$I_{相}=\frac{U_{相}}{Z}=\frac{220}{\sqrt{29^2+21.8^2}}=6.1\text{A}$$

$$I_{线}=\sqrt{3}\,I_{相}=\sqrt{3}\times 6.1\text{A}=10.5\text{A}$$

同步练习

4.1　三相正弦交流电源

一、判断题

1. 我国电力系统采用的是三相交流电，发电和配电都采用三相制。（　　）
2. 三相电动势在任一瞬间的代数和等于零。（　　）
3. 三相四线制可以向负载提供两种电压，即相电压和线电压。（　　）
4. 三相电源星形连接时，线电压的有效值为相电压有效值的 $\sqrt{3}$ 倍。（　　）
5. 在我国低压配电系统中，三相四线制的相电压为 220V，线电压为 380V。（　　）
6. 三相对称交流电是指 3 个完全相同的交流电。（　　）

二、填空题

1. 三相交流电是由____________产生的，其________相等，________相同，相位互差________。
2. 规定三相电动势的正方向都是从绕组的________端指向________端。
3. 三相四线制是由____________所组成的供电体系，相线与零线之间的电压称为________，相线与相线之间的电压称为________，且 $U_{线}$=________$U_{相}$。
4. 目前，我国低压三相四线制配电线路供给用户的线电压为________，相电压为________。
5. 在三相四线制供电系统中，如果 U 相断开，则 I_U=________A，V 相、W 相电压为________V。

三、选择题

1. 三相对称交流电的特点为________。

A. 频率、最大值、有效值、相位均相等

B. 相位是否相等要看计时起点的选择

C. 频率、最大值、有效值均相等，相位互差 120°

D. 频率、最大值、有效值均相等，相位互差 60°

2. 三相交流电源各相绕组首端与末端之间的电压叫做________。

A. 相电压　　B. 线电压　　C. 有效电压　　D. 幅值电压

3. 三相交流电源采用星形联结时，线电压是相电压的________。

A. 相等数值　　B. $\sqrt{2}$ 倍　　C. $\sqrt{3}$ 倍　　D. $\frac{1}{\sqrt{3}}$ 倍

4. 关于三相电交流电的零线，正确的说法是________。

A. 零线不允许安装熔断器　　B. 零线必须安装熔断器

C. 零线必须安装保护开关　　D. 对于对称三相负载，零线不可以省去

5. 三相交流电的相线 L_1、L_2、L_3 分别用________线表示。

A .棕、绿、红　　B. 蓝、绿、红　　C. 红、绿、黄　　D. 黄、绿、红

四、计算题

1. 已知发电机三相绕组产生的相电压大小为 $U=220\text{V}$，试求三相电源为 Y 联结时的相电压 $U_{相}$与线电压 $U_{线}$。

2. 三相四线制电源的相电压的有效值为 110V，对应的线电压的有效值是多少？

4.2　三相负载的联结

一、判断题

1. 三相负载星形联结时，若负载不对称，线电流就不等于对应负载的相电流。（　）

2. 在同一电源作用下，负载星形联结的线电压等于三角形联结时的线电压。（　）

3. 对称负载的三相交流电路中，零线电流为零。（　）

4. 为了防止负载短路导致线路被烧毁，通常都在零线上装设熔断器来实现负载的短路保护。（　）

5. 三相负载作三角形联结时，无论负载对称与否，线电流必定是相电流的 $\sqrt{3}$ 倍。（　）

6. 三相对称负载成三角形联结时，线电流的有效值是相电流有效值的 $\sqrt{3}$ 倍，且相位比对应的相电流超前 30°。（　）

7. 三相电源的线电压是 380V，一台三相电动机每个绕组的额定电压是 220V，则这台电动机的绕组应作三角形联结。（　）

8. 只要三相对称负载中的每相负载所承受的相电压相同，则不论是三角形联结还是星形联结，其相电流和有功功率都相等。（　）

9. 三相用电器铭牌上写有“220V/380V—△/Y”，是指此用电器可在 220V 线电压下接成△形，也可在 380V 线电压下接成 Y 形。（　）

二、填空题

1. 三相负载接法分________和________。其中，________接法线电流等于相电流，________接法线电压等于相电压。

2. 三相负载接到三相电源中，若要求各相负载的额定电压等于电源线电压，负载应作________联结，若各相负载的额定电压等于电源线电压的 $\frac{1}{\sqrt{3}}$ 时，负载应作________联结。

3. 在同一三相对称电源作用下，三相对称负载作三角形联结时的线电流是星形联结时的________倍，作三角形联结时的有功功率是星形联结时的________倍。

4. 在三相四线制供电系统中，零线起________________作用。

5. 对称三相电路，负载为星形联结，测得各相电流均为 5A，则零线电流 I_N=________；当 U 相负载断开时，则中线电流 I_N=________。

6. 当负载为三角形联结时，负载的相电压就是________。

7. 负载接成三角形时的相电流是接成星形时相电流的________倍。

8. 在三相四线制供电系统中，若三相负载不对称，当零线断开后，阻抗较小的相电压________，阻抗较大的相电压________。

9. 三相负载不对称的低压供电系统中，不允许在零线上安装________和________，而且中线常用钢丝制成，以避免零线断开而发生负载电压的________。

三、选择题

1. 在三相四线交流制供电电路中，零线的作用在于使星形联结的不对称负载的相电压保持________。

A. 对称　　B. 380V　　C. 稳定　　D. 220V

2. 在三相四线制交流供电系统中，若负载不对称，且零线又断开后，负载阻抗较小的相电压________。

A. 会提高　　B. 会降低　　C. 保持不变　　D. 不确定

3. 市电的三相负载为三角形联结时，负载的相电压等于________。

A. 110V　　B. 220V　　C. $220\sqrt{2}$ V　　D. 380V

4. 在对称三相四线制供电线路上，连接 3 个相同的灯泡，如图 4.5 所示，3 个灯泡都正常发光。如果零线断开，那么________。

A. 3 个灯泡都将变暗　　B. 3 个灯泡都将因太亮而烧毁

C. 仍能正常发光　　D. 立即熄灭

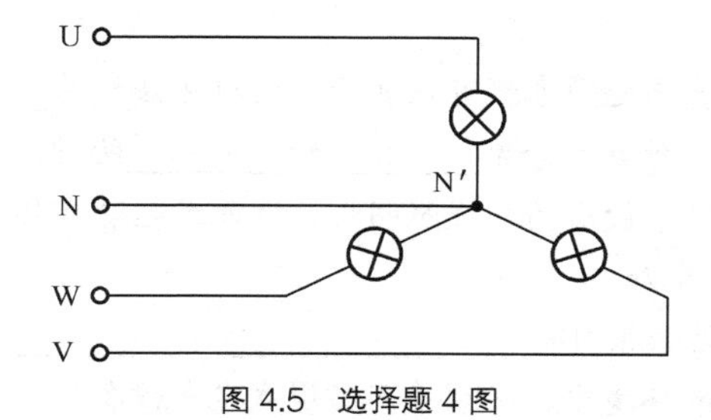

图 4.5　选择题 4 图

5. 三相负载为三角形联结，当负载不对称时，负载端的三相电压________。

A. 总是对称　　B. 就不对称　　C. 比较稳定　　D. 不确定

6. 负载作三角形联结时的相电压和星形联结时的相电压比较，________。

A. 前者高 $\sqrt{2}$　　B. 前者高 $\sqrt{3}$　　C. 两者一样大　　D. 前者低 $\sqrt{2}$

7. 三相负载接到三相电源中，究竟是作三角形联结还是星形联结，要根据三相负载的________而定。

A. 额定电压　　B. 额定电流　　C. 额定功率　　D. 额定电流和功率

8. 对称三相负载三角形联结时，线电流 $I_{线}$ 等于相电流 $I_{相}$ 的________倍。

A. 2　　B. $\sqrt{2}$　　C. $\sqrt{3}$　　D. 3

四、计算题

1. 有一星形联结的三相负载，每相电阻 $R=6\Omega$，电抗 $X=8\Omega$，电源电压 $U_{线}=380$V，求负载电流。

2. 电灯接成三角形负载，接到线电压 $U_{线}=220$V 的三相电源上。电灯的额定电压是 220 V，额定功率 100W。如果各相有 6 个电灯，试求相电流和线电流各是多少？

3. 在 380V 的三相电路上，每相接有电阻为 46Ω、电抗为 3Ω 的负载，计算星形联结时，负载的三相有功功率。

4. 在三相四线制供电电路中，接有三相不对称负载。已知 $R_U=10\Omega$，$R_v=20\Omega$，$R_W=40\Omega$，相电压 $U_{相}=220$V。

（1）试求各相电流和流过零线的电流，并写出各支路电流的瞬时表达式。

（2）当U相和零线都断开时，各相电流与电压将发生怎样的变化？

（3）若U相短路，同时中线也断开，这时各相电流和电压又将发生什么样的变化？

4.3 安全用电

一、判断题

1. 不接触带电导体就不会触电。 （ ）

2. 非金属外壳的设备不会漏电。 （ ）

3. 人体潮湿或环境潮湿都会增加触电危险。 （ ）

4. 不能用湿手、湿布擦带电的灯头、开关和插座。 （ ）

5. 发生电气火灾应使用泡沫灭火剂。 （ ）

二、填空题

1. 把电气设备的金属外壳与接地体连接起来，使电气设备与大地紧密连通，这种方法称为________。

2. 将电气设备的金属外壳与电源零线可靠相连，这种方法称为________。

3. 按人体受伤害的程度，触电可分为________和________两种。

4. 在危险环境和特别环境中使用的手提照明灯、携带式电动工具，如果没有特殊安全结构或安全措施，应采用________安全电压。

5. 绝缘物产生漏电，常见的原因有________________、________________和________________。

6. 在________________的环境中，必须采用防爆式电气设备。

7. 使触电者脱离电源的方法主要有________________、________________和________________。

8. 人工呼吸是在触电者________时的急救方法。

三、选择题

1. 对人体最危险的电流频率是________。

A. 25Hz以下　　B. 25～300Hz　　C. 300 Hz以上　　D. 600 Hz以上

2. 在三相四线制中，人站在地上触及一根相线时的触电是________。

A. 单相触电　　B. 两相触电　　C. 三相触电　　D. 跨步触电

3. 可以用来进行电气火灾扑灭的材料是________。

A. 水　　B. 泡沫灭火器　　C. 干粉灭火器　　D. 卤化烷灭火器

4. 在隧道内应采用的安全电压是________。

A. 36V　　B. 24V　　C. 12V　　D. 6V

5. 保护接地的主要作用是________和减少经人体的电流。

A. 防止人身触电　　B. 减少接地电流　　C. 短路保护　　D. 降低接地电压

技能拓展

1. 用万用表判定四线制供电线路中的相线和零线。

2. 按以下步骤完成星形三相负载的联结与测试。

（1）按图 4.6 所示电路联结 3 组灯泡，电源电压为 220V，灯泡参数为 60W/220V。

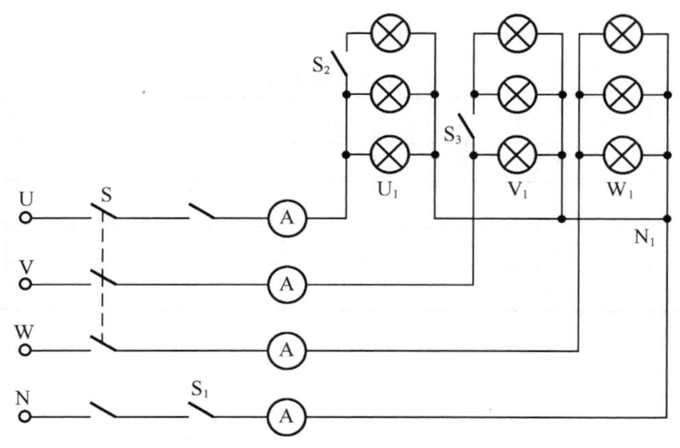

图 4.6　星形三相负载联结

（2）合上开关 S，测量负载相电压、线电压、线电流、相电流及零线点电压，将测量结果记录于表 4.1 中。

表 4.1　　星形三相负载的测试

序号	内 容		I_U	I_V	I_W	I_N	U_{UV}	U_{VW}	U_{WU}	U_{NN1}
1	负载对称（S_2、S_3闭合）	无零线（S_1断开）								
		有零线（S_1闭合）								
2	负载不对称（S_2、S_3断开）	无零线（S_1断开）								
		有零线（S_1闭合）								

3. 三角形三相负载的联结与测试。

（1）按图 4.7 所示电路联结 3 组灯泡，电源电压为 220V，灯泡参数为 60W/220V。

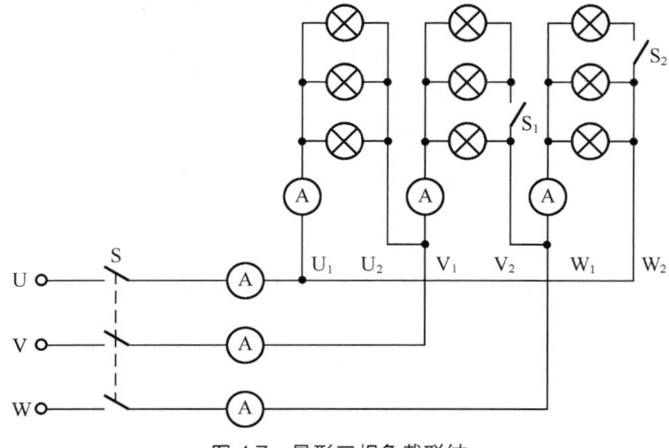

图 4.7　星形三相负载联结

（2）合上开关 S，测量负载相电压、线电压、线电流、相电流及零线点电压，将测量结果记录于表 4.2 中。

表 4.2　　三角形三相负载的测试

序号	内 容	I_U	I_V	I_W	I_N	I_{UV}	I_{VW}	I_{WU}	U_{UV}	U_{VW}	U_{WU}
1	负载对称（S_1、S_2闭合）										
2	负载不对称（S_1、S_2断开）										

第 5 章

用电技术和常用低压电器

通过本章的学习，我们可以了解电力的产生和供电系统的组成、节约用电的意义和措施，认识一些广泛使用在电网上的常用电器，如变压器、照明灯具及控制电路中使用的低压开关、熔断器、按钮、交流接触器、继电器等，为今后走上工作岗位，从事电工技术工作打下基础。

要点归纳

一、电力供电与节约用电

1. 电力系统

电力系统是由发电厂、电力网和用户组成的一个整体系统。

（1）发电。发电厂是电力生产部门，由发电机产生交流电。目前电力生产主要有 4 种方式：水力发电、火力发电、核能发电、风力发电。

（2）输电线。发电厂输出的电需由输电线路输送到用电区使用。为了降低长距离传送电力所造成的传输损失，将输电电压提高。目前我国远距离输电线按电压可分为 35kV、110kV、220kV、330 kV、500 kV 等。

（3）变电系统。其作用主要是通过变压器对电压进行升高或降低后输出。升高电压是为了在电能的远距离传输中降低损耗，如 500kV 高压输电等。降低电压则是为了在用户端得到相应电压供负载使用。

（4）配电系统。配电系统是将一个大支路分成若干个小支路，分配给多个负载使用。如一般家庭、商店、工厂使用的 220/380V，就是以用户线引接到用户的电表后供用户使用的。

2. 节约用电

节约用电是指通过加强用电管理，采取技术上可行、经济上合理的节电措施，以减少电能的直接和间接损耗，提高能源效率。

（1）节约用电的意义。其意义在于节约能源，保护环境，降低成本，提高经济效益，促进工农业生产水平的发展与提高。

（2）节约用电的方式。主要分为管理节电、结构节电和技术节电。

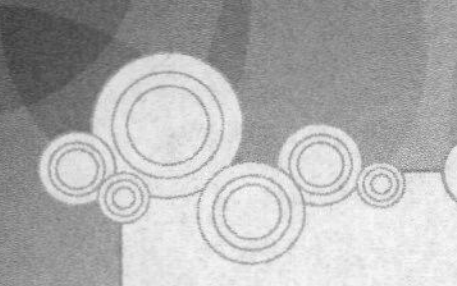

（3）节约用电的主要途径有以下几种。

① 改造或更新用电设备，推广节能新产品。

② 采用高效率、低消耗的生产新技术、新工艺。

③ 提高电气设备经济运行水平。

④ 加强用电的管理和考核。

二、变压器

变压器具有变换电压、变换电流、变换阻抗和隔离直流等作用。

1. 变压器的种类

（1）按用途分类。按用途可分为电力变压器和电子变压器。

电力变压器分为升压变压器、降压变压器、配电变压器、厂用变压器等。

通常将电子设备中使用的变压器称为电子变压器，它体积较小。

（2）按绕组构成分类。按绕组构成可分为自耦变压器、双绕组变压器、三绕组变压器和多绕组变压器。

（3）按冷却方式分类。按冷却方式可分为干式变压器、油浸自冷变压器、油浸风冷变压器、强迫油循环变压器和充气式变压器。

2. 单相变压器

（1）基本结构。单相变压器的主要部件是一个铁心和套在铁心上的两个线圈绕组。

（2）变压器的作用。

① 变换交流电压。变压器的一、二次绕组的电压之比等于匝数之比

$$\frac{U_1}{U_2}=\frac{N_1}{N_2}=n \tag{5.1}$$

② 变换交流电流。变压器的一、二次绕组的电流之比等于匝数比的倒数

$$\frac{I_1}{I_2}=\frac{N_2}{N_1}=\frac{1}{n} \tag{5.2}$$

③ 变换交流阻抗。变压器可用来进行交流阻抗的变换

$$Z_1=n^2Z_2 \tag{5.3}$$

三、照明灯具的选用及安装

1. 灯具的选用和检查

（1）按场合选用灯具。住宅、办公室、教室的照明宜选用节能灯、荧光灯；在易燃易爆场所，宜采用封闭良好、并有坚固的金属网罩加以保护的防爆式照明灯具。

（2）灯具的外观检查。灯具必须符合国家标准的规定，大型灯具应有产品合格证，配件应齐全，无机械损伤、变形、灯罩破裂、灯箱歪翘等现象。

2. 安装步骤及方法

安装时应先敷设照明线路，然后安装灯座和开关。

四、常用低压电器

低压电器是指在额定交流电压为1200V、直流电压为1500V及以下的电力线路中起保护、控

制作用的电器。根据用途分为低压开关、熔断器、主令电器、交流接触器、继电器等几大类。本节重点介绍几种常用的低压电器的结构及作用。

1. 低压开关

常见的低压开关有：闸刀开关、铁壳开关、转换开关。它们的作用主要是实现对电路进行接通或断开的控制。

2. 熔断器

熔断器是一种过电流保护电器，它主要由熔体和熔管两个部分及外加填料等组成。

常见的熔断器有：螺旋式熔断器 RL、有填料管式熔断器 RT、无填料管式熔断器 RM、有填料封闭管式快速熔断器 RS。

3. 主令电器

主令电器是一种小电流开关电器，它在控制电路中的作用是发出指令或信号去控制接触器、继电器或其他电器执行元件的电磁线圈，使电路接通或分断。常见的主令电器有按钮开关和行程开关等。

4. 自动空气开关

自动空气开关用于分断和接通负荷电路，控制电动机运行和停止。当电路发生过载、短路、失压、欠压等故障时，它能自动切断故障电路，保护电路和用电设备的安全。

自动空气开关主要由主触点、过流脱扣器、过热脱扣器、欠压脱扣器及外壳等部分组成。

5. 交流接触器

交流接触器是一种自动的电磁式开关，常用于控制电热设备、电焊机等其他负载，在电力拖动系统中得到广泛应用。

交流接触器由电磁系统（铁心、静铁心、电磁线圈）、触点系统（常开主触点和辅助触点）和灭弧装置组成。

6. 继电器

继电器是一种电路控制器件，当输入量达到规定值时，使被控制的输出电路导通或断开。

（1）热继电器。热继电器是一种自动保护电器，用于对负载的过载保护。热继电器的发热元件串联在被保护设备的电路中，过载电流增大导致发热元件产生的热量，使双金属片产生弯曲变形，推动杠杆使热继电器的触点动作。

（2）时间继电器。时间继电器是一种利用电磁原理或机械原理实现延时动作的控制电器，可分为通电延时型和断电延时型两种。

典题解析

【例题 1】 有一个信号源的电动势为 1V，内阻 R_0 为 600Ω，负载电阻 R_2 为 150Ω。欲使负载获得最大功率，必须在信号源和负载之间接一个匹配变压器，使变压器的输入电阻 R_1 等于信号源的内阻 R_0，如图 5.1 所示。

（1）求变压器变压比。

（2）计算一次、二次绕组的电流。

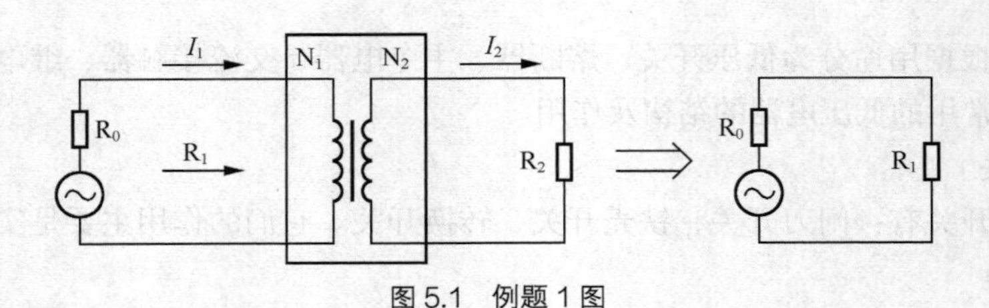

图 5.1 例题 1 图

解：要使负载获得最大功率，应满足 $R_1=R_0$

变压器变压比 $n=\sqrt{\dfrac{R_1}{R_2}}=\sqrt{\dfrac{R_0}{R_2}}=\sqrt{\dfrac{600}{150}}=2$

一次绕组电流 $I_1=\dfrac{U_1}{R_1}=\dfrac{U_1}{R_0}=\dfrac{1}{600}=0.00167\text{A}=1.67\text{mA}$

二次绕组电流 $I_2=n\,I_1=2\times1.67=3.34\text{ mA}$

【例题 2】 在实际的应用中，如何选择交流接触器？

解：在实际的应用中，选择交流接触器应重点考虑以下 3 个方面。

（1）正确选择接触器主触头的额定电压，要求主触头的额定电压应大于控制线路的额定电压。

（2）主触头的额定电流应大于或稍大于负载的额定电流。

（3）正确选择接触器线圈的电压。

（4）根据控制电路的需要，选择接触器触头的数量及类型。

【例题 3】 交流接触器的线圈电压过高或过低会出现什么问题？为什么？

解：当加在交流接触器的线圈电压过高或过低都会造成线圈过热而烧毁。因为电压过高，磁路趋于饱和，线圈电流会显著增大。电压过低，电磁吸力不足，衔铁吸合不上，线圈电流会达到额定电流的十几倍。

同步练习

5.1 电力供电与节约用电

一、判断题

1. 自然界的能源通过发电动力装置转化成电能。（ ）

2. 火力发电是利用燃烧煤炭、石油、液化天然气等燃料所产生的热能，让空气受热而推动汽轮机运转带动发电机发电。（ ）

3. 为了降低长距离传送电力所造成的传输损失，应将传输电流提高，以减少线路损失。（ ）

4. 变电系统的作用主要是通过变压器对电压进行升高或降低后输出。（ ）

5. 水力发电对环境的污染比电力发电小。（ ）

二、填空题

1. 根据发电厂所用能源，可分为________、________、________、________和________发电等。

2. 节约用电的方式主要分为：________、________和________。

3. 配电系统的功能是________________________。

4. 节约用电的意义在于：节约________，保护________，降低成本，提高经济效益，促进工农业生产水平的发展与提高。

5. 节约用电的主要途径：①________________；②采用高效率、低消耗的________________；③提高________________经济运行水平；④加强用电的________________。

三、选择题

1. 电力系统是由发电厂、________和用户组成的一个整体系统。

A. 变电所　　B. 电力网　　C. 输电站　　D. 负载

2. 变电系统的主要作用是________。

A. 升压　　B. 降压　　C. 升压或降压　　D. 转换频率

3. 变电系统的核心部件是________。

A. 转换开关　　B. 变压器　　C. 传输线　　D. 发电机

4. 在发电厂与大型变电站之间的输电网中，电能的输送采用________。

A. 低压输送　　B. 中压输送　　C. 高压输送　　D. 高压或低压均可

5. 风能发电到现在还未能满足大规模电网的需要，其原因分析错误的是________。

A. 发电成本过高　　B. 供电不稳定　　C. 技术未趋成熟　　D. 会造成环境污染

6. 为了降低长距离传送电力所造成的传输损失，一般采用的方法是________。

A. 输电电压提高　　B. 输电电流提高　　C. 传输线径加粗　　D. 输出低压降低

5.2 变压器

一、判断题

1. 变压器具有隔离直流、耦合交流的作用。（　　）

2. 单相变压器的主要部件是铁心和套在铁心上的一个线圈绕组。（　　）

3. 无论是交流电还是直流电，都可以用变压器来变换电压。（　　）

4. 变压器输出电压的大小取决于输入交流电压有效值的大小和一次、二次绕组的匝数比。（　　）

5. 变压器的二次侧绕组的电压通常低于一次侧绕组的电压。（　　）

6. 变压器的变压比等于一、二次侧绕组匝数之比。（　　）

7. 升压变压器的匝数比 n 大于1。（　　）

8. 降压变压器的匝数比 n 大于1。（　　）

二、填空题

1. 按绕组构成情况不同，变压器可分为________________、________________、________________和________________。

2. 变压器是按照________原理工作的，它的用途有________、________和________等。

3. 变压器的一次绕组为880匝，接在220V的交流电源上，要在二次绕组上得到6V电压，二次绕组的匝数应是________，若二次绕组上接有3Ω的电阻，则一次绕组的电流为________。

4. 变比 $n=10$ 的变压器，原绕组接上10V的交流电源，二次绕组两端电压为________，如果负载电阻 $R_L=2\Omega$，那么一次绕组的等效电阻为________。

5. 一台电压比为1∶11的变压器，当它的一次绕组接到220 V交流电源上时，二次绕组电压是

________V。变压器的一次绕组________接到 220 V 直流电源上。

6. 一台一次绕组匝数为 1320 匝的单相变压器，当一次绕组接在 220 V 的交流电源上时，要求二次绕组电压为 36 V，则该变压器二次绕组的匝数为________匝。

7. 常用的变压器按相数分类，可分为________________和________________。

三、选择题

1. 变压器一次绕组为 1000 匝，二次绕组为 200 匝，在一次绕组两端接有电动势为 10V 的蓄电池组，则二次绕组的输出电压是________。

A. 50V　　B. 5V　　C. 0.5V　　D. 0

2. 机床上照明电灯的电压是 36V，这个电压是把 220V 的交流电压通过变压器降压后得到的。如果这台变压器给 40W 的电灯供电（不计变压器的损耗），则一次绕组和二次绕组的电流之比是________。

A. 1∶1　　B. 55∶9　　C. 9∶55　　D. 无法确定

3. 对于理想的变压器来说，下列叙述正确的是________。

A. 可以变换直流电的电压

B. 变压器一次的输入功率由二次线圈的输出功率决定

C. 变压器能变换输出电流和电功率

D. 可以变换交直流阻抗

4. 变压器匝数少的一侧绕组________。

A. 电流大，电压高　　B. 电流大，电压低　　B. 电流小，电压高　　C. 电流小，电压低

5. 下述选项中，是变压器额定容量单位的是________。

A. W　　B. var　　C. V·A　　D. Hz

6. 下面用于输配电系统中将电压升高或降低，以满足输电或用户对电压要求的变压器是________。

A. 电力变压器　　B. 仪用变压器　　C. 整流变压器　　D. 电焊变压器

7. 变压器不具有的功能是________。

A. 变压　　B. 变流　　C. 变换阻抗　　D. 变频

8. 音频变压器通常用________作铁心。

A. 塑料　　B. 陶瓷　　C. 硅钢片　　D. 空气

四、计算题

1. 一台单相变压器，一次绕组接电压为 380 V，空载时测得二次绕组电压为 100V。若已知二次绕组匝数是 50 匝，求变压器的一次绕组匝数为多少匝？

2. 有一台电压比为 220/110 V 的降压变压器，如果二次绕组接上 60Ω 的电阻，求变压器一次绕组的输入阻抗。

3. 某交流电源其内阻为 100Ω，向电阻为 4Ω 的负载供电，要使负载上获得最大功率，应采用什么方法？

5.3 照明灯具的选用及安装

一、判断题

1. 白炽灯属于热发光光源。　　(　　)

2. 荧光灯属于气体放电光源。 (　　)

3. 白炽灯灯丝断了，不允许搭接后再使用。 (　　)

4. 悬吊式安装时，灯具重量在2kg以下时，可直接用软导线悬吊。 (　　)

5. 照明灯具使用的导线工作电压等级不应低于交流200V。 (　　)

二、填空题

1. 使用螺口节能灯时，应将螺口接________，灯头的顶部点击接________。

2. 装卸简单、价格便宜的照明灯具是________。

3. 灯具的绝缘部件应使用能________又________的绝缘材料。

4. 白炽灯照明电路主要由________、________和________组成。

5. 灯座的作用是________和________。

6. 白炽灯的灯座形式有两种：________灯座和________灯座。

7. 灯座在室内安装方法有________、________和________3种。

三、选择题

1. 关于白炽灯不正确的表述是________。

A. 价格低廉　　B. 发光效率较高

C. 不利于节约电能　　D. 结构简单、安装方便

2. 关于节能灯不正确的表述是________。

A. 价格低廉　　B. 发光效率较高

C. 有利于节约电能　　D. 电路较复杂，损坏后维修不方便

3. 荧光灯的启辉器中装有一只电容器，其作用是________。

A. 保护启辉器的触点，减少对无线电设备的电磁干扰

B. 隔离直流电

C. 提高荧光灯的功率因素

D. 耦合交流电

4. 开灯后，荧光灯的灯管出现两端灯丝发红，但中间不亮，其原因是________。

A. 镇流器损坏　　B. 电源电压不稳定

C. 启辉器内部电容器断路　　D. 启辉器内部电容器短路

5. 关于灯具使用的下列说法，错误的是________。

A. 在易燃易爆场所要使用防爆式照明灯具

B. 维护、安装和更换灯具，可以不切断电源

C. 灯具露天安装要注意防水、固定可靠

D. 大型灯具应选用有产品合格证的

5.4 常用低压电器

一、判断题

1. 低压电器是指在额定交流电压为1500V以下的电力线路中起保护、控制作用的电器。 (　　)

2. 用于控制电动机的直接启动和停止时，可选用额定电压250V的闸刀开关。 (　　)

3. 铁壳开关接线时，应将电源线接在静触点的接线端上，负载接在熔断器一端。（ ）

4. 更换熔断器时必须把电源断开，防止触电。（ ）

5. 快速熔断器的熔丝可以用普通的熔丝替代。（ ）

6. 熔断器与被保护设备的连接为串联关系。（ ）

7. 交流接触器中的线圈通电后，动合触点闭合，动断触点断开。（ ）

8. 交流接触器的主触点用来接通和断开主电路。（ ）

9. 接触器是利用电磁吸力及弹簧的反作用力配合动作，使触点系统闭合或断开的一种自动控制电器。（ ）

10. RT 系列熔断器是有填料管式熔断器。（ ）

11. 铁壳开关的速断装置，有利于开关通断时的电弧熄灭。（ ）

12. 自动空气断路器除了具有接通与分断负荷电路的功能外，还具有过载、短路、失压、欠压保护的功能。（ ）

13. 当电路中一旦出现过载，自动空气断路器能自动切断电路，但短路时不能自动切断电路。（ ）

14. 自动空气断路器在电气控制系统中的作用仅是接通与分断电路。（ ）

15. 交流接触器是具有保护功能的低压电器。（ ）

16. 电动式时间继电器的延时值不受电源电压波动及环境温度的影响。（ ）

17. 空气断路器不可以频繁通断电源。（ ）

18. 空气断路器属于具有保护功能的低压电器。（ ）

19. 所谓触头的常开和常闭是指电磁系统通电动作后的触头状态。（ ）

20. 交流接触器的线圈电压过高或过低都会造成线圈过热。（ ）

二、填空题

1. 低压电器根据用途分为________、________、________、________和________等几大类。

2. 闸刀开关一般由________和________组成。

3. 常用铁壳开关主要由________、________、________和________组成。

4. 铁壳开关具有两个特点：一是采用________________、二是设有________________。

5. 转换开关又叫________，常用于交流________V、直流________V 以下的电气线路中，供手动不频繁地接通或分断电路。

6. 熔断器是一种________保护电器。当被保护电路的________超过规定值，熔体自身产生的热量将________________，使电路断开，从而对用电系统起到保护作用。

7. 螺旋式熔断器在熔断管装有石英砂，其主要作用是：________。

8. 螺旋式熔断器主要用于________或________的场所。

9. 有填料封闭管式快速熔断器是一种________的熔断器，由________、________、________和________组成，一般用于________的保护。

10. 熔断器使用时，熔断器的额定电流要大于或等于熔体的________________。

11. 按钮开关一般由________、________________、________和________等组成。

12. 对于按钮开关，通常停止按钮用________色，启动按钮用________色。

13. 交流接触器是一种自动的________开关，适用于____距离、________地接通或断开大电流回路。

三、选择题

1. 在安装铁壳开关时，应保证开关的________。

A. 金属外壳可靠接地线或接零线　　B. 熔断器外壳可靠接火接

C. 熔断器可靠接零线　　D. 闸刀的动触点接火线

2. 下列关于RM系列熔断器叙述正确的是________。

A. 无填料管式熔断器　　B. 有填料管式熔断器

C. 螺旋式熔断器　　D. 有填料封闭管快速式熔断器

3. 在自动空气开关内部，过流脱扣器的作用是________。

A. 过压保护　　B. 欠压保护　　C. 失压保护　　D. 短路保护

4. 下列关于交流接触器，正确的描述是________。

A. 交流接触器的主触点不可频繁通断　　B. 主触点具有自锁功能

C. 主触点采用灭弧措施　　D. 辅助触点有灭弧装置而主触点没有

5. 在有填料螺旋式熔断器的熔心中，在熔丝的周围有________填充。

A. 石英砂　　B. 石棉　　C. 石墨　　D. 空气

6. 图5.2所示的符号中表示行程开关的常闭触点的是________。

图5.2　选择题6图

7. 主令电器是一种________电器。

A. 大电流开关　　B. 小电流开关　　C. 大电流保护　　D. 小电流保护

8. 关于行程开关以下表述不正确的________。

A. 行程开关又称限位开关

B. 行程开关可用于控制生产机械运动的位置或行程

C. 行程开关可使运动机械按一定的位置或行程实现自动停止、反向运动

D. 行程开关不属于主令电器

技能拓展

1. 用指针式万用表判断变压器的同极性端，操作步骤如下。

（1）干电池一节、万用表一块，接成如图5.3所示的电路。

（2）将万用表的挡位打在直流电压低挡位，如5V以下。

（3）瞬间接通开关，观察表针偏转方向。如果表针正向偏转，则万用表的红表笔、电池的正极所接的

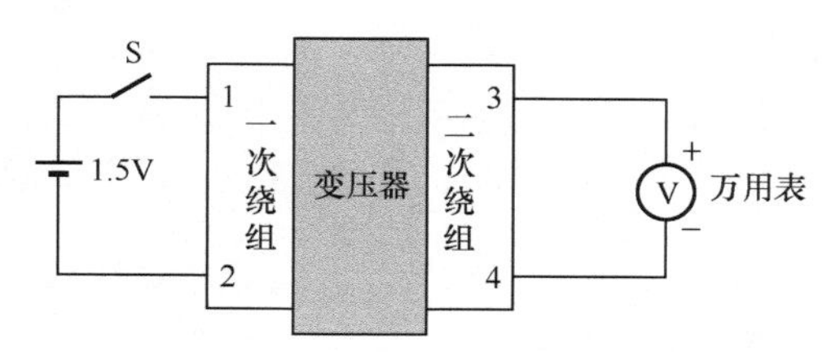

图5.3　判断变压器的同极性端

为同名端；如果表针反向偏转，则万用表的黑表笔、电池的负极所接的为同名端。

2. 完成交流接触器拆装、检修实训。

（1）拆开交流接触器 CJ10-20 的底板，了解其内部结构。

（2）交流接触器的检查。用万用表电阻挡测量电磁线圈的状态；观察各静、动触头表面的磨损程度，若磨损严重应更换触头；检查各弹簧是否完好；检查灭弧罩有无烧损或裂痕。

（3）装配。经检修无误后，可按与拆卸相反的步骤进行装配。

（4）整体检测。检测各部分是否安装到位，有无破损；将接触器的电磁线圈通以额定的交流电压，观察各常开、常闭触头是否可靠闭合、断开，各相关触头动作是否一致。

3. 按工艺要求正确拆卸、组装时间继电器。要求组装后的时间继电器吸合后无噪声，通断电时动作正常，技术特性符合要求。

第 6 章

电动机及基本控制电路

本章的学习重点是认知三相异步电动机的结构，了解三相异步电动机的工作原理和机械特性，掌握三相笼型异步电动机的基本控制电路及其分析方法。技能方面将学习三相异步电动机点动与连续运行、正反转控制电路的配线及安装。

要点归纳

一、交流异步电动机

1. 三相异步电动机的基本结构

电动机的基本结构由两个部分组成：固定部分——定子，转动部分——转子。

（1）定子。定子由定子铁心、定子绕组和机座等组成。

定子绕组是电动机的电路部分，将其与三相交流电连接后，将产生旋转磁场。

定子三相绕组的 6 个端头从机座上的接线盒中引出。定子三相绕组有两种接线方式：图 6.1（a）所示为星形接法（Y 接法），图 6.1（b）所示为三角形接法（△接法）。

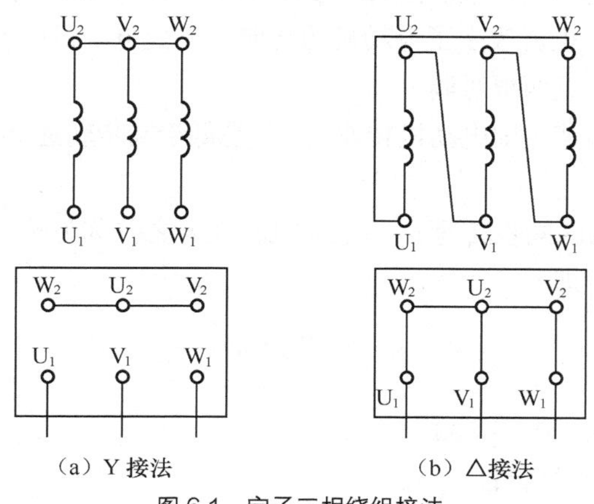

（a）Y 接法　（b）△接法

图 6.1　定子三相绕组接法

（2）转子。转子主要由转子铁心、转子绕组和转轴组成。转子根据其构造的不同分为笼型转子和绕线型转子。

2. 三相异步电动机的铭牌

（1）型号。Y 系列三相异步电动机的型号标识由 3 部分组成，即产品代号、规格代号和特殊环境代号，如下所示。

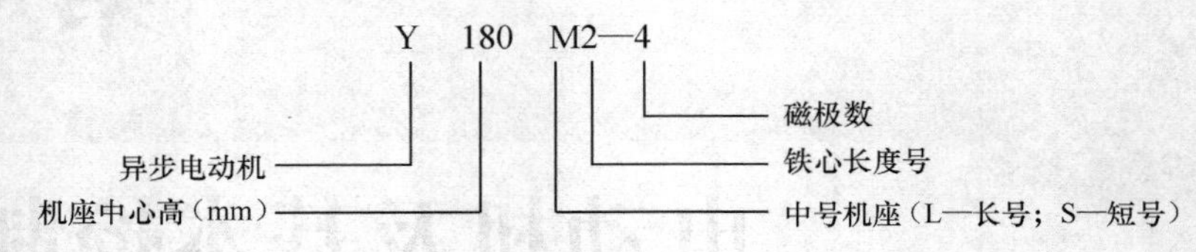

（2）主要参数。

额定功率 P_N。额定功率是指电动机在额定工作状态下运行时转轴上输出的机械功率，单位为瓦（W）或千瓦（kW）。

额定电压 U_N。额定电压是指电动机在额定工作状态下运行时定子绕组所加的线电压，单位为伏（V）或千伏（kV）。

额定电流 I_N。额定电流是指电动机加额定电压、输出额定功率时，流入定子绕组中的线电流，单位为安（A）。

额定转速 n_N。额定转速是指电动机在额定运行状态下运行时转子的转速，单位为转/分（r/min）。

3. 三相异步电动机的工作原理

（1）三相交流电的旋转磁场。在对称的三相绕组中通入对称的三相交流电时会产生旋转磁场。旋转磁场的旋转方向取决于通入定子绕组中三相交流电源的相序。只要任意调换电动机两相绕组所接交流电源的相序，旋转磁场即反转。

（2）旋转磁场的转速。当三相异步电动机定子绕组为 p 对磁极时，旋转磁场的转速为

$$n_1=\frac{60f_1}{p} \quad (6.1)$$

式中：n_1 为旋转磁场转速（又称同步转速），单位为 r/min；f_1 为定子电流频率，即电源的频率，单位为 Hz；p 为磁极对数。

（3）三相异步电动机的转动原理。三相异步电动机的转向总是和旋转磁场的旋转方向一致，改变旋转磁场的旋转方向，也就改变了电动机的转向。改变电动机的转向，只须将定子绕组与三相电源连接的 3 根导线中任意两根对调。

三相异步电动机转子转速（即电动机转速）n 总是低于同步转速 n_1，即 $n<n_1$，故称为异步电动机。

（4）转差率。旋转磁场的同步转速 n_1 与电动机转速 n 之差称为转差，转差与同步转速 n_1 的比值称为转差率，用 S 表示，即

$$S=\frac{n_1-n}{n_1}\times 100\% \quad (6.2)$$

转差率 S 的变化范围为 0.01～0.06。

4. 三相异步电动机的机械特性

机械特性表示的是电动机转速 n 与电磁转矩 T 之间的关系，图 6.2 所示为三相异步电动机的

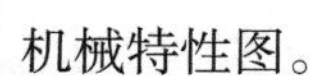

机械特性图。

在机械特性图的 AB 段，电动机能适应负载的变化而自动调节达到稳定运行，故为稳定区。

机械特性图的 BC 段，因电动机工作在该区段时其电磁转矩不能自动适应负载转矩的变化，故为不稳定区。

在机械特性图上有 3 个转矩，是应用和选择电动机时应注意的。

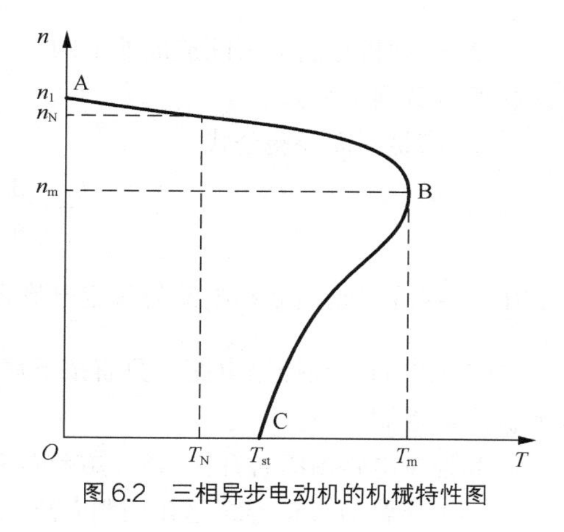

图 6.2　三相异步电动机的机械特性图

（1）额定转矩 T_N。T_N 是指电动机在额定状态下工作时，轴上输出的最大允许转矩，其表达式为

$$T_N = 9550\frac{P_N}{n_N} \tag{6.3}$$

式中：T_N 为电动机的额定转矩，单位是牛·米（N·m）；P_N 为电动机的额定功率，单位是千瓦（kW）；n_N 为电动机的额定转速，单位是转/分（r/min）。

（2）最大转矩 T_m。T_m 是表示电动机所能产生的最大电磁转矩值。T_N 应小于 T_m，而且不允许太接近 T_m，否则电动机稍有过载便会停转。

最大转矩 T_m 与额定转矩 T_N 的比值，称为电动机的过载系数 λ。一般三相异步电动机的过载系数为 1.8～2.2。

（3）启动转矩 T_{st}。T_{st} 是指电动机启动瞬间，转速 $n=0$、转差率 $S=1$ 时，对应的转矩。启动转矩 T_{st} 与额定转矩 T_N 的比值，称为电动机的启动能力，用启动转矩倍数来表示，是表示异步电动机启动性能的重要指标。

电动机从空载到满载转速下降很少，这样的机械特性称为硬特性。

5. 单相异步电动机（选学）

（1）单相异步电动机的基本结构和工作原理。单相异步电动机是由定子和转子两大部分组成的，当单相异步电动机定子绕组接通单相电源后，在定子、转子铁心和空气隙中产生脉动磁场。由于磁场是脉动的，而不旋转的，因此，单相异步电动机没有启动转矩，不能自行启动。

（2）电容分相式单相异步电动机。有两相绕组，即工作绕组和启动绕组，产生两相旋转磁场，旋转磁场的转向是由两相绕组中电流的相位决定的。

二、三相异步电动机基本控制电路

1. 三相笼型异步电动机的直接启动控制

电动机的启动是指电动机接通电源后由静止状态逐渐加速到稳定运行状态的过程。直接启动是指将额定电压直接加到电动机的定子绕组上，也称全压启动。

（1）直接启动的条件。直接启动的优点是：所用电器设备少、线路简单、维修量较小。缺点是：会使电源电压降低而影响其他电气设备的稳定运行，所以允许直接启动的电动机容量受到一定的限制。

一台电动机只需满足下述 3 个条件中的一个，即可采用直接启动。

① 容量在 7.5kW 以下的三相异步电动机。

② 电动机在启动瞬间造成的电网电压降不大于电源电压正常值的10%，对于不经常启动的电动机可放宽到15%。

③ 满足下面经验公式

$$\frac{I_{st}}{I_N}<\frac{3}{4}+\frac{\text{变压器容量(kV·A)}}{4\times\text{电动机功率(kW)}}$$

式中：$\frac{I_{st}}{I_N}$为电动机启动电流与额定电流之比。

（2）单向点动控制电路。只有按下启动按钮时，电动机才运转，松开按钮电动机就停转，这叫做点动控制。

其控制电路由组合开关QS、熔断器FU_1、FU_2、交流接触器KM和按钮SB组成。

（3）接触器自锁连续运转控制电路。该电路是为了实现电动机长时间连续转动，即所谓长动控制，也称连续控制。

采用接触器辅助触点自锁的控制方式，自锁是用接触器本身的触点来使其线圈保持通电的作用叫自锁（或自保）。

接触器自锁连续运转控制电路由组合开关QS、熔断器FU_1、FU_2、接触器KM、停止按钮SB_1、启动按钮SB_2和笼型电动机M组成。

具有自锁的连续运转的控制电路的另一个重要特点是它具有欠压与失压（零压）保护功能。

（4）具有过载保护的连续运转控制电路。因为电动机在运转过程中，如在长期负载过大、操作频繁、缺相运行等情况下时，都可能使电动机的电流超过它的额定值。而在这种情况下熔断器往往不会熔断，这将引起绕组过热，从而影响电动机的使用寿命，严重的甚至烧坏电动机，因此，对电动机必须采用过载保护。一般采用热继电器作为过载保护元件。

2. 三相笼型异步电动机的正反转控制

由三相异步电动机的原理可知，只要将接至电动机的3根电源线中的任意两根对调，即可实现电动机的反转。

（1）接触器互锁正反转控制电路。该电路采用两个接触器，即正转用的接触器KM_1和反转用的接触器KM_2。当接触器KM_1得电吸合，其主触点闭合三相电源L_1–L_2–L_3按U–V–W相序接入电动机，使电动机正转。当接触器KM_2得电吸合，其主触点闭合三相电源L_1–L_2–L_3按W–V–U相序接入电动机，使接入电动机的三相电源和正转时相比有两相对调了接线，则电动机反转。

在接触器KM_1和KM_2线圈各自的支路中相互串联对方的一对动断辅助触点，以保证接触器KM_1和KM_2不会同时通电，防止了相间短路。接触器KM_1和KM_2的这两对动断辅助触点在电路中所起的作用称为互锁作用，这两对触点叫互锁触点。

（2）按钮互锁正反转控制电路。该电路采用了复合按钮作为互锁，当按下反转按钮SB_3时，使接在正转控制电路中的SB_3动断触点先断开，正转接触器KM_1线圈断电，KM_1主触点断开，电动机M断电，接着SB_3的动合触点闭合，使反转接触器KM_2线圈得电，KM_2主触点闭合，电动机M反转启动。这样，既保证了正、反转接触器KM_1和KM_2断电，又可不按停止按钮SB_1而直接按反转按钮SB_3进行反转启动。

（3）双重互锁正反转控制电路。双重互锁正反转控制电路，即接触器和按钮两重互锁。这个电路把上述两个电路的优点结合起来，既可不按停止按钮而直接按反转按钮进行反向启动，当接触器熔焊故障时又不会发生相间短路故障。

3. 三相笼型异步电动机的降压启动控制（选学）

大容量笼型异步电动机的启动电流应限制在一定的范围内，不允许直接启动，应采用降压启动。降压启动是将电源电压适当降低后，加到电动机定子绕组上进行启动，当电动机启动后，再使电压恢复到额定值。

（1）Y–△降压启动控制电路。如果三相异步电动机正常运行时定子绕组为三角形接法，而在启动时，先将定子绕组接成星形，则定子的相电压仅为额定电压的 $1/\sqrt{3}$，因此启动电流和启动转矩均降至全压启动时的 1/3。Y–△降压启动方法比较简单，不需要附加设备。但仅适用于空载或轻载下启动的电动机。

（2）自耦变压器（补偿器）降压启动控制电路。自耦变压器降压启动是利用自耦变压器来降低启动时加在电动机定子绕组上的电压，以达到限制启动电流的目的。电动机启动时，电动机定子绕组得到的电压是自耦变压器的二次电压，一旦启动完毕，自耦变压器被切除，额定电压直接加到定子绕组上，电动机进入全电压正常运行。

典题解析

【例题 1】 已知三相异步电动机的磁极数为 4，转差率为 0.04，电源频率 50Hz。试问电动机的转速是多少？

解：依题意可知，磁极对数 $p=2$。

由同步转速与磁极对数、频率的关系可得

$$n_1=\frac{60f_1}{p}=\frac{60\times50}{2}=1500\text{r/min}$$

由转差率公式可求得

$$n=(1-S)n_1=(1-0.04)\times1500=1440\text{r/min}$$

【例题 2】 一台三相两极 50 Hz 的 Y 形接法笼型异步电动机，其额定转速 2890 r/min，额定功率为 7kW，最大转矩为 48N·m，试求它的过载能力。

解：根据额定转矩公式得

$$T_N=9550\frac{P_N}{n_N}=9550\times\frac{7}{2890}=23.13\text{ N·m}$$

电动机的过载能力

$$\lambda=\frac{T_m}{T_N}=\frac{48}{23.13}\approx2.1$$

【例题 3】 图 6.3 所示为三相异步电动机具有过载保护的连续运转控制电路，试分析电路的保护功能。

解：（1）短路保护。当主电路出现短路故障时，熔断器 FU_1 熔断，电动机断电停转；当辅助电路出现短路故障时，熔断器 FU_2 熔断，接触器 KM 线圈失电，其主触点和辅助触点断开，电动机断电停转。

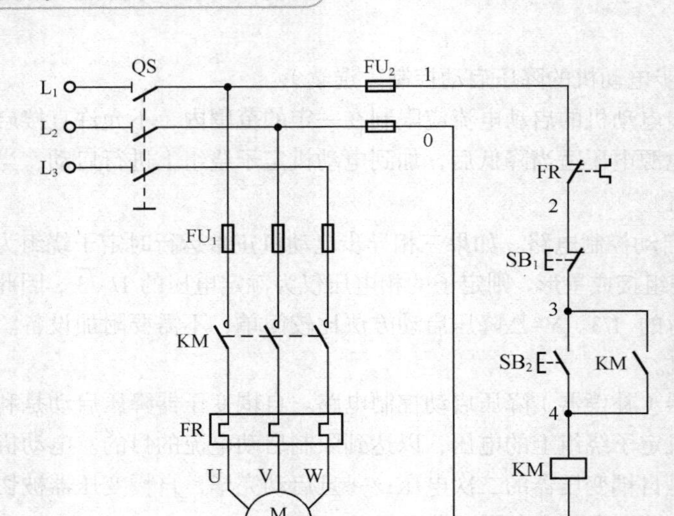

图 6.3 过载保护连续运转控制电路

（2）过载保护。由于某种原因电动机出现过载时，经过一定时间，串接在主电路的热继电器的双金属片因受热弯曲，使串接在控制电路中的动断触点分断，从而切断控制电路，接触器 KM 的线圈失电，主触点断开，电动机 M 停转。

（3）欠压保护。当供电线路电压下降到某一数值时，接触器线圈两端的电压会同时下降，接触器的电磁吸力将会小于复位弹簧的反作用力，动铁心被释放，主、辅触头同时断开，自动切断主电路和控制电路，电动机断电停止。

（4）失压保护。电动机在正常工作情况下，如果供电线路停电，接触器线圈两端的电压也消失，主、辅触头同时断开，切断控制电路与电源的连接，当重新恢复供电时，电动机不会自行启动。

【例题 4】 图 6.4 所示为三相异步电动机双重互锁正反转控制电路，试分析其工作原理。

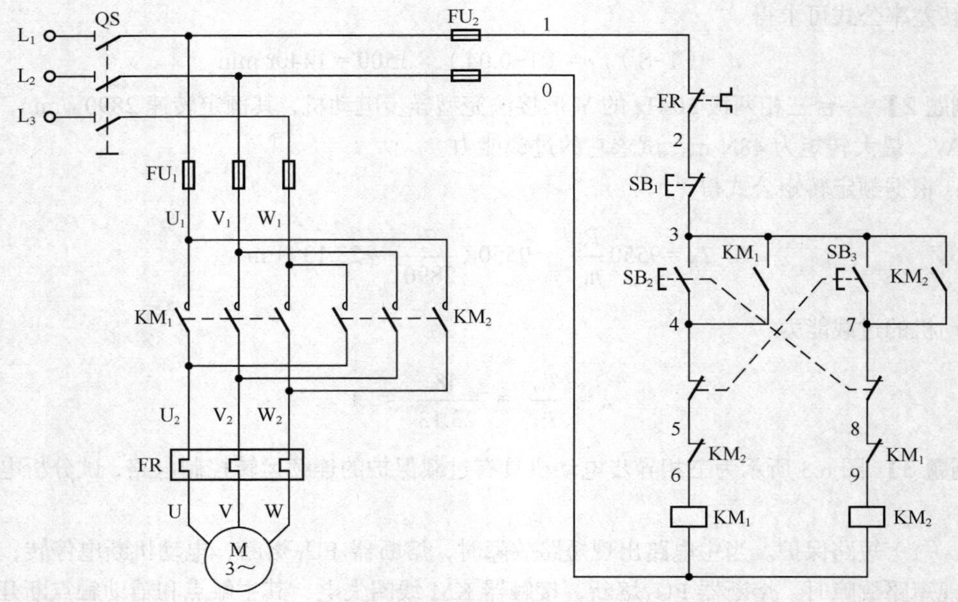

图 6.4 双重互锁正反转控制电路

解：合上电源开关QS。

电动机正转控制

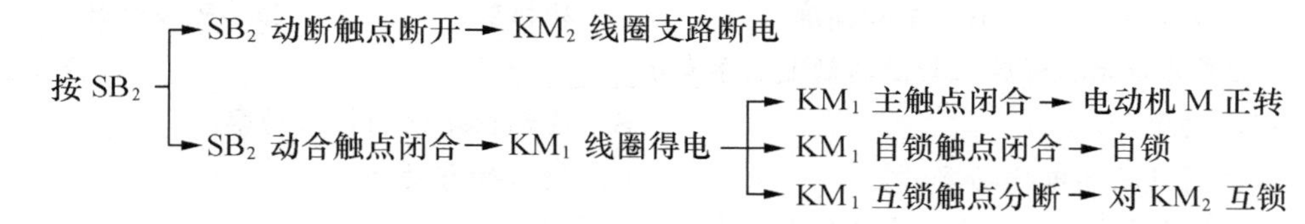

电动机反转控制

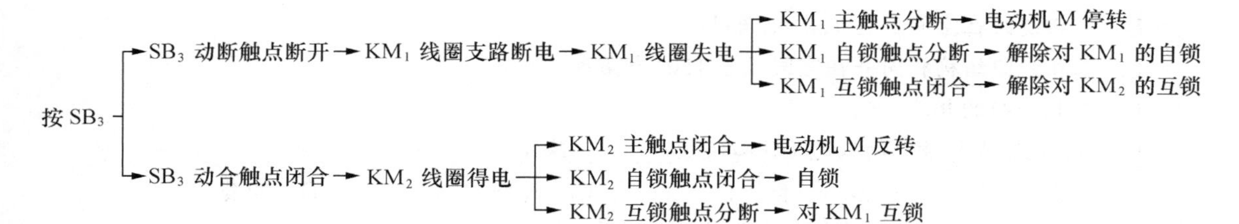

同步练习

6.1 交流异步电动机

一、判断题

1. 三相异步电动机的定子、转子绕组中都必须通交流电。（ ）
2. 三相异步电动机铭牌上的额定功率是定子取用的电功率。（ ）
3. 异步电动机在启动时转矩达到最大。（ ）
4. 三相异步电动机通交流电，当电动机顺时针转动时，可以判断磁场的旋转方向是顺时针。（ ）
5. 当转差率越大时，表明转子转速越小。（ ）
6. 三相异步电动机具有硬的机械特性。（ ）

二、填空题

1. 三相异步电动机主要由________和________两个基本部分组成。
2. 交流电动机的定子三相绕组的接线方式有________和________两种。
3. 电动机的________与________的比值，称为转差率。
4. 在三相异步电动机转矩特性图中，稳定区域是指转差率S增大时转速n________、电磁转矩T________。
5. 三相异步电动机定子绕组通以三相交流电，产生________磁场，而单相异步电动机定子绕组接通单相电源后，产生________磁场。

三、选择题

1. 一台三相四极异步电动机，接在频率为50Hz的交流电上，则同步转速为________。

A. 750r/min　B. 3000r/min　C. 1000r/min　D. 1500r/min

2. 要使三相异步电动机的旋转磁场方向改变，只需要改变________。

A. 电源电压　　B. 电源相序　　C. 电源电流　　D. 负载大小

3. 某电动机型号为Y—112M—4，其中4的含义是________。

A. 异步电动机　　B. 中心高度　　C. 磁极数　　D. 磁极对数

4. 三相异步电动机铭牌上标注的额定功率表示________。

A. 视在功率　　B. 电动机输出的机械功率

C. 从电网吸收的电磁功率　　D. 输入的有功功率

5. 三相交流异步电动机定子绕组构成的最基本条件是________。

A. 三相绕组结构相同

B. 三相绕组在空间互差120°电角度

C. 三相绕组结构相同并在空间互差120°电角度

D. 三相绕组的相序一致

6. 单相电容式异步电动机定子铁心嵌放________绕组。

A. 二套　　B. 一套　　C. 三套　　D. 四套

7. 单相异步电动机通入单相交流电所产生的磁场是________。

A. 旋转磁场　　B. 单相脉动磁场　　C. 恒定磁场　　D. 单相磁场

四、计算题

1. 一台三相六极异步电动机，接电源频率为50Hz，试问同步转速是多少？

2. 有一台三相四极异步电动机，满载时的转速为1430r/min，试求额定负载时的转差率。已知电源频率$f_1 = 50$Hz。

3. 当三相四极笼型异步电动机的负载由零增加到额定值时，它的转差率由0.5%变到4%。在电源频率$f_1 = 50$Hz时，试求电动机电动机的转速变动范围。

4. 某三相笼型异步电动机额定功率4.5kW，额定转速1440 r/min，启动能力为1.4，过载能力为2.0，试求额定转矩T_N，启动转矩T_{st}和最大转矩T_m。

6.2　三相异步电动机基本控制电路

一、判断题

1. 电动机直接启动是指将交流220V的电压直接加到电动机的定子绕组上。（　　）

2. 工厂中使用的机床快速移动装置常采用点动控制电路。（　　）

3. 较大容量的电动机不能采用直接启动的主要原因是容易损坏电动机。（　　）

4. 接触器自锁连续运转控制电路的电动机在正常工作情况下，当供电线路停电时，电动机停转，当重新恢复供电时，电动机不会自行启动。（　　）

5. Y–△降压启动仅适用于电动机空载或轻载下启动，且要求正常运行时定子绕组为三角形连接。（　　）

6. 在接触器互锁正反转控制电路中，如果不采用互锁触点，只要电路一工作就会发生电源短路。（　　）

二、填空题

1. 三相异步电动机容量在________以下的能采用直接启动。

2. 在分析各种控制电路原理时，常用________和________配以少量的文字说明来表示其动作原理。

3. 控制电路中的熔断器是作________保护用；热继电器是作________保护用。

4. 接触器互锁正反转控制电路，若要改变电动机的转向，必须先按________按钮，再按反向按钮，才能实现。

5. 三相异步电动机常用的降压启动方法有________降压启动、________降压启动、________降压启动和________降压启动。

三、选择题

1. 三相异步电动机欠压和失压保护功能是由________实现的。

A. 熔断器　　B. 交流接触器　　C. 热继电器　　D. 按钮

2. 在电气图中，主电路画在辅助电路的________。

A. 左边　　B. 右边　　C. 上部　　D. 下部

3. 在具有过载保护的接触器自锁控制电路中，实现过载保护的电器是________。

A. 熔断器　　B. 交流接触器　　C. 热继电器　　D. 电源开关

4. 三相异步电动机降压启动的目的是________。

A. 减小启动电压　　B. 减小启动电流

C. 增大启动电压　　D. 增大启动电流

5. 图 6.5 中电动机能实现正反转的主电路是________。

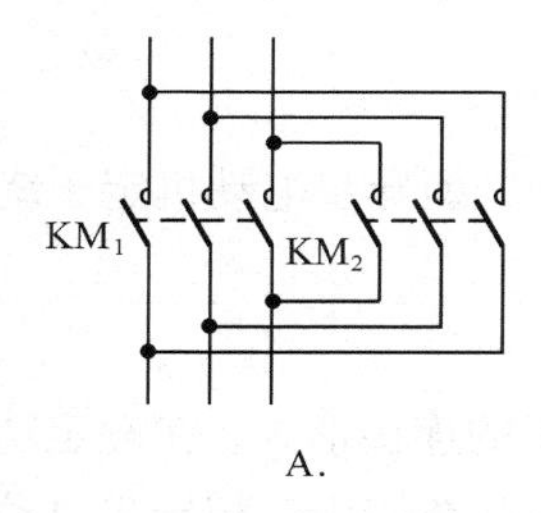

A.

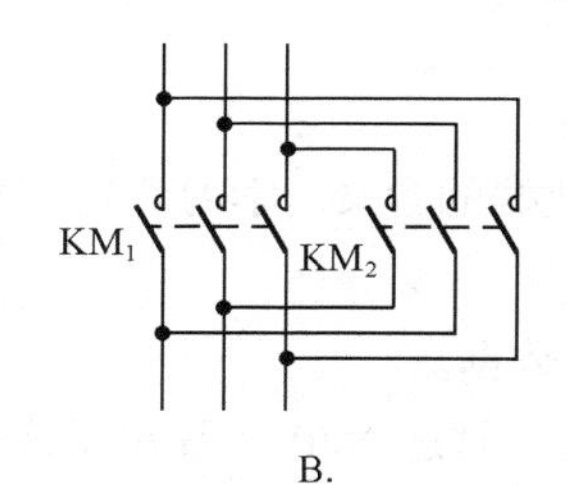

B.

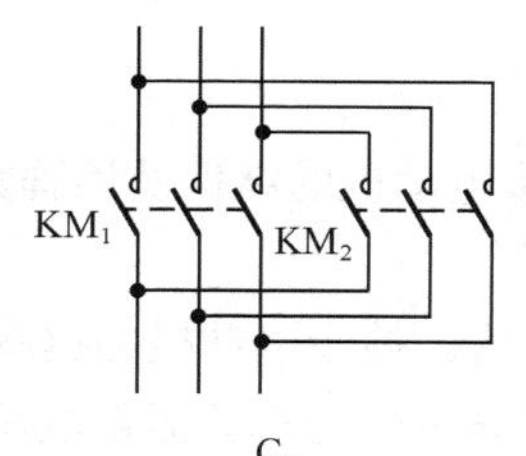

C.

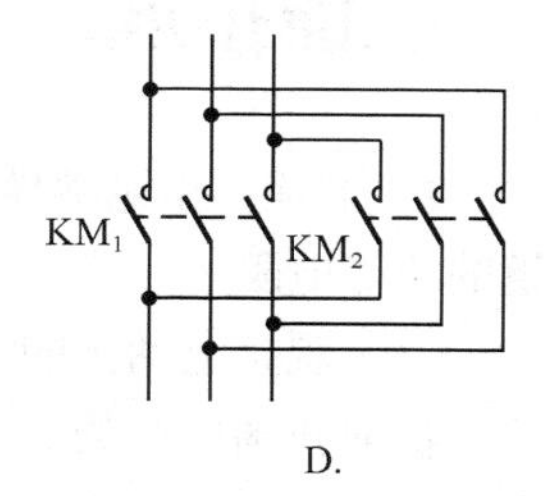

D.

图 6.5　选择题 5 图

四、分析题

1. 图 6.6 所示为三相异步电动机两地控制电路，试分析其工作原理。

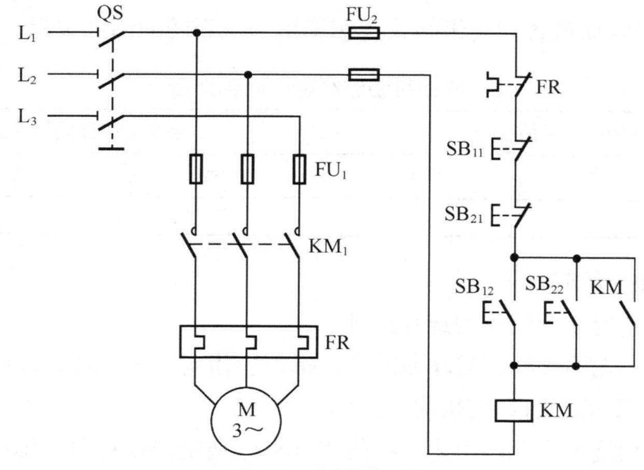

图 6.6　分析题 1 图

2. 图 6.7 所示为两台异步电动机顺序控制电路，试分析其工作原理。

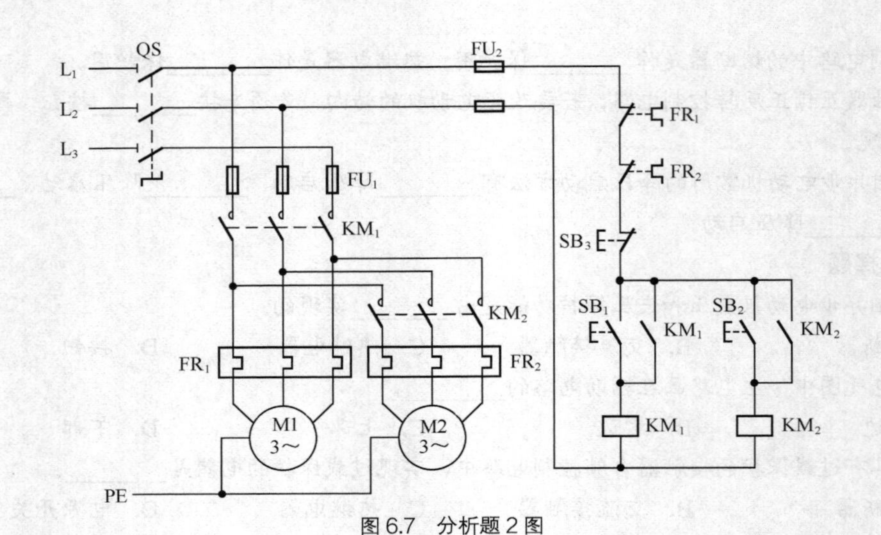

图6.7 分析题2图

3. 试设计一个控制电路，要求：电动机既能实现点动控制又能实现连续运转控制。

技能拓展

1. 了解三相笼型异步电动机的结构及铭牌数据的含义，学习测定三相笼型异步电动机定子绕组的绝缘电阻。

（1）观察电动机的结构，抄录电动机的铭牌数据。

目前我国生产的三相异步电动机的额定电压一般是380V。其定子绕组的连接形式，在额定功率4kW以下大都采用星形连接，4kW以上的电动机则采用三角形连接。因此在使用三相异步电动机时，不仅要注意电动机的额定电压是否与电源电压相符合，还要注意电动机绕组应采用的连接方式。有关电动机的额定电压和绕组接法等各项参数都标明在电动机的铭牌上。

写出电动机的基本结构、铭牌数据的含义。

（2）用兆欧表检查电动机各相绕组间及各相绕组与机壳间的绝缘电阻，记录在表6.1中。

表6.1　　电动机绕组绝缘电阻的测量

各相绕组间的绝缘电阻值/MΩ			绕组与机壳间的绝缘电阻值/MΩ		
U-V	V-W	W-U	U-地	V-地	W-地

电动机绝缘电阻测量步骤如下。

① 将电动机接线盒内6个端头的连片拆开。

② 把兆欧表放平，先不接线，摇动兆欧表，指针应指向“∞”处，再将表上两接线柱用带线的试夹短接，慢慢摇动手柄，指针应指向“0”处。

③ 测量电动机三相绕组之间的电阻，将两测试夹分别接到任意两相绕组的任一端头上，平放摇表，以每分钟120转匀速摇动兆欧表1min后，读取表针稳定的指示值。

④ 用同样方法，依次测量每相绕组与机壳的绝缘电阻值。

（3）根据以上测量数据，判断电动机是否可以安全使用。

对于搁置已久重新投入运行的电动机和新电动机通电运行之前，应该先用兆欧表测量其绝缘电阻。一般情况下，小型低压电动机，不论绕组与绕组间，还是绕组与机壳间，只要它们之间的绝缘电阻大于 0.5MΩ时，即可认为该电动机可安全使用。

（4）使用兆欧表应注意的事项。

兆欧表又称高阻表或摇表，是一种专供测量绝缘电阻的仪表。通过绝缘电阻的测定可以检查电动机、电器的绝缘是否良好，是否能安全运行。一般电动机的额定电压在 500V 以下，测量时应采用规格为 500V 的兆欧表。

① 在用兆欧表测量电动机的绝缘电阻时，必须切断交流电源，还必须切断该电动机与其他电器设备及仪表在电路上的联系。

② 由于兆欧表内手摇发电机的电压较高，使用时必须用夹子将电动机的待测部分与兆欧表的接线柱用导线稳妥地连接在一起，连接导线不能用双股塑胶线或双股绞合线，以免导线漏电影响读数。

③ 测量时应边摇（按规定转速摇动手柄）边读数，不能停摇后再读数。

④ 测量过程中切勿用手扶摸电动机和摇表的测量导线，也不能让两根测量线发生短路。

2. 测量三相异步电动机的空载启动电流和空载运行电流。

（1）根据电源电压和电动机的铭牌数据确定电动机绕组的连接形式。按图 6.8 所示电路连接线路，选妥电流表的量程（若用钳形电流表测量时，电流表可不接入）。

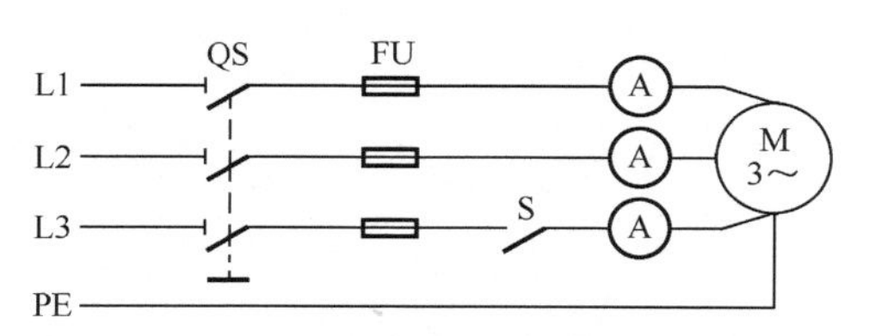

图 6.8　测量电动机电流电路

（2）合上电源开关，观测三相异步电动机的空载直接启动电流，将数据记在表 6.2 内。记住这时电动机的转向，并以这个转动方向作为正转方向。

表 6.2　　电动机空载启动电流的测量

	电动机正转时	电动机反转时
启动电流（A）		

（3）待电动机转速稳定后，测量电动机空载运行时的线电流 I_U，I_V，I_W，记录在表 6.3 内。

表 6.3　　电动机空载运行电流的测量

电动机转向	空载运行电流/A		
	I_U	I_V	I_W
正转			
反转			

（4）断开电源，将电动机 3 根电源线中的任意两根对调，然后合上电源开关，再测空载启动电流和空载运行电流，观察电动机的转向。

（5）在电动机稳定后，断开 W 相开关 S，使电动机进入断相运行。注意电动机的运转声音是否有异常。迅速测量其他两相的电流 I_U，I_V，记录在表 6.4 内。

表 6.4　　电动机断相运行电流的测量

电动机断相运行电流/A			电动机运行声音
I_U	I_V	I_W	

第 7 章

常用半导体器件

半导体器件被认为是现代工业发展中最伟大的发明之一，是现代各种电子线路的核心，常用的器件有二极管、三极管、晶闸管等。

了解常用的半导体器件的基本结构、外部特性及器件的应用是本章的学习重点，这些内容将为后续电子技术的学习打下基础。

要点归纳

一、晶体二极管

1. 半导体的基础知识

自然界的所有物质按照它们的导电能力不同，可分为导体、绝缘体和半导体 3 大类。

（1）掺杂半导体。主要有 P 型半导体和 N 型半导体两大类。

P 型半导体：在纯净半导体硅或锗中掺入硼、铝等 3 价元素。其特点是：空穴数量多，自由电子数量少，参与导电的主要是空穴。

N 型半导体：在纯净半导体硅或锗中掺入微量磷、砷等 5 价元素。其特点是：自由电子数量多，空穴数量少，参与导电的主要是自由电子。

（2）PN 结及其特性。在 P 型与 N 型半导体的交界面形成的一个具有特殊电性能的薄层，称为 PN 结。PN 结具有单向导电性。

2. 二极管的结构和导电特性

（1）结构。二极管的内部是一个 PN 结，从 P 区引出的电极作为正极，从 N 区引出的电极作为负极。

（2）导电特性。二极管具有单向导电性。加正向电压导通，加反向电压截止。

3. 二极管的特性曲线

（1）正向特性

① 死区。当二极管外加正向电压较小时，正向电流几乎为零，称为正向特性的死区。一般硅

二极管的死区电压 $U_{th}\approx0.5V$，锗二极管 $U_{th}\approx0.2V$。

② 正向导通区。二极管导通后两端电压基本保持不变，硅二极管的导通电压约为 0.7V，锗二极管的导通电压约为 0.3V。

（2）反向特性

① 反向截止区。当二极管承受反向电压时，二极管呈现很大电阻，此时仅有很微小的反向电流 I_R，该电流称之为反向饱和电流。

② 反向击穿区。当二极管承受的反向电压已达到击穿电压 $U_{(BR)}$时，反向电流急剧增加，该现象称为二极管反向击穿。

4. 二极管使用常识

（1）二极管型号。国产二极管的型号参数由 5 部分组成。第 1 部分是数字“2”，表示二极管；第 2 部分是用拼音字母表示管子的材料；第 3 部分是用拼音字母表示管子的类型；第 4 部分用数字表示器件的序号；第 5 部分用拼音字母表示规格。

（2）二极管的主要参数。二极管的主要参数包括：最大整流电流 I_{FM}、最高反向工作电压 U_{RM}、反向饱和电流 I_R 和最高工作频率 f_M。

（3）二极管的选用

① 按材料分类，二极管主要有锗二极管和硅二极管两大类。

② 普通二极管主要用于信号检测、取样、小电流整流等。

③ 整流二极管广泛使用在各种电源设备中作整流元件。

④ 开关二极管常用于数字电路和控制电路中。

（4）万用表检测二极管的好坏

将万用表的红、黑表笔分别接在二极管两端，若测得电阻比较小（几 kΩ 以下），再将红、黑表笔对调后连接在二极管两端，而测得的电阻比较大（几百 kΩ），说明二极管具有单向导电性，质量良好。测得电阻小的那一次黑表笔接的是二极管的正极。

二、特殊二极管

1. 稳压管

（1）工作特性及应用。稳压管击穿后，通过管子的电流变化（ΔI_z）很大，而管子两端电压变化（ΔU_z）很小，即管子两端电压基本保持一个固定值。

（2）稳压管主要参数。稳压二极管主要技术参数有稳定电压 U_Z、稳定电流 I_Z、最大稳定电流 I_{Zmax}、耗散功率 P_{ZM}、动态电阻 r_Z 和温度系数 k。

2. 发光二极管

发光二极管是一种把电能变成光能的半导体器件。

发光二极管可以用直流、交流、脉冲电源点亮，常用于显示器技术，工作电流一般为几毫安～几十毫安，正向电压多为 1.5～2.5V。

3. 光电二极管

光电二极管又称为光敏二极管，当没有光照射时反向电阻很大，反向电流很小；当有光照射时，反向电阻减小，反向电流增大。

光电二极管主要参数有：光电流、暗电流、灵敏度、光谱范围和峰值波长。

三、晶体三极管

1. 结构

三极管的核心是两个互相联系的 PN 结，按两个 PN 结的组合方式不同，三极管可分为 NPN 型和 PNP 型两类。

三极管内部结构分为发射区、基区和集电区，引出电极分别为发射极 e、基极 b 和集电极 c。

2. 三极管的电流放大作用

（1）三极管的工作电压

要使三极管能够正常放大信号，必须给管子的发射结加正向电压，集电结加反向电压。

（2）三极管的电流放大作用

① 三极管各极电流分配关系满足

$$I_E = I_C + I_B \quad (7.1)$$

$$I_C \approx I_E \quad (7.2)$$

② 三极管具有电流放大作用。将输入电流 I_B 与输出电流 I_C 之比称为共发射极直流电流放大系数β，定义式为

$$\overline{\beta} = \frac{I_C}{I_B} \quad (7.3)$$

将输入电流的变化量ΔI_B与输出电流产生的相应变化量ΔI_C之比称为共发射极交流电流放大系数β，定义式为

$$\beta = \frac{\Delta I_C}{\Delta I_B} \quad (7.4)$$

3. 三极管的 3 种基本联接方式

在实际放大电路中，除了共发射极连接方式外，还有共集电极和共基极连接方式，如图 7.1 所示。

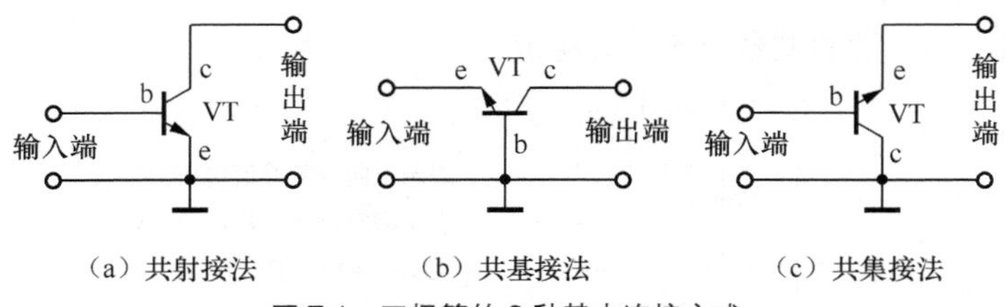

图 7.1　三极管的 3 种基本连接方式

4. 三极管的特性曲线

（1）输入特性曲线。输入特性曲线是反映三极管输入回路电压和电流关系的曲线，它是在输出电压 U_{CE} 为定值时，I_B 与 U_{BE} 对应关系的曲线。

（2）输出特性曲线。输出特性曲线是反映三极管输出回路电压与电流关系的曲线，它是指基极电流 I_B 为某一定值时，集电极电流 I_C 与集电极电压 U_{CE} 之间的关系。输出特性曲线可分为截止区、放大区和饱和区 3 个区域。

5. 三极管的使用常识

（1）三极管型号。国产三极管的型号由 5 部分组成。第 1 部分是数字“3”，表示三极管；第

2 部分是用拼音字母表示管子的材料和极性；第 3 部分是用拼音字母表示管子的类型；第 4 部分用数字表示器件的序号；第 5 部分用拼音字母表示规格。

（2）三极管的主要参数。

① 直流参数　直流参数反映了三极管在直流状态下的特性，主要包括：直流电流放大系数 h_{FE}、集—基反向饱和电流 I_{CBO} 和集—射反向饱和电流 I_{CEO}。

② 交流参数　交流参数是反映三极管交流特性的主要指标，主要包括：交流电流放大倍数 h_{fe}、共发射极特征频率 f_T 和极限参数。

③ 管脚和类型判别。用万用表可以判断三极管的管脚和类型，并检测管子质量的好坏。

四、晶闸管

晶闸管俗称可控硅，它是一种可控功率器件，被广泛应用于可控整流、交流调压、无触点电子开关、逆变及变频等电子电路中。

1. 晶闸管的结构及特性

（1）结构与符号。晶闸管的种类很多，主要有单向型、双向型、可关断型和快速型等。

晶闸管是由 4 层半导体 P-N-P-N 叠合而成，有 3 个电极：阳极 a、阴极 k 和控制极 g。

（2）工作特性。

① 正向阻断。当晶闸管加上正向电压，但控制极未加正向电压时，管子不会导通，这种状态称为晶闸管的正向阻断状态。

② 触发导通。晶闸管加正向电压的同时，在控制极上加正向触发电压，晶闸管导通，这种状态称为晶闸管的触发导通。

③ 反向阻断。当单向晶闸管的阳极和阴极加反向电压时，不管控制极加怎样的电压，它都不会导通，这种状态称为晶闸管的反向阻断。

晶闸管导通必须具备两个条件：一是晶闸管阳极与阴极间接正向电压；二是控制极与阴极之间也接正向电压。晶闸管导通后，去掉控制极电压，不会影响晶闸管的继续导通。

2. 晶闸管的型号及参数

（1）型号。国产晶闸管的型号由 5 部分组成。

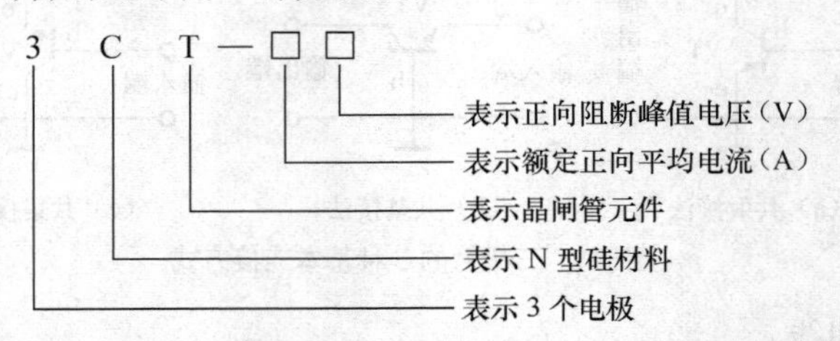

（2）主要参数。晶闸管的主要参数有：反向峰值电压 U_{RRM}、正向阻断峰值电压 U_{DRM}、额定正向平均电流 $I_{T(AV)}$、正向电压降平均值 $U_{T(AV)}$、控制极触发电压 U_g、触发电流 I_g。

典题解析

【例题 1】 二极管的伏安特性如图 7.2 所示。当二极管两端所加的正向电压为 0.6V 时，试估

算二极管的正向电阻 R_D 为多大？

解：过 $U_D=0.6V$ 点作一条垂直于电压轴的直线，与正向特性曲线交于 A 点。再过 A 点作电流轴的垂线，如图 7.2 所示，由图可得 B 点对应的电流 $I_D=20mA$，根据欧姆定律有

$$R_D=\frac{U_D}{I_D}=\frac{0.6}{20\times10^{-3}}=30\Omega$$

【例题 2】 已知图 7.3 所示电路中稳压管的稳定电压 $U_Z=6V$，最小稳定电流 $I_{Zmin}=5mA$，最大稳定电流 $I_{Zmax}=25mA$。

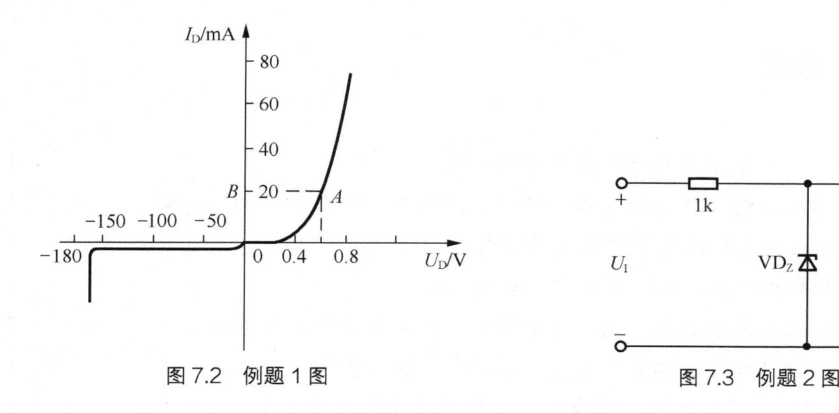

图 7.2 例题 1 图　　图 7.3 例题 2 图

（1）计算 U_I 分别为 10V、15V、35V 3 种情况下输出电压 U_O 的值。

（2）若 $U_I=35V$ 时，负载开路则会出现什么现象?为什么?

解：（1）当 $U_I=10V$ 时，若 $U_O=U_Z=6V$，则稳压管的电流为 4mA，小于其最小稳定电流，所以稳压管未击穿，故

$$U_O=\frac{R_L}{R+R_L}\bullet U_I\approx3.33V$$

当 $U_I=15V$ 时，稳压管中的电流大于最小稳定电流 I_{Zmin}，所以

$$U_O=U_Z=6V$$

同理，当 $U_I=35V$ 时，$U_O=U_Z=6V$。

（2）$I_{D_Z}=(U_I-U_Z)/R=29mA>I_{ZM}=25mA$，稳压管将因功耗过大而损坏。

【例题 3】 三极管 9011 的参数为 P_{CM} =400mW，I_{CM} =30mA，$U_{(BR)CEO}=30V$，问该型号管子在以下情况能否正常工作。

（1）三极管集——射工作电压 U_{CE} =20V，集电极电流为 25mA。

（2）三极管集——射工作电压 U_{CE} =3V，集电极电流为 50mA。

解：三极管要能正常工作，必须使 $U_{CE}<U_{(BR)CEO}$、$i_C<I_{CM}$、$i_C\cdot u_{CE}<P_{CM}$ 同时满足。

（1）三极管耗散功率 $P_C=i_C\cdot u_{CE}=25mA\times20V=500mW$，由于 $P_C=500mW>P_{CM}=400mW$，所以可能使管子被烧毁而无法正常工作。

（2）管子的集电极电流 $i_C=50mA$，由于 $i_C>I_{CM}=30mA$，会使管子的 β 大为降低，甚至可能使管子由于电流过大而损坏，故管子无法正常工作。

【例题 4】 用万用表测量处于放大状态的 3 只三极管各级间电压，得到下列 3 组数值：（1）$U_{BE}=0.7V$，$U_{CE}=0.3V$；（2）$U_{BE}=0.7V$，$U_{CE}=4V$；（3）$U_{BE}=-0.2V$，$U_{CE}=-0.3V$。试分析每只

管子的类型，是硅管还是锗管，并说明工作状态。

解：（1）$U_{BE}=0.7V$ 是硅管，$U_{CE}=0.3V$ 工作在饱和状态。

（2）$U_{BE}=0.7V$ 是硅管，$U_{CE}=4V$ 工作在放大状态。

（3）$U_{BE}=-0.2V$ 是锗管，$U_{CE}=-0.3V$ 工作在饱和状态。

同步练习

7.1　晶体二极管

一、判断题

1. 目前用来制造半导体器件的材料主要是锗和硼。（　）
2. 在纯净半导体硅或锗中掺入微量磷、砷等 3 价元素，就形成 N 型半导体。（　）
3. P 型半导体参与导电的主要是带正电的空穴。（　）
4. 通过 PN 结内部的电流，只能从 P 端流向 N 端。（　）
5. 当二极管承受的反向电压已达到击穿电压时，反向电流会急剧增加。（　）
6. 普通二极管不允许外加正向电压太高，否则会击穿二管子。（　）
7. 在 N 型半导体中，多数载流子是空穴，少数载流子是自由电子。（　）
8. 在 N 型半导体中，掺入大量的 3 价杂质可以使其变为 P 型半导体。（　）
9. N 型半导体的多数载流子是电子，因此 N 型半导体带负电。（　）
10. 杂质半导体的导电性能弱于纯净半导体。（　）

二、填空题

1. 半导体是一种导电能力介于________与________之间的物质。
2. 在纯净半导体硅或锗中掺入________元素，就形成 P 型半导体。
3. 在 P 型与 N 型半导体的交界面会形成一个具有特殊电性能的薄层，称为________。
4. 在二极管的内部，从 P 区引出的电极作为________，从 N 区引出的电极作为________。
5. 在电子线路图中，通常用文字________或________表示二极管。
6. 在二极管的电极加上电压称之为给二极管加________。
7. 二极管的主要特性是____________，它的 4 个主要参数是：________、________、________和________。
8. 2AP 系列晶体二极管是________半导体材料制成的，2CP 系列晶体二极管是________半导体材料制成的。

三、选择题

1. 当二极管外加正向电压较小时，正向电流几乎为零，此时二极管处于________。

   A. 截止区　　B. 死区　　C. 导通区　　D. 闭合区

2. 硅二极管的导通电压约为________。

   A. 0.1V　　B. 0.3V　　C. 0.7V　　D. 1.8V

3. 锗二极管的导通电压约为________。

   A. 0.1V　　B. 0.3V　　C. 0.7V　　D. 1.8V

4. 半导体器件的型号是1N4001，该器件是________。

A. 二极管　　B. 三极管　　C. 晶体管　　D. 稳压管

5. 面接触型二极管比较适用于________。

A. 大功率整流　　B. 小信号检波　　C. 大电流开关　　D. 高频信号处理

6. 当环境温度升高时，二极管的反向饱和电流将________。

A. 减小　　B. 增大　　C. 不变　　D. 基本不变

7. 用万用表欧姆挡测量小功率晶体二极管性能好坏时，应把欧姆挡拨到________。

A. R × 10kΩ 挡　　B. R × 1Ω 挡

C. R × 1kΩ 挡　　D. 任何欧姆挡均可

8. 用万用表欧姆挡测试二极管的正、反向电阻时，如果用两手捏测试笔和管子引线的接触处，这种测试方法引起显著误差的是________。

A. 正向电阻　　B. 温度特性

C. 正、反向电阻　　D. 反向电阻

9. 当硅晶体二极管加上0.3 V正向电压时，该晶体二极管相当于________。

A. 小阻值电阻　　B. 大阻值电阻　　C. 内部短路　　D. 内部开路

四、计算题

1. 如图7.4所示，设VD为理想二极管，分析 I_D、U_D 的数值。

2. 如图7.5所示，设二极管的正向压降为0.7V，求输入电压 U_A 分别为 + 5V、−5V 时，输出电压 U_B 的值。

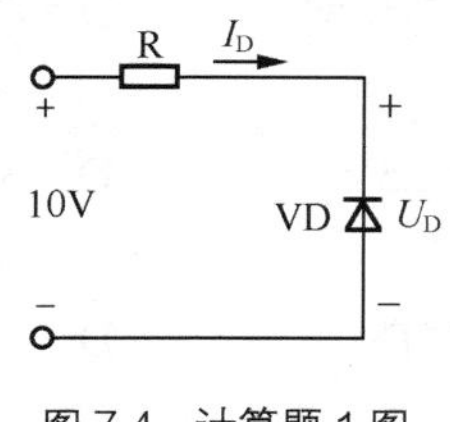

图7.4　计算题1图

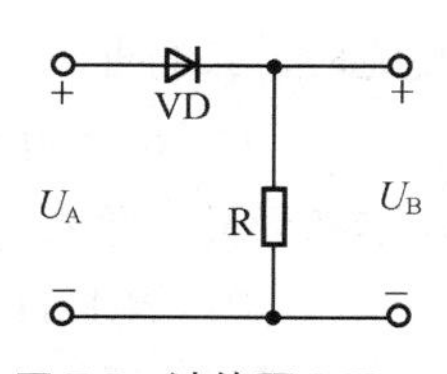

图7.5　计算题2图

3. 如图7.6所示电路，设二极管正向压降为0.7V，则电阻上的压降 U_R、电流 I 分别为多少？

4. 图7.7所示电路中，设 VD_1、VD_2 均为锗二极管，试判断各二极管的状态，并求出 U_{AB}。

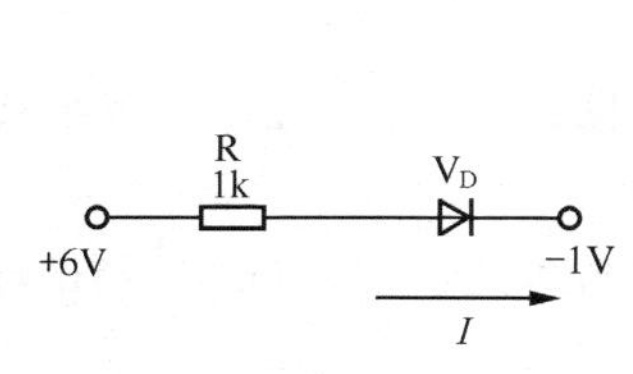

图7.6　计算题3图

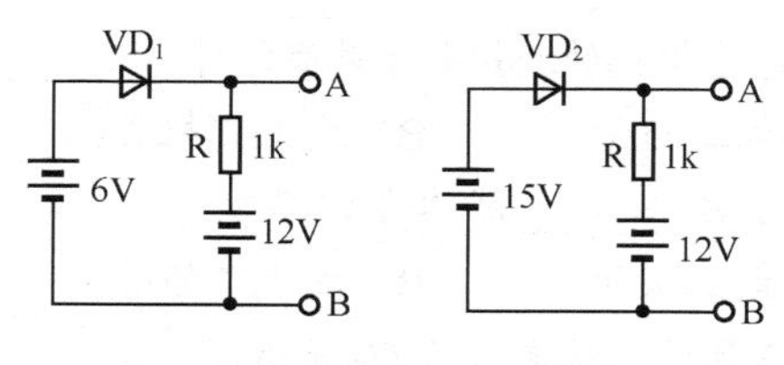

图7.7　计算题4图

7.2　特殊二极管

一、判断题

1. 稳压管的伏安特性曲线其反向特性曲线在击穿区域比普通二极管更陡直。　（　　）

2. 稳压管不能工作在击穿区，会造成器件的损坏。　（　　）

3. 稳定电流 I_Z 是指稳压管最大工作电流，超过该值管子将过热损坏。（ ）

4. 光电二极管在光线照射下，其反向电阻由大变小。（ ）

5. 光电二极管的光电流是指在光照射时的正向电流。（ ）

二、填空题

1. 稳压管在线路中主要起________的作用，常用于________、________和________电路，在数字逻辑电路中常用作________等。

2. 稳压管的稳定电压 U_Z 是指它的________________。

3. 通常稳压值高于 6V 的稳压管具有________温度系数，稳压值低于 6V 的稳压管具有________温度系数。

4. 发光二极管是一种把________变成________的半导体器件。

5. 发光二极管的管脚引线以较长者为________极，较短者为________极。

6. 光电二极管是一种把________变成________的半导体器件。

7. 某稳压管的稳定电压值为 7.5V，若该管正向偏置稳压管的正向压降为________，若反向偏置时其压降为________。

8. 发光二极管可以用直流、交流、脉冲电源点亮，常用来作为显示器，工作电流一般为________mA，正向电压多在________________V 之间。

9. 光电二极管的灵敏度是指对给定波长的入射光，每接收单位光功率时输出的________。

三、选择题

1. 以下不属于普通二极管的是________。

A. 整流二极管　　B. 检波二极管　　C. 开关二极管　　D. 稳压二极管

2. 发光二极管发光时，正向电压一般在________。

A. 0.1～0.3V　　B. 0.3～0.8V　　C. 1.5～2.5V　　D. 3.0～5.0 V

3. 以下属于稳压二极管的型号是________。

A. 2EF31　　B. 2CK84　　C. 2CZ11D　　D. 2CW15

4. 以下属于发光二极管的型号是________。

A. 2EF31　　B. 2CK84　　C. 2CZ11D　　D. 2AU1

5. 以下属于光电二极管的型号是________。

A. 2EF31　　B. 2CK84　　C. 2CZ11D　　D. 2AU1

6. 彩色电视机的遥控器上装有红外________。

A. 光电二极管　　B. 发光二极管　　C. 接收探头　　D. 发射天线

7. 通常把________简称为 LED。

A. 光电二极管　　B. 发光二极管　　C. 所有的二极管　　D. 指示灯

8. 稳压管的的稳定电压 U_Z 是指________。

A. 反向偏置电压　　B. 正向导通电压　　C. 死区电压　　D. 反向击穿电压

四、计算题

1. 两个稳压二极管的稳压值分别为 7V 和 9V，将它们分别组成图 7.8 所示电路，设输入电压 U_1 值是 20V，求各电路输出电压 U_2 的值。

2. 在图 7.9 所示电路中，开关闭合后，发光二极管导通电压 U_D=1.5V，正向电流在 5～15mA 时才能正常工作，试问 R 的取值范围是多少？

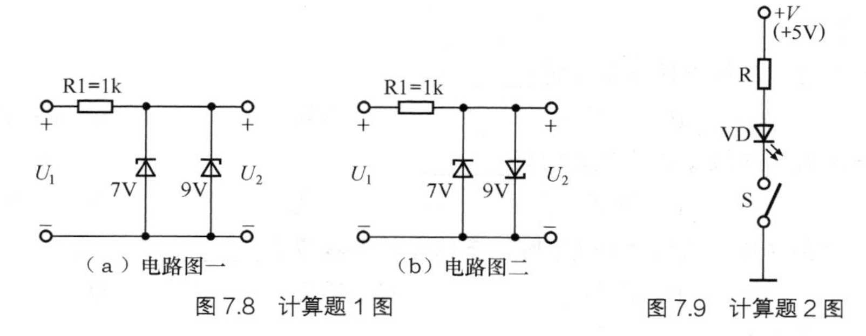

图 7.8　计算题 1 图　　图 7.9　计算题 2 图

7.3　晶体三极管

一、判断题

1. 图 7.10 所示的三极管为塑料封装小功率管。（　　）

图 7.10　判断题 1 图

2. 硅三极管均为 NPN 型的。（　　）
3. 锗三极管的温度稳定性比硅锗三极管差。（　　）
4. 选用三极管时，$\overline{\beta}$ 值越高越好。（　　）
5. 将三极管的输入电流变化量 ΔI_E 与输出电流产生的相应变化量 ΔI_C 之比称为共发射极交流电流放大系数。（　　）
6. 对于 NPN 型管，用机械万用表的黑表笔接任一管脚，红表笔分别测另两个管脚，当测得的阻值均小时，黑表笔所接的管脚为基极 b。（　　）
7. 耗散功率小于 1W 为小功率管。（　　）

二、填空题

1. 晶体管的 3 个电极分别称为________、________和________。
2. 晶体管按半导体制造材料不同，分为________管和________管。
3. 按三极管内部基本结构不同，可分为________和________两大类。
3. 三极管具有电流放大作用的外部条件是________________和________________。
5. 当三极管的 i_B 有一微小变化，就能引起________较大的变化，这种现象称为三极管的电流放大作用。
6. 将三极管的输入电流变化量 ΔI_B 与输出电流 ΔI_C 产生的相应变化量之比称为________________。
7. 三极管的电流放大倍数的定义式为 $\beta=$________。
8. 图 7.11 所示的三极管 CS9012 的管脚 1 为________极，管脚 2 为________极，管脚 3 为________极。

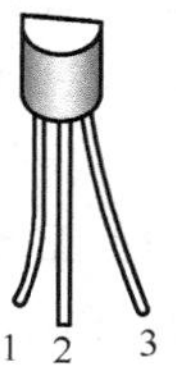

图 7.11　填空题 8 图

9. 由三极管组成放大电路，除了共发射极联接方式外，还有________和________联接方式。

三、选择题

1. 温度升高时，三极管的参数β将________。

A. 升高　　B. 降低　　C. 不变　　D. 不确定

2. 温度升高时，三极管的参数I_{CEO}将________。

A. 升高　　B. 降低　　C. 不变　　D. 不确定

3. 三极管的集电极电流增大到I_{CM}时，三极管的参数β将________。

A. 增大　　B. 降低　　C. 不变　　D. 不确定

4. 三极管的穿透电流大，表明其________。

A. 电流放大倍数大　　B. 电流放大倍数小

C. 热稳定性好　　D. 热稳定性差

5. 图7.12所示为晶体管输出特性。该管在$U_{CE}=6V$、$I_C=3mA$处的电流放大倍数β为________。

A. 60　　B. 150　　C. 100　　D. 10

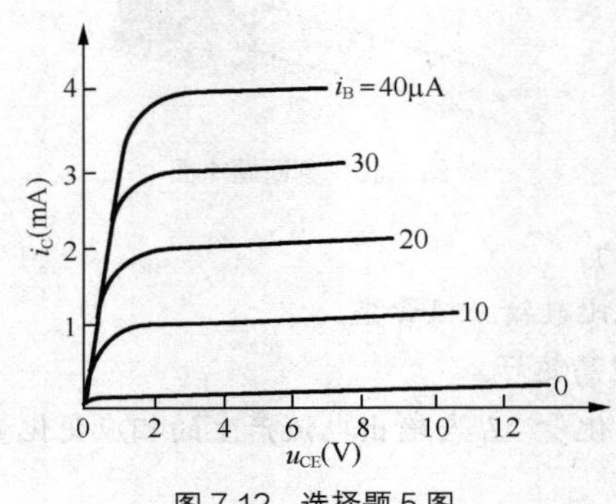

图7.12 选择题5图

6. 某三极管的发射极电流$I_E=3.2mA$，基极电流$I_B=40\mu A$，则集电极电流$I_C=$________。

A. 3.24 mA　　B. 3.16mA　　C. 2.60 mA　　D. 3.28 mA、

7. 有4只晶体三极管，除β和I_{CEO}不同外，其他参数一样。当用作放大器件时，应选用________。

A. $\beta=60$，$I_{CEO}=1.5$ mA　　B. $\beta=100$，$I_{CEO}=1.5$ mA

C. $\beta=10$，$I_{CEO}=0.1$ mA　　D. $\beta=60$，$I_{CEO}=0.1$ mA

8. 已知某晶体管的$P_{CM}=100mW$、$I_{CM}=20mA$、$U_{(BR)}=15V$，在下列工作条件下，能正常工作的是________。

A. $U_{CE}=2V$，$I_C=40mA$　　B. $U_{CE}=3V$，$I_C=10mA$

C. $U_{CE}=4V$，$I_C=30mA$　　D. $U_{CE}=6V$，$I_C=20mA$

四、计算题

1. 在三极管放大电路中，测得$I_E=5mA$，$I_B=200\mu A$，求：

（1）集电极电流I_C是多少？

（2）直流放大系数$\overline{\beta}$是多少？

2. 已知三极管的$\overline{\beta}=59$，若$I_B=20\mu A$，则该管I_C、I_E各是多少？

3. 在三极管放大电路中，当$I_B=10\mu A$时，测得$I_C=1.2mA$；当$I_B=20\mu A$时，测得$I_C=2mA$。求三极管电流放大倍数β。

7.4 晶闸管

一、判断题

1. 晶闸管是一种功率放大器件。 (   )
2. 晶闸管不适合在高电压、大电流条件下工作。 (   )
3. 晶闸管是由 4 层半导体 P-N-P-N 叠合而成，形成 3 个 PN 结。 (   )
4. 不允许用兆欧表检查晶闸管的绝缘情况。 (   )
5. 导通的晶闸管，如断开控制极电压后，晶闸管就无法继续导通。 (   )

二、填空题

1. 晶闸管被广泛应用于________、________、________________和________等电子电路中。
2. 晶闸管有 3 个电极：________、________和________。
3. 中、大功率晶闸管应按规定安装________。
4. 晶闸管导通必须具备两个条件：一是________________；二是________________。
5. 要使导通状态的晶闸管关断，其方法是：将________________或________________。
6. 晶闸管的 3 种工作状分别是：________________、________________、________________。

三、选择题

1. 晶闸管的内部是由________PN 结所构成的。

A. 1 个　　B. 2 个　　C. 3 个　　D. 4 个

2. 晶闸管的阳极通常用字母________表示。

A. a　　B. g　　C. k　　D. c

3. 晶闸管加上正向电压，但控制极未加正向电压时，管子不会导通，这种状态称为晶闸管的________。

A. 正向截止　　B. 正向阻断

C. 反向截止　　D. 反向阻断

4. 晶闸管加正向电压的同时，在控制极上加正向触发电压，此时晶闸管处于________状态。

A. 放大　　B. 正向阻断

C. 触发导通　　D. 阻断

5. 在室温下及一定的正向电压条件下，使晶闸管从关断到导通所需的最小控制电压称为________。

A. 正向阻断峰值电压　　B. 正向峰值电压

C. 阳极触发电压　　D. 控制极触发电压

技能拓展

1. 测量半导体器件的光敏性。实验电路图如图 7.13 所示，用 4 节干电池串联作电源，图中半导体器件是用玻璃外壳的三极管（例如 3AX81），把外壳上的漆刮去，将三极管的发射极 e、集电极 c 连入电路中。用黑纸挡住光照时，观察电流表的数值；用手电筒光照到管内半导体材料上，再观察电流表的数值变化，分析半导体受到光照后电阻变化的规律。

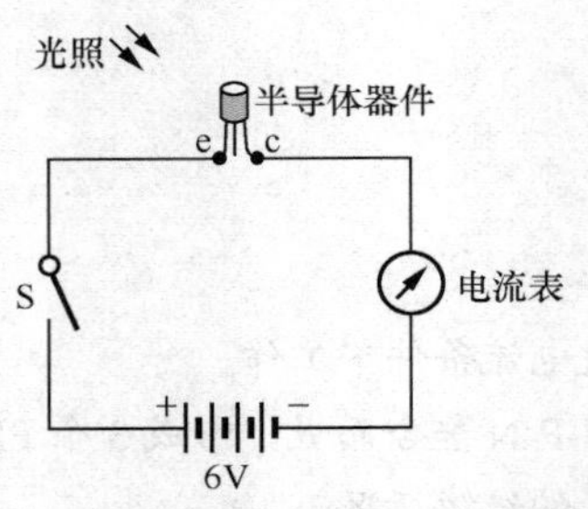

图 7.13 半导体器件的光敏性测量

2. 收录机上的二极管 2CZ11D 损坏了，找不到同型号的管子更换，请查找半导体手册或查询互联网的资料，用其他型号的二极管代替，并将二极管的主要参数填入表 7.1 中。

表 7.1 代换二极管的主要参数

型号 \ 参数		最大整流电流 I_{FM}/mA	最高反向工作电压 U_{RM}/V	反向饱和电流 I_S/mA	最高工作频率 f_M/MHz	主要用途
损坏	2CZ11D					
替换型号						

3. 测量稳压二极管 2CW18 的稳压值。其方法是：将兆欧表正端与稳压二极管的负极相接，兆欧表的负端与稳压二极管的正极相接后，按规定匀速摇动兆欧表手柄，同时用万用表监测稳压二极管两端电压值（万用表的电压挡应视稳定电压值的大小而定），待万用表的指示电压指示稳定时，此电压值便是稳压二极管的稳定电压值。

4. 观察电子产品（收音机、电视机）电路板上所使用的三极管元件。通电情况下，测量各三极管的引脚对地的电压，判断其工作状态。

5. 用晶体管图示仪观测三极管 9012、9013 的输入和输出特性曲线，并绘制在坐标纸上，测出三极管的电流放大倍数 β、饱和电压 U_{CES} 和击穿电压 $U_{(BR)CEO}$。

6. 对晶闸管进行质量优劣的检测。

（1）如图 7.14 所示，将万用表置于 R × 1 位置，用表笔测量 g、k 之间的正反向电阻。（正常情况，测得的正反向阻值差别不大，阻值应为几欧～几十欧。）

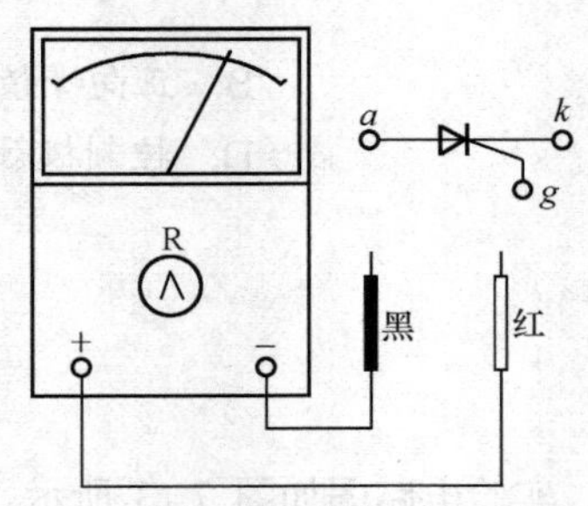

图 7.14 对晶闸管进行质量检测

（2）将万用表调至 R × 10k 挡，测量 *g*、*a* 与 *k*、*a* 之间的阻值。（无论黑表笔与红表笔怎样调换测量，阻值均应为无穷大，否则，说明管子已经损坏。）

第 8 章

直流稳压电源

直流稳压电源为电子电路提供直流工作电源，它可以在电网电压变化或负载发生变化时，提供基本稳定的直流输出电压，是电子设备必不可少的组成部分。

本章的学习要以稳压电源的构成、整流电路、滤波电路、集成稳压器件的使用常识为主，重点掌握集成稳压器的安装与使用。

要点归纳

一、整流电路

（1）功能。整流电路的功能是将交流电转换成脉动直流电。

（2）类型。常用的整流电路有半波整流电路和桥式整流电路。

1. 半波整流电路

（1）电路组成。单相半波整流电路由整流二极管、电源变压器和用电负载构成，如图 8.1 所示。

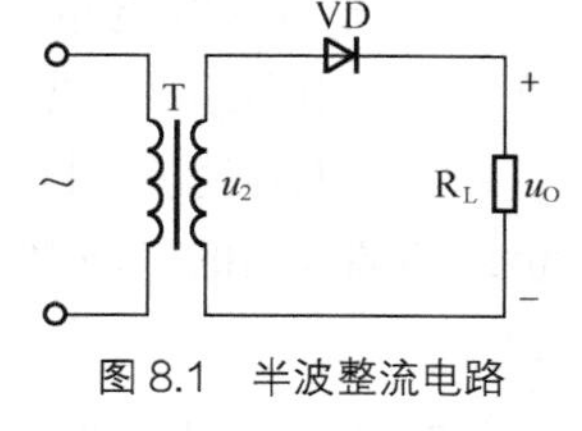

图 8.1　半波整流电路

（2）整流原理。主要根据整流二极管的单向导电性来分析整流原理。

① 当 u_2 为正半周时。二极管 VD 承受正向电压而导通，负载 R_L 上的电压 $u_L=u_2$。

② 当 u_2 为负半周时，二极管 VD 承受反向电压而截止。无电流通过 R_L，负载上的电压 $u_L=0$。

（3）输出直流电压和电流如下式所示。

$$U_L=0.45U_2 \tag{8.1}$$

$$I_L=0.45\frac{U_2}{R_L} \tag{8.2}$$

2. 桥式整流电路

（1）电路组成。单相桥式整流电路由电源变压器 T、整流二极管 VD_1～VD_4 和负载 R_L 组成，如图 8.2 所示。

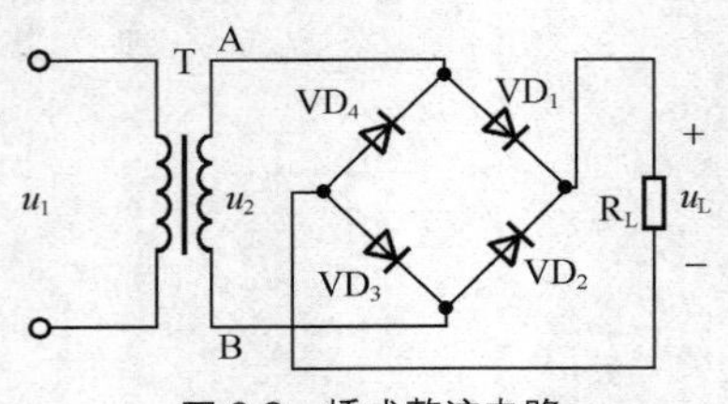

图 8.2 桥式整流电路

（2）整流原理。

① u_2 为正半周时，V_1 和 V_3 正偏导通，V_2、V_4 受到反向电压而截止，负载电流方向从上到下。

② u_2 为负半周时，V_2、V_4 正偏导通，V_1、V_3 受到反向电压而截止，单向脉动电流的电流流向仍从上到下。

（3）负载上的直流电压和电流如下式所示。

$$U_L=0.9U_2 \tag{8.3}$$

$$I_L=0.9\frac{U_2}{R_L} \tag{8.4}$$

（4）整流二极管参数选择如下所示。

$$\text{二极管最高反向工作电压：}U_{RM}\geqslant\sqrt{2}\,U_2 \tag{8.5}$$

$$\text{二极管最大整流电流：}I_{FM}\geqslant\frac{1}{2}I_L\text{。} \tag{8.6}$$

二、滤波电路

（1）功能。滤波电路的功能是将脉动直流电中的交流成分滤除掉，使负载两端得到较为平滑的直流电。

（2）类型。滤波电路可分为电容滤波器、电感滤波器和π形滤波器。

1. 电容滤波电路

（1）电路组成。电容滤波电路是在整流电路输出端并联电容 C。

（2）电容滤波情况。C、R_L 越大的情况下输出电压越平滑，输出电压的平均值也可得到提高。负载两端电压的平均值 U_L 估算公式为

$$U_L=1.2U_2 \tag{8.7}$$

2. 电感滤波电路

（1）电路组成。电感滤波电路由电感 L 与负载 R_L 串联组成。

（2）工作原理。根据电感特性，交流成分大部分降落在电感线圈上，而直流成分由于感抗为零，则降压在负载电阻 R_L 两端。

桥式整流电感滤波电路的负载两端电压的平均值为

$$U_o=0.9U_2 \tag{8.8}$$

3. π形滤波电路

为了进一步提高滤波效果，还可以将电容滤波器和电感滤波器结合起来，构成 LC-π 形滤波电路，如图 8.3 所示。

由于带有铁心的电感线圈体积大，价格也高，因此常用电阻 R 来代替电感 L，构成 RC-π 形滤波电路，如图 8.4 所示。

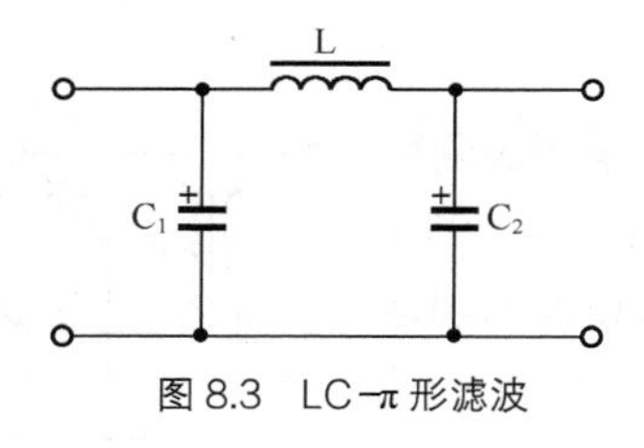

图 8.3　LC-π 形滤波

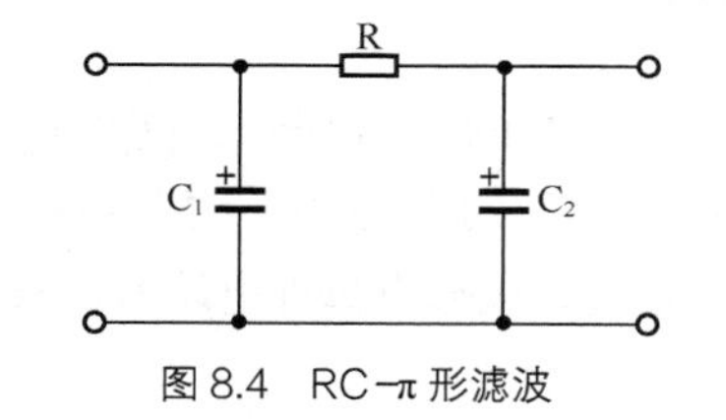

图 8.4　RC-π 形滤波

三、稳压电路

1. 稳压管并联型稳压电路

（1）电路组成。并联型稳压电路的构成如图 8.5 所示，限流电阻 R 与负载电阻串联，稳压管 V 与负载并联。稳压管 V 利用其反向击穿工作特性来稳定输出电压，电阻 R 起限流和分压作用。

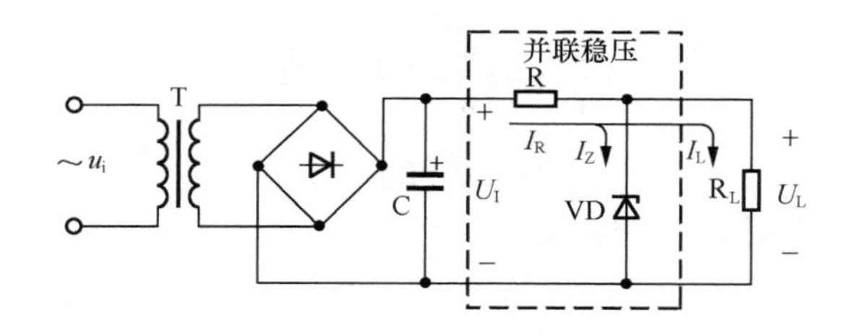

图 8.5　并联型稳压电路

（2）稳压原理为 $U_I\uparrow$ 或 $R_L\uparrow \rightarrow U_L\uparrow \rightarrow I_Z\uparrow \rightarrow I_R\uparrow \rightarrow U_R\uparrow \rightarrow U_L\downarrow$。

2. 集成稳压器

（1）类型。集成稳压器按输出电压的极性可分为正电压输出和负电压输出两大类。

（2）集成稳压器的应用。常用的集成稳压器的引脚功能及应用电路如表 8.1 所示。在应用电路中，通常集成稳压器输入电压选择比输出电压高 2～3V。

表 8.1　集成稳压器的应用一览表

集成稳压器		引脚功能	输出电压/V	应用电路
固定式	W78×× 正压	78×× 输入 地 输出	电压挡级：5、6、9、12、15、18、24	78×× V_I C_1 0.33 μF C_2 0.1 μF V_O
	W79×× 负压	79×× 地 输入 输出	电压挡级：−5、−6、−9、−12、−15、−18、−24	79×× V_I C_1 0.33 μF C_2 0.1 μF V_O

典题解析

【例题 1】 电路如图 8.6 所示，已知 u_2=10V。若用电压表测得负载两端的电压有：（1）12V；（2）14V；（3）10V；（4）9V；（5）4.5V 五种情况，试分析每种电压所代表的电路状态以及出现这种状态的原因。

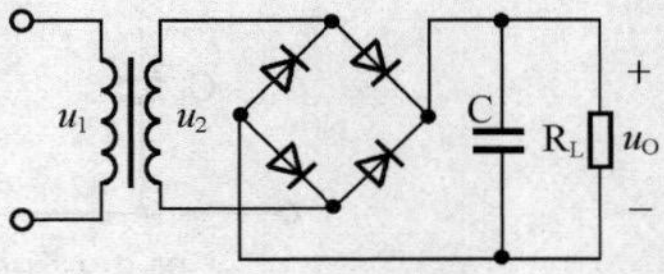

图 8.6 例题 1 图

解：（1）U_O=12V

$$\frac{U_O}{U_2}=\frac{12}{10}=1.2$$

即 $$U_O=1.2U_2$$

说明此电路处于正常的整流滤波状态。

（2）U_O=14V

$$\frac{U_O}{U_2}=\frac{14}{10}=1.4\approx\sqrt{2}$$

即 $$U_O=\sqrt{2}\,U_2$$

说明此电路处于负载电阻 R_L 开路状态。

（3）U_O=10V

$$\frac{U_O}{U_2}=\frac{10}{10}=1$$

即 $$U_O=U_2$$

说明此时该电路处于半波整流带电容滤波的状态，即整流电路中有一只二极管开路或某对臂中两只二极管同时开路。

（4）U_O=9V

$$\frac{U_O}{U_2}=\frac{9}{10}=0.9$$

即 $$U_O=0.9U_2$$

说明此时该电路处于桥式整流的状态，即整流电路正常，但滤波电容开路。

（5）U_O=4.5V

$$\frac{U_O}{U_2}=\frac{4.5}{10}=0.45$$

即 $$U_O=0.45U_2$$

说明此时该电路处于半波整流的状态，即滤波电容开路，同时整流电路中有一只二极管开路或某对臂中两只二极管同时开路。

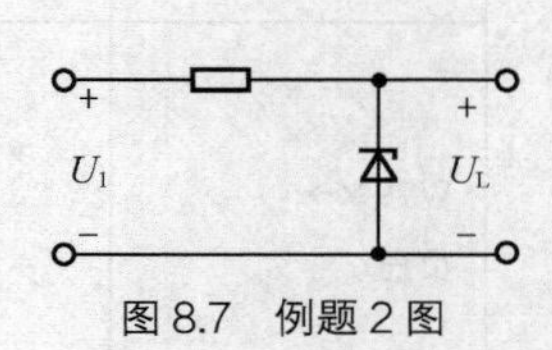

图 8.7 例题 2 图

【例题 2】 在图 8.7 所示的电路中，若将稳压管的极性接反了，会出现什么问题？

解：在并联稳压电路中，稳压管是利用伏安特性的反向击穿区来进行稳压的，因此稳压管应反向接入电路中。如果将稳压管正向接入电路中，可能出现以下两种情况。

（1）若输入电压较高，且限流电阻 R 的阻值不是很大，稳压管导通时形成的电流过大，会使稳压管损坏。

（2）若输入电压较低或限流电阻 R 的阻值较大，稳压管处于正向导通状态，正向电流在允许的范围内，此时输出电压较低，仅为 0.7V。

【例题 3】 指出图 8.8 所示的稳压电路中的错误。

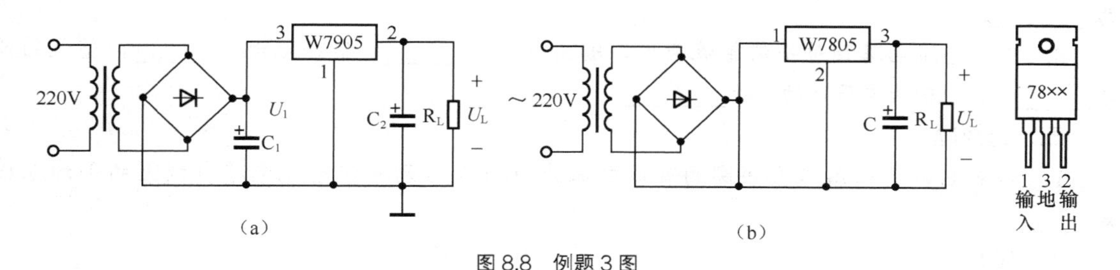

图 8.8　例题 3 图

解：分析本题时，一要检查集成稳压器的引脚是否接正确，二要观察电源电压极性是否正确，三要检查集成稳压器外部电路是否接正确。

图 8-8（a）所示电路采用的集成稳压器是 W7905，为负电源稳压器，要求输入端送入的应为负极性电压，而整流滤波电路提供的是正极性输入电压，因此电路不能正常工作。

如要求电路输出为负电压，应将整流电桥的 4 个二极管反接，并将滤波电容 C_1、C_2 极性改为上负下正。如要求电路输出为正电压，集成稳压器应改为 W7805。

图 8-8（b）所示电路出现两个错误，一是桥式整流输出端被短路，集成稳压器的输入电压为零；二是集成稳压器的引脚接错，2 脚应接输出端，3 脚应接公共地端。

同步练习

8.1　整流电路

一、判断题

1. 整流电路的功能是将交流电转换成稳定的直流电。（　　）
2. 半波整流电路的负载 R_L 上得到的是半个正弦波。（　　）
3. 要改变半波整流电路输出电压的极性，只须将整流二极管极性对调。（　　）
4. 桥式整流电路中，流过每个整流管的平均电流与负载电流相等。（　　）
5. 选择整流二极管必须考虑的两个主要参数是 U_{RM} 和 I_{FM}。（　　）
6. 单相桥式整流电路中，只要一个整流二极管内部烧断，负载上的电压就为零。（　　）

二、填空题

1. 常见的整流电路类型有________电路和________电路。
2. 整流电路主要由__________、__________和__________构成。

3. 整流电路中的电源变压器的作用是将________转换为________再整流，以获所需的直流电压。

4. 桥式整流电路在负载上得到________的直流电。

5. 完成整流这一任务主要靠二极管的________作用。

6. 在分析整流电路时，通常把二极管当作理想元件处理，即认为它的正向导通电阻为________，而反向电阻为________。

7. 桥式整流电路中，若变压器二次线圈的有效电压为 9V，整流二极管承受的最大反向电压均为________。

8. 桥式整流电路相对半波整流来说，输出电压________，输出电流________，整流的效率________，且输出电压脉动比较________。

三、选择题

1. 如果电源变压器二次线圈的有效电压为 100 V，则半波整流电路负载上的平均电压是________。

A. 100 V　　B. 45 V

C. 90 V　　D. 60 V

2. 在桥式整流电路中，如果一只整流二极管接反，则________。

A. 引起电路短路　　B. 成为半波整流电路

C. 输出电压减小　　D. 输出电压上升

3. 在桥式整流电路中，如果一只整流二极管开路，则________。

A. 二极管或变压器烧坏　　B. 输出电压不变

C. 成为半波整流电路　　D. 输出电压增大

4. 桥式整流电路的变压器二次电压为 U_2，当负载开路时，整流输出电压为________。

A. 0　　B. U_2

C. 0.9 U_2　　D. $\sqrt{2}\,U_2$

5. 桥式整流电路中，流过每个二极管的平均电流等于输出平均电流的________。

A. 1/4　　B. 1/2

C. 1/3　　D. 2

6. 桥式整流电路中，整流二极管的反向电压最大值出现在二极管________。

A. 由导通转为截止时　　B. 由截止转为导通时

C. 截止时　　D. 导通时

7. 如图 8.9 所示，该电路为________电路。

A. 稳压　　B. 全波整流

C. 半波整流　　D. 桥式整流

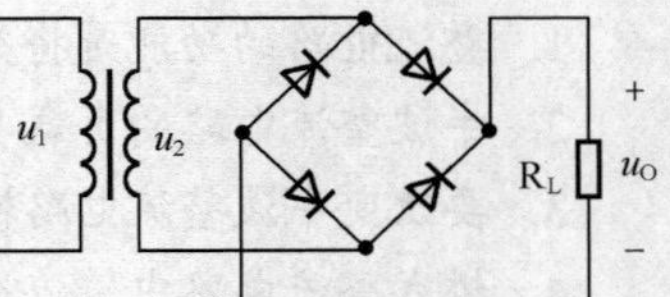

8. 如图 8.9 所示电路，设 u_2 = 10V，则负载电阻 R_L 上的电压为________。

A. 4.5V　　B. 9V

C. 12V　　D. 10V

图 8.9　选择题 7 图

四、计算题

1. 桥式整流电路中，已知电源变压器的二次电压有效值 U_2=10V，R_L=100Ω，求整流输出电压

U_L，并确定整流二极管的 U_{RM} 和 I_{FM}。

2. 桥式整流电路中，负载电阻 R_L=20Ω，要求输出 20V 的直流电，求：

（1）估算电源变压器的二次电压；

（2）确定整流二极管的 U_{RM} 和 I_{FM}。

8.2 滤波电路

一、判断题

1. 电容滤波是在整流电路输出端串联电容 C。 （ ）
2. 电容滤波的效果与滤波电容 C 的容量有关，与负载电阻 R_L 的阻值大小无关。 （ ）
3. 电感滤波电路中,电感 L 是与负载 R_L 串联。 （ ）
4. 在电容滤波电路中，电解电容的耐压值不够时，易漏电，甚至爆炸。 （ ）
5. 电解电容的电极有正、负极之分，使用时正极接高电位，负极接低电位。 （ ）
6. 电容滤波电路输出电压 U_O 的平滑度与负载 R_L 的大小有关，R_L 越大，滤波效果越差。 （ ）
7. LC-π 型滤波器与电容滤波电路相比，前者输出电压平滑，而且带负载能力强。 （ ）
8. π 形滤波电路由两种或两种以上滤波元件组成。 （ ）

二、填空题

1. 将脉动直流电中的交流成分滤除掉，这一过程称为________。

2. 滤波电路通常由元器件________和________组成。

3. 采用电解电容滤波，若正负极性接反的，则电容的________会加大，会引起________上升，使电容________。

4. 在电容滤波和电感滤波二者之中，________滤波适用于电流较大的电源，________滤波适用于输出电流较小的电源。

5. 电容滤波电路中，C 的容量越________，R_L 的阻值越________，滤波的效果越好。

6. 交流电经整流后，如不进行滤波，对电路产生的影响是________________。

三、选择题

1. 桥式整流电容滤波电路中，若变压器二次电压 U_2=6 V，且滤波电容的容量达到要求，则 U_O 为________。

A. 5V　　B. 3V

C. 6V　　D. 7.2V

2. 桥式整流电容滤波电路中，若变压器二次电压 U_2=10 V，测得输出电压为 14.1 V，则说明________。

A. 滤波电容开路　　B. 负载开路

C. 二极管损坏　　D. 电路工作正常

3. 在桥式整流电路中接入电容滤波器后，输出直流电压将________。

A. 升高　　B. 略有降低

C. 保持不变　　D. 明显降低

4. 在桥式整流电路中未接入滤波电容时，二极管导通角度为 180°，接入电容滤波后，二极管的导通角度________。

A. 增大　　B. 减小

C. 保持不变　　　　　　　　　　　　　　　　D. 不确定

5. 图 8.10 所示各电路中，能起滤波作用的是电路________。

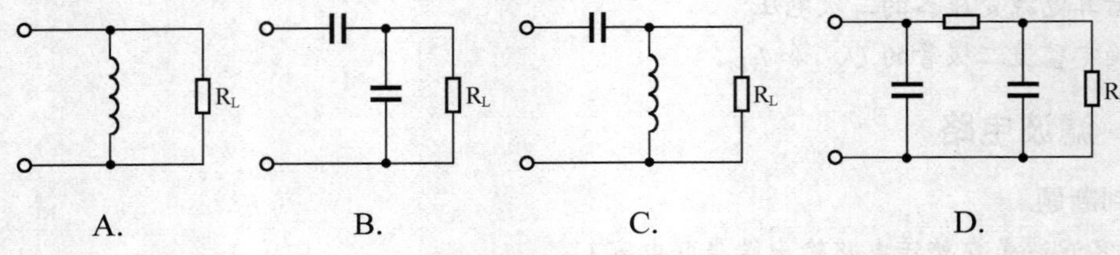

图 8.10 选择题 5 图

四、计算题

1. 在桥式整流电容滤波电路中，已知变压器二次电压有效值 $u_2 = 10V$，负载电阻 $R = 100\Omega$，电容 $C = 220\mu F$，求：

（1）电路正常工作时的输出电压 u_o；

（2）若测得输出电压 $u_o = 9V$，问电路发生了什么故障？

（3）若测得输出电压 $u_o = 4.5V$，问电路发生了什么故障？

2. 桥式整流电容滤波电路，输出直流电压 15V，负载电阻 $R_L = 100\Omega$，试求整流变压器二次电压 u_2。

8.3 稳压电路

一、判断题

1. 硅稳压二极管可以串联使用，也可以并联使用。　（　）
2. 硅稳压二极管稳压时工作在正向导通状态。　（　）
3. 稳压二极管组成的稳压电路适用于负载电流较小的场合。　（　）
4. 当工作电流超过最大稳定电流时，稳压二极管将不起稳压作用，但并不损坏。　（　）
5. 直流稳压电源当负载电阻变化时，它不能起稳压作用。　（　）
6. 在并联型稳压电路中，不要限流电阻 R，只利用稳压管的稳压性能也能输出稳定的直流电压。　（　）

二、填空题

1. 整流滤波后的直流电压仍然受________和________的影响，需要进行________。

2. 稳压电路按电压调整元件与负载连接方式的不同分为__________和__________两种类型。

3. 在稳压二极管组成的稳压电路中，稳压二极管必须与负载电阻________连接。

4. 当输入电压降低时，并联型稳压电路的稳压过程为：输入电压 U_I 减低→输出电压 U_O________→稳压管上的压降 U_Z________→稳压管电流 I_Z________→流过限流电阻 R 的电流 I_R________电阻 R 上的压降________→稳定输出电压 U_O。

5. 稳压管二极管组成的并联稳压电路具有的特点是结构简单，但输出电流________，稳压特性________，一般用于________________稳压电路中。

6. 三端集成稳压器 W7812 外形如图 8.11 所示，1 脚为________，2 脚为________，3 脚为________。

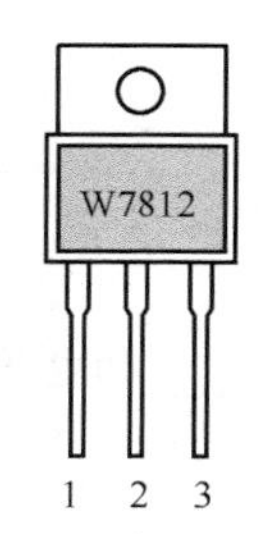

图 8.11 填空题 6 图

图 8.12 填空题 7 图

7. 三端可调式集成稳压器 LM317 如图 8.12 所示，1 脚为________，2 脚为________，3 脚为________。

三、选择题

1. 直流稳压电源中，采取稳压措施是为了________。

A. 消除整流电路输出电压的交流量

B. 将电网提供的交流电转化为直流电

C. 将直流电转化为交流电

D. 保持输出直流电压不受电网电压波动和负载变化的影响

2. 在图 8.13 所示的电路中，正确的并联型稳压电路是________。

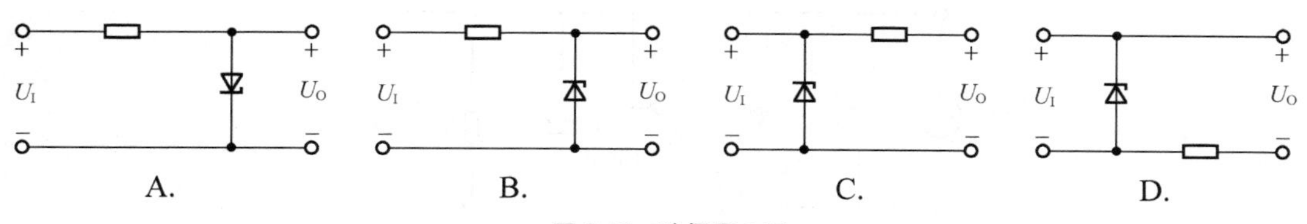

图 8.13 选择题 2 图

3. 现有稳压值 6V 的硅稳压管两只，如图 8.14 所示连接成电路，输出电压值是________。

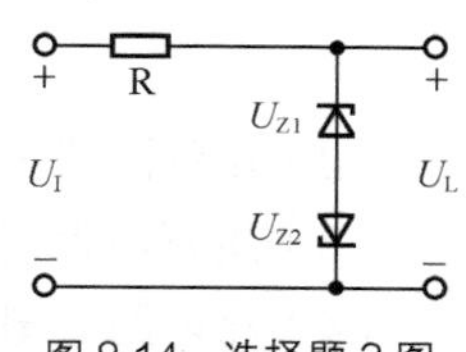

图 8.14 选择题 3 图

A. 6.7V　　B. 12V

C. 1.4V　　D. 6.3V

4. 电路如图 8.15 所示，若电阻 R 短路，则会出现的后果是________。

A. 输出电压将升高　　B. 输出电压将降低

C. 稳压管可能损坏　　D. 电容 C 将击穿

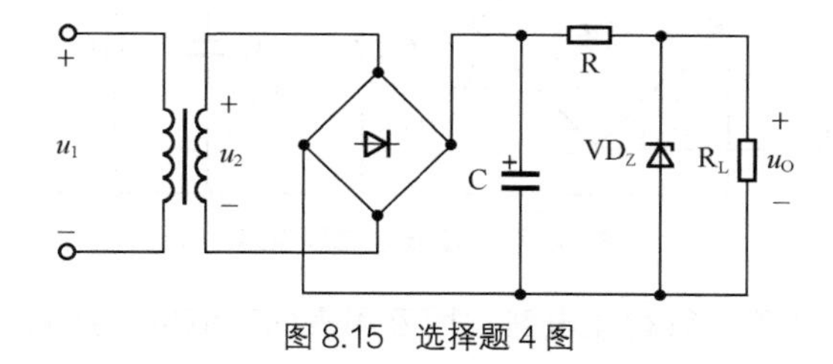

图 8.15 选择题 4 图

5. W7800 系列集成稳压器输出________。

A. 正电压　　B. 负电压

C. 正、负电压均可　　D. 不确定

6. W7900 系列集成稳压器输出________。

A. 正电压　　B. 负电压

C. 正、负电压均可　　D. 无法判断

7. 在使用时必须注意，集成稳压器的输入与输出之间要有________的电压差。

A. 1V　　B. 2～3V

C. 0.7V　　D. 0.7～1V

技能拓展

1. 各类充电器在日常工作和生活中得到广泛的应用。拆开一个电池充电器外壳，观察电路板上的整流电路，并根据电路板实物图描绘出电路图、元件代号和型号。

2. 对电容滤波和 RC-π 型滤波电路的滤波效果进行比较。

（1）如图 8.16 所示连接实验电路，调节信号发生器使输出信号为电压幅度为 5V，频率为 200Hz。

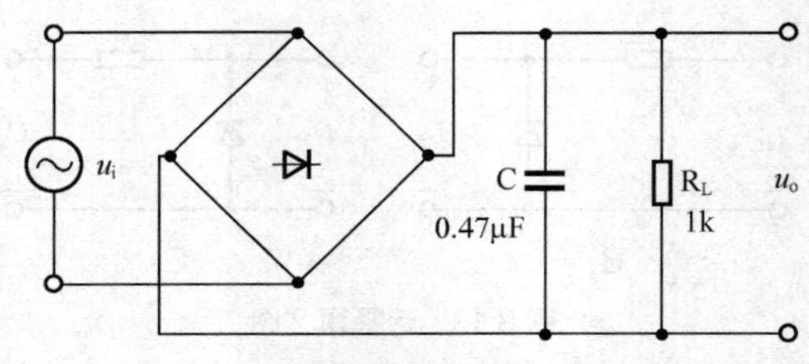

图 8.16 电容滤波电路

（2）用示波器观察整流输出电压和滤波输出电压波形，分别画出波形图。

（3）用万用表测量输出波电压并记录结果。

（4）将电路如图 8.17 所示接成 RC-π 型滤波电路，重复以上的实验步骤。

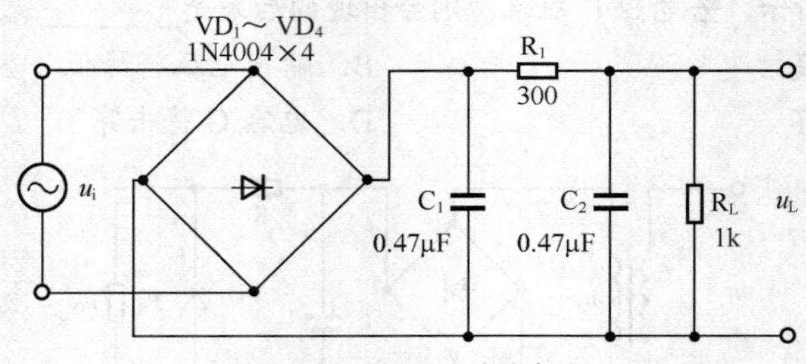

图 8.17 RC-π 型滤波电路

3. 如图 8.18 所示安装稳压管稳压电路，用万用表的直流电压挡测量输出电压值。调整自耦变压器使输入交流电压在 198～242V 范围内波动，分别观测不接稳压管和接稳压管两种情形下输出电压的变动情况。

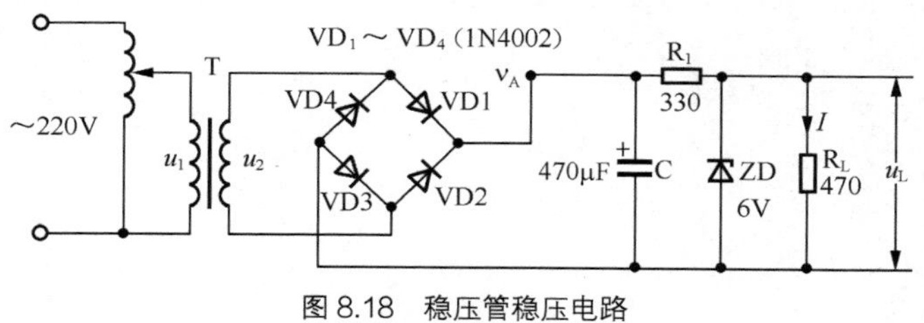

图 8.18 稳压管稳压电路

4. 选用三端稳压集成电路 LM7909，组装一个输出电压为−9V、工作电流为 1A 的直流稳压电源。

第9章 放大电路与集成运算放大器

放大电路在家用电器、通信技术、控制系统、仪器设备等领域有着广泛应用。放大电路的核心器件是三极管，利用三极管的电流放大功能实现对输入信号的放大。本章的许多基本概念、电路分析方法不仅是学习放大电路的基础，对学习其他电子电路也是十分重要的。

本章学习重点是放大电路的构成、静态工作点的设置、集成运放的典型应用及负反馈在放大器中的应用。在技能方面要求掌握三极管放大器，以及集成运算放大器安装和调试。

要点归纳

一、基本放大电路

1. 放大电路的构成

（1）共发射极基本放大电路。固定偏置的共发射极基本放大电路如图 9.1 所示，各元器件的作用如表 9.1 所示。

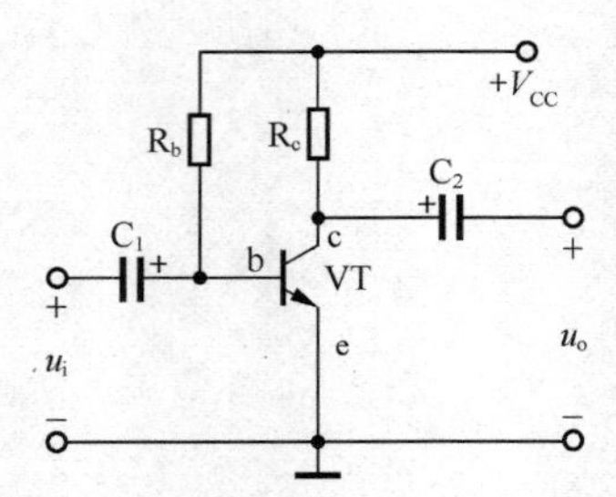

图 9.1　共发射极基本电路

表 9.1　共发射极基本放大电路的元件作用

元件符号	元件名称	作用
V	放大管	电流放大器件，实现 $i_c=\beta i_B$
+V_{CC}	直流电源	为放大管提供工作电压和电流

续表

元件符号	元件名称	作用
R_b	基极偏置电阻	$+V_{CC}$通过R_b向放大管提供I_B
R_C	集电极负载电阻	$+V_{CC}$通过R_b向集电极供电，将管子的电流放大转换为电压放大
C_1	输入耦合电容	耦合输入交流信号，隔直流
C_2	输出耦合电容	耦合输出交流信号，隔直流

（2）共集电极和共基极放大电路

共集电极放大电路如图 9.2 所示，共基极放大电路如图 9.3 所示。

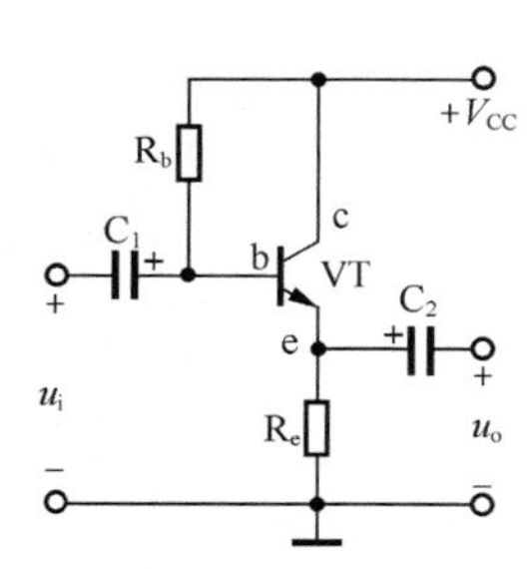

图 9.2　共集电极放大电路

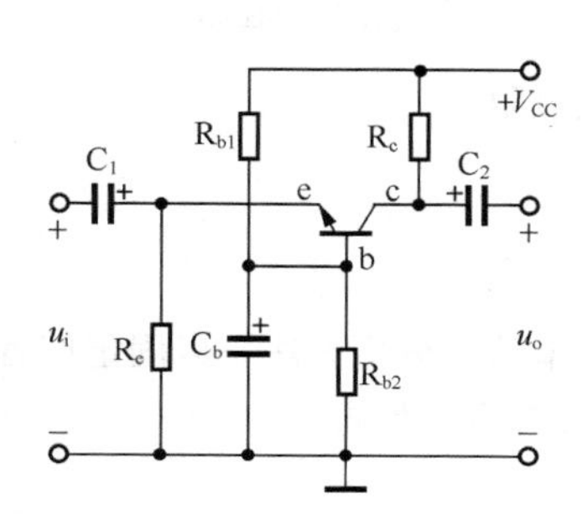

图 9.3　共基极放大电路

2. 放大原理

（1）静态。静态是指当放大电路没有交流信号输入时，电路中的电压、电流都处于不变的状态。静态工作点主要指 I_{BQ}、I_{CQ}、U_{CEQ}。

（2）动态。动态是指当放大电路有交流信号输入，电路中的电压、电流随输入信号作相应变化的状态。

（3）放大过程如下所示。

$$u_i \xrightarrow{C_1\text{耦合}} u_{BE} \xrightarrow{\text{三极管输入特性}} i_B \xrightarrow{\text{三极管放大}} i_C \xrightarrow{R_c\text{转换作用}} u_{CE} \xrightarrow{C_2\text{耦合}} u_o$$

注意，在共射放大电路中，输出电压 u_o 与 输入电压 u_i 相位相反，幅度得到放大。

3. 静态工作点对放大波形的影响

放大电路的静态工作点设置不合适，将导致放大输出的波形产生失真。

（1）饱和失真。若偏置电阻 R_b 偏小，输出电压 u_o 波形的负半周会被削去一部分，即出现饱和失真。

适当增大偏置电阻 R_b，将偏置电流 I_{BQ} 降低，则可消除饱和失真。

（2）截止失真　若偏置电阻 R_b 偏大，输出电压 u_o 波形的正半周会出现平顶失真，即出现截止失真。

适当减小偏置电阻 R_b，将偏置电流 I_{BQ} 调大，可消除截止失真。

4. 放大器的主要性能指标

（1）放大倍数。该参数主要包括电压放大倍数、电流放大倍数、功率放大倍数。

① 电压放大倍数

$$A_u = \frac{U_o}{U_i} \quad (9.1)$$

$$电压增益\ G_u = 20\lg A_u \tag{9.2}$$

② 电流放大倍数

$$A_i = \frac{I_o}{I_i} \tag{9.3}$$

$$电流增益\ G_i = 20\lg A_i \tag{9.4}$$

③ 功率放大倍数

$$A_P = \frac{P_o}{P_i} \tag{9.5}$$

$$功率增益\ G_P = 10\lg A_p \tag{9.6}$$

（2）输入电阻和输出电阻如下。

① 输入电阻

$$r_i = \frac{U_i}{I_i} \tag{9.7}$$

② 输出电阻

$$r_o = \frac{U_o}{I_o} \tag{9.8}$$

5. 放大电路的分析方法（以固定偏置放大器为例）

（1）估算静态工作点

$$I_{BQ} = \frac{V_{CC} - U_{BEQ}}{R_b} \tag{9.9}$$

$$I_{CQ}=\beta I_{BQ} \tag{9.10}$$

$$U_{CEQ}=V_{CC}-I_{CQ}R_C \tag{9.11}$$

（2）估算交流参数

① 三极管输入电阻

$$r_{be}\approx 300+(1+\beta)\frac{26}{I_E} \tag{9.12}$$

② 输入电阻 $r_i=R_b//r_{be}$ （9.13）

③ 输出电阻 $r_o=R_c//r_{ce}$ （9.14）

④ 电压放大倍数

$$A_u = -\frac{\beta R_L'}{r_{be}} \tag{9.15}$$

6. 分压式偏置放大电路

环境温度、三极管参数及电源电压的变化会使放大电路静态工作点变动，而分压式偏置放大器是一种比较常用的稳定静态工作点的放大电路。

（1）电路构成特点。采用 R_{b1}、R_{b2} 串联分压后为三极管基极提供 V_B，引入发射极电阻 R_e，达到自动起稳定静态工作点的作用。

（2）稳定原理：$t\downarrow \rightarrow I_{CQ}\uparrow \rightarrow U_{EQ}\uparrow \rightarrow U_{BEQ}\downarrow \rightarrow I_{BQ}\downarrow \rightarrow I_{CQ}\downarrow$。

（3）稳定条件：$I_2 >> I_{BQ}$、$U_{BQ} >> U_{BEQ}$。

7. 多级放大器的级间耦合

（1）级间耦的基本要求。其要求为必须保证前级输出信号能顺利地传输到后级，并尽可能地减小功率损耗和波形失真；耦合电路对前、后级放大电路的静态工作点没有影响。

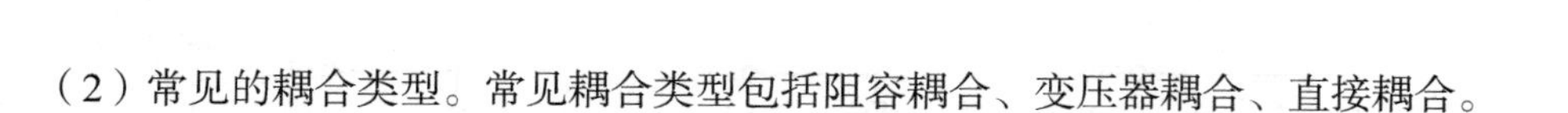

（2）常见的耦合类型。常见耦合类型包括阻容耦合、变压器耦合、直接耦合。

二、集成运算放大器

1. 集成运放的理想特性

（1）开环电压放大倍数 $A_{UD}=\infty$。

（2）输入电阻 $r_{id}=\infty$。

（3）输出电阻 $r_{od}=0$。

（4）频带宽度 $BW=\infty$。

2. 集成运算放大器的输入形式

（1）反相放大器。输入信号 u_I 从运算放大器的反相输入端加入，电路如图 9.4 所示。

$$反相放大器输出电压\ u_O=-\frac{R_f}{R_1}u_I。\tag{9.16}$$

（2）同相放大器　输入信号 u_I 从运算放大器的同相输入端加入，电路如图 9.5 所示。

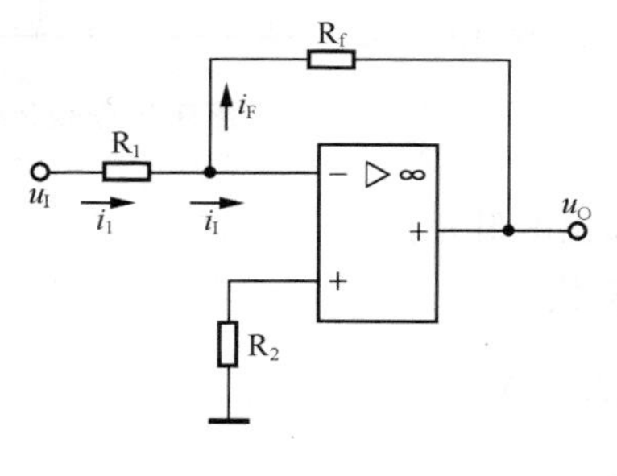

图 9.4　反相放大器

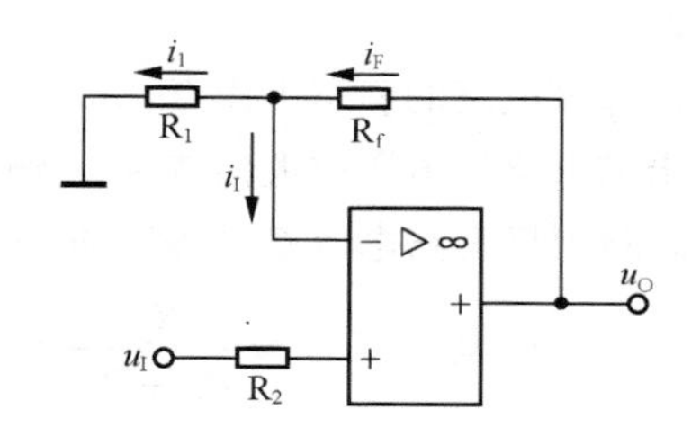

图 9.5　同相放大器

$$同相放大器输出电压为\ u_O=\left(1+\frac{R_f}{R_1}\right)u_I\tag{9.17}$$

三、放大电路中的负反馈

在放大电路中，把输出信号馈送到输入回路的过程称为反馈。

1. 反馈放大器的组成

反馈放大器主要由基本放大电路和反馈电路两部分组成。

2. 类型

负反馈放大电路主要有 4 种类型，即电压并联、电压串联、电流并联和电流串联负反馈放大电路。

3. 负反馈对放大器性能的影响

负反馈可稳定放大倍数、展宽通频带、减小非线性失真、增大或减小输入和输出电阻。

典题解析

【例题 1】 分析图 9.6 所示各放大电路存在的问题。

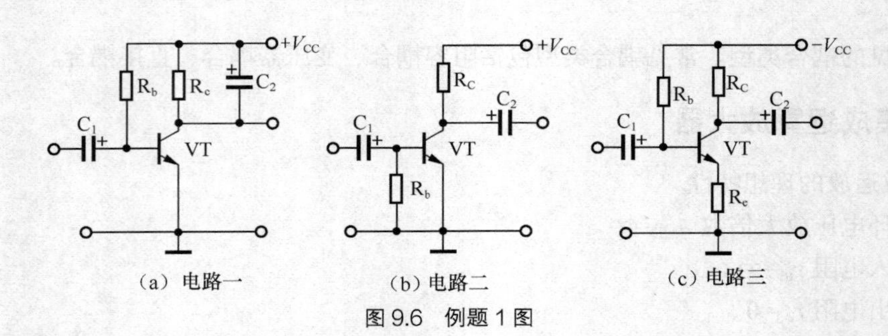

（a）电路一　（b）电路二　（c）电路三

图 9.6　例题 1 图

解：放大电路要能正常工作，一是直流通路要正常，二是交流通路要正常。

图（a）R_C 两端的输出信号被 C_2 交流短路，无放大电压输出。

图（b）发射结无正偏压，三极管处于截止状态。

图（c）电源极性接反，三极管无法正常工作。

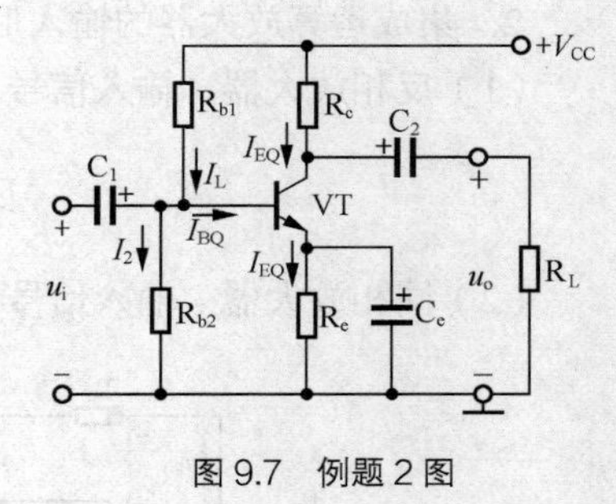

图 9.7　例题 2 图

【例题 2】图 9.7 所示电路的参数为：电源工作电压 V_{CC}=12V，

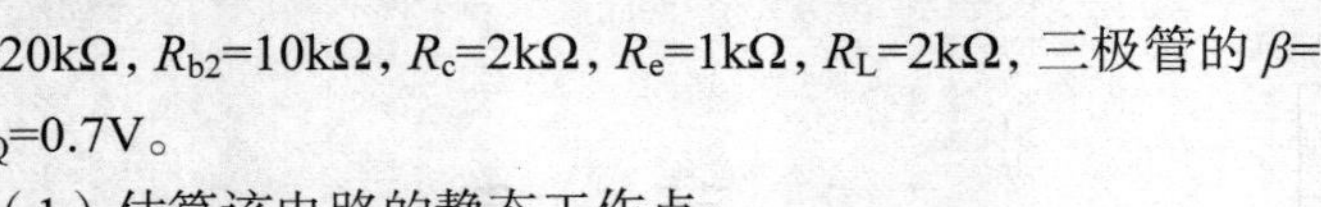

R_{b1}=20kΩ，R_{b2}=10kΩ，R_c=2kΩ，R_e=1kΩ，R_L=2kΩ，三极管的 β=50，U_{BEQ}=0.7V。

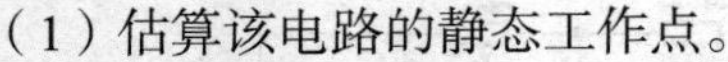

（1）估算该电路的静态工作点。

（2）求该电路的电压放大倍数 A_U、输入电阻 r_i、输出电阻 r_o。

（3）若将射极旁路电容 C_e 开路，再计算电压放大倍数 A_u。

解：（1）基极电压 $U_{BQ}=\dfrac{R_{b2}}{R_{b1}+R_{b2}}V_{CC}=\dfrac{10}{20+10}\times 12=4\text{ V}$

发射极电流 $I_{EQ}=\dfrac{U_{BQ}-U_{BE}}{R_e}=\dfrac{4-0.7}{1}=3.3\text{mA}$

基极电流 $I_{BQ}=\dfrac{I_{EQ}}{\beta+1}=\dfrac{3.3}{51}\approx 0.65\text{mA}$

（2）放大器负载 $R_L'=\dfrac{R_C\cdot R_L}{R_C+R_L}=\dfrac{2\times 2}{2+2}=1\text{k}\Omega$

三极管输入电阻 $r_{be}\approx 300+(1+\beta)\dfrac{26}{I_E}=300+(1+50)\times\dfrac{26}{3.3}=702\Omega$

电压放大倍数 $A_u=-\dfrac{\beta R_L'}{r_{be}}=-\dfrac{50\times 1}{0.702}\approx -72$

（3）C_e 开路时电压放大倍数 $A_u=-\dfrac{\beta R_L'}{r_{be}+R_e}=-\dfrac{50\times 1}{0.702+1}\approx -29$

【例题 3】图 9.8 所示的是超外差调幅收音机的中频放大电路。

（1）该放大电路采用了何种耦合方式？

（2）V_2、V_3 管分别采用哪种偏置电路？

（3）画出该放大电路的结构框图。

解：（1）该电路利用变压器 T_1、T_2、T_3 具有“隔直流耦合交流”的作用，使各级放大器的工作点相互独立，而交流信号能顺利输送到下一级，所以属于变压器耦合式放大电路。

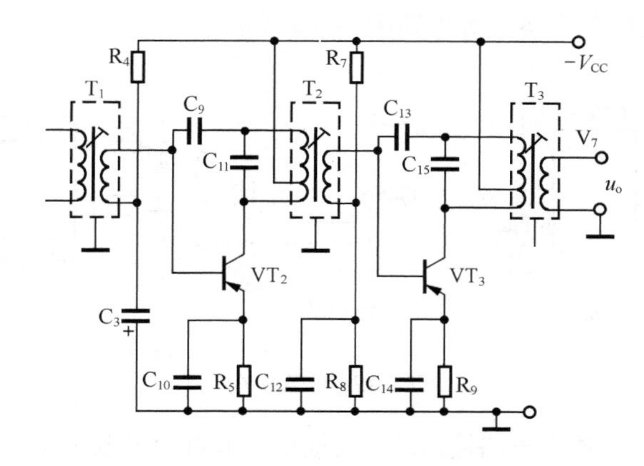

图 9.8　例题 3 图

（2）V_2 管组成的放大电路采用固定偏置，V_3 管组成的放大电路采用分压式偏置。

（3）放大电路的结构框图如图 9.9 所示。

【例题 4】 电路如图 9.10 所示，当 u_I=1V 时，电压表 V 的读数为 11V，试确定 R_1 的值。

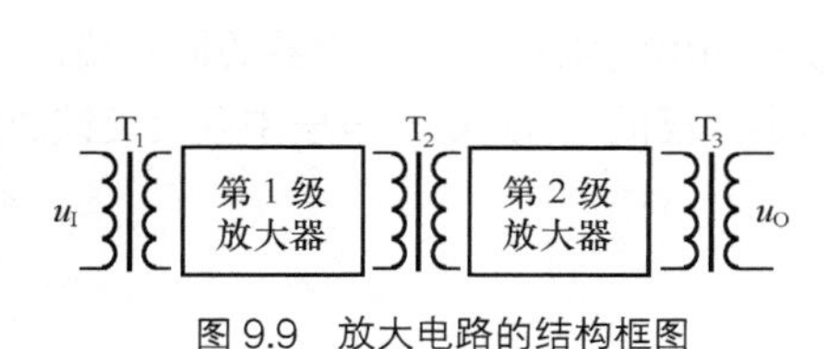

图 9.9　放大电路的结构框图

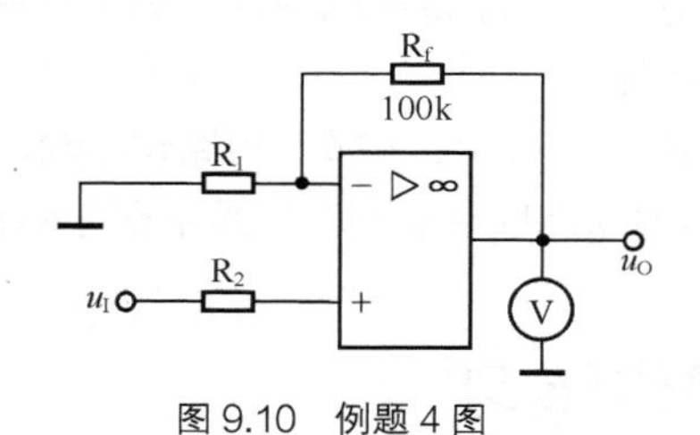

图 9.10　例题 4 图

解：该电路为同相输入运算电路，u_O 与 u_I 的关系式为

$$u_O=\left(1+\frac{R_f}{R_1}\right)u_I$$

根据上式整理得 $R_1=\dfrac{R_f}{\left(\dfrac{u_O}{u_I}-1\right)}=\dfrac{100}{\left(\dfrac{11}{1}-1\right)}=10\,\text{k}\Omega$

【例题 5】 运算放大电路如图 9.11 所示，已知 R_1=R_2=10 kΩ，R_f = R_3=30 kΩ，若输入信号 u_2=0.5V，求出输出电压 u_O 的值。

解：由于集成运放的输入电阻接近无穷大，输入电流近似为零，因此同相输入端的信号 u_I 可以看成是 u_2 经电阻 R_2、R_3 分压获得。

$$u_I=\frac{R_3}{R_2+R_3}u_2=\frac{30}{10+30}u_2=\frac{3}{4}u_2$$

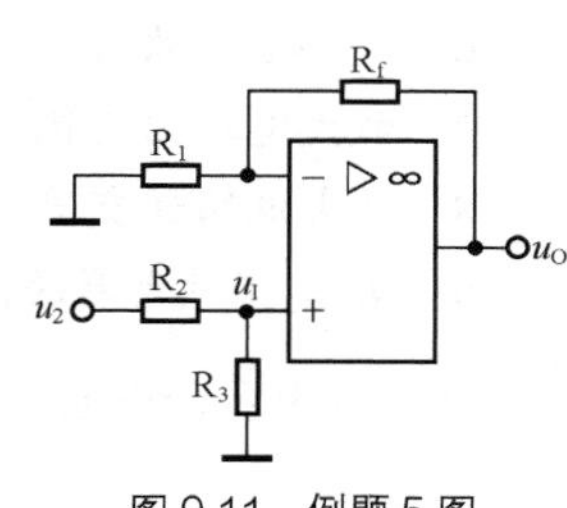

图 9.11　例题 5 图

u_O 与 u_2 的关系式为

$$u_O=\left(1+\frac{R_f}{R_1}\right)u_I=\left(1+\frac{30}{10}\right)\times\frac{3}{4}u_2=3u_2=3\times0.5=1.5\text{V}$$

【例题 6】 判断图 9.12 所示各放大电路中的反馈类型。

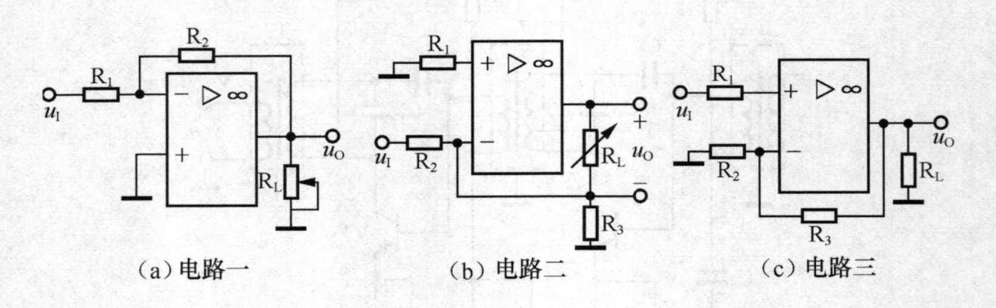

图 9.12 例题 6 图

解：如图（a）所示，在放大电路输出端，反馈信号取自输出电压 u_O；在放大电路输入端，反馈信号与外加输入信号并联后加至放大器件的输入端，属于并联反馈，因此称为电压并联负反馈放大电路。

如图（b）所示，负载电阻 R_L 没有直接接地，R_L 与地之间串接有输出电流的取样电阻 R_3，使反馈信号与输出电流 i_O 成正比，即反馈信号取自放大电路输出端的电流；在放大器的输入端，反馈信号 u_f 与信号源 u_I 串联后加至放大器件的输入端，所以称为串联反馈，因此属于电流串联负反馈放大电路。

如图（c）所示，在放大电路输出端，反馈信号取自输出电压 u_O；在放大器的输入端，反馈信号 u_f 与信号源 u_I 串联后加至放大器件的输入端，所以称为串联反馈，因此属于电压串联负反馈放大电路。

同步练习

9.1 基本放大电路

一、判断题

1. 扩音机是音频放大器的典型应用之一。 （ ）
2. 放大器静态工作点 Q 是指放大电路中三极管的各极电压值和电流值。 （ ）
3. 放大器的动态是指有交流信号输入时，电路中的电压、电流都不变的状态。 （ ）
4. 单级共射放大电路的输出电压 u_o 与输入电压 u_i 相位相反。 （ ）
5. 单级共射放大电路的输出电流 i_o 与输入电流 i_i 的相位相反。 （ ）
6. 共集电极放大电路既能放大电压，也能放大电流。 （ ）
7. 放大电路出现饱和失真时，适当增大偏置电阻 R_b 可消除饱和失真。 （ ）
8. 放大电路的交流信号是用小写字母和大写下标表示，如 i_B、i_C、i_E、u_{BE} 和 u_{CE}。 （ ）
9. A_U 是指放大器的输出电压有效值 U_O 与输入电压有效值 U_i 的比值。 （ ）
10. 放大器输出电阻 r_o 的定义式为 $r_o=\dfrac{I_O}{U_O}$。 （ ）
11. 电容器对直流电相当于开路，因此画直流通路时把电容支路断开。 （ ）
12. 画放大电路的交流通路应将电容器及直流电源简化为一条短路线。 （ ）
13. 估算小功率三极管输入电阻公式为 $r_{be}\approx 300+(1+\beta)\dfrac{I_E}{26}$。 （ ）

14. 多级阻容耦合放大电路中，各级的静态工作点独立，不互相影响。　　（　　）

15. 阻容耦合放大器能放大交流信号和直流信号。　　（　　）

16. 直接耦合放大器能放大直流信号，也能放大交流信号。　　（　　）

二、填空题

1. 放大电路的功能是________________________________。

2. 放大电路的静态工作点设置不当，会引起____________________。

3. 放大器的静态是指____________________的工作状态。

4. 如图 9.13 所示的放大电路，$+V_{CC}$ 是放大电路的直流电源，其功能主要有两方面：（1）______________________；（2）____________________。

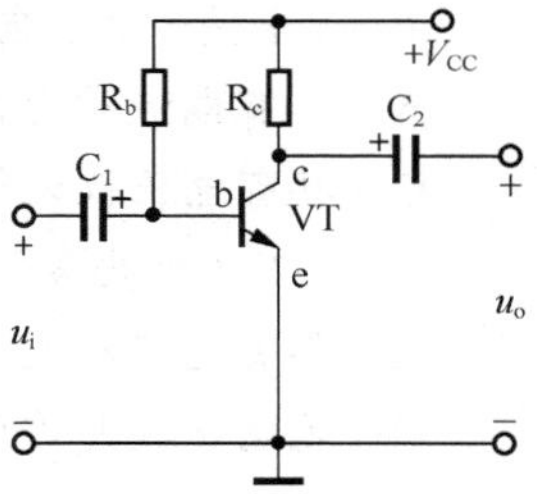

5. 在图 9.3 所示电路中，V_{cc} 起________作用；R_b 称为________电阻，用于调节放大电路的________大小；R_c 称为________电阻，作用是将晶体管集电极电流的变化量转换为________，从而实现电压放大；C_1、C_2 称为________，起__________的作用。

6. 实际应用中，通常是通过调整________电阻，达到调整放大电路静态工作点的目的。

图 9.13　填空题 4

7. 放大器根据三极管引脚的连接方式不同，可分为__________、________和________3 种类型。

8. 放大电路的三极管发射极如果作为输入和输出的公共端，就构成共________放大电路。

9. 若放大器偏置电阻 R_b 取值偏小，基极电流 I_{BQ} 就________，输出电压 u_o 波形的____半周会被削去一部分，称之为________失真。

10. 若放大器偏置电阻 R_b 取值偏大，基极电流 I_{BQ} 就________，输出电压 u_o 波形的____半周会被削去一部分，称之为________失真。

11. 小信号放大器的主要性能指标是__________和放大器的__________和__________。

12. 电压放大倍数用对数形式来表示，称为________，电压增益定义式为__________。

13. 如果希望负载变化对输出电流的影响要小，则要求放大电路的输出电阻应__________些。

14. 估算法常用来估算放大器的__________、________、________和________等。

15. 放大电路级与级之间的连接称为________。

16. 多级交流放大器的常用耦合方式有__________、__________和__________3 种。

三、选择题

1. 三极管电压放大器设置静态工作点的目的是________。

A. 减小静态损耗　　B. 使放大电路能有稳定的放大倍数

C. 提高电路的放大倍数　　D. 使放大电路能不失真地放大信号

2. 在放大电路中，如果三极管的基极与集电极短路，则________。

A. 三极管处于放大状态　　B. 三极管可能因电流过大而损坏

C. 三极管将截止　　D. 三极管维持微弱放大状态

3. 在三极管放大电路中，静态工作电流偏大，容易产生________。

A. 饱和失真　　B. 截止失真

C. 高频失真　　D. 低频失真

4. 为了使三极管能工作于饱和区，偏置设置应为________。

A. 发射结正偏，集电结正偏　　B. 发射结正偏，集电结反偏
C. 发射结正偏，集电结零偏　　D. 发射结反偏，集电结反偏

5. 为了使工作于饱和状态的三极管进入放大状态，可采用的方法是________。
A. 减小 I_B　　B. 增大 I_B
C. 减少 U_{CE}　　D. 增大 I_C

6. 如果三极管的发射结正偏，集电结反偏，当基极电流 I_B 增大时，将使三极管________。
A. 集电极电流 I_C 减小　　B. 集电极电压 U_{CE} 增大
C. 集电极电流 I_C 增大　　D. 发射极电流 I_E 下降

7. 以下关于共发射极放大电路特性的描述，不正确的是________。
A. 具有电流放大作用　　B. 频率特性好
C. 具有电压放大作用　　D. 功率放大倍数较大

8. 以下关于共集电极放大电路特性的描述，不正确的是________。
A. 具有电流放大作用　　B. 输入电阻大
C. 无电压放大作用　　D. 输出电阻大

9. 采用多级放大电路的主要目的是________。
A. 提高信号的工作频率　　B. 提高放大倍数
C. 稳定静态工作点　　D. 减小放大信号的失真

10. 在阻容耦合多级放大电路中，为了提高级间耦合效率，通常采取的措施是________。
A. 提高信号的频率　　B. 降低信号的频率
C. 减小耦合电容的容量　　D. 加大耦合电容的容量

11. 低频小信号分立元件放大器常采用的耦合方式是________。
A. 阻容耦合　　B. 直接耦合
C. 变压器耦合　　D. 电感耦合

12. 集成电路内部一般采用的耦合方式是________。
A. 阻容耦合　　B. 变压器耦合
C. 直接耦合　　D. 电感耦合

四、计算题

1. 放大电路如图 9.14（a）所示，已知三极管的 β=100，U_{BE}=−0.7V。

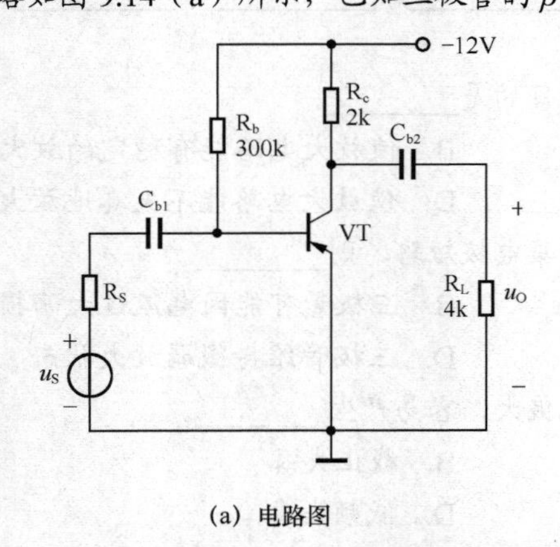

(a) 电路图

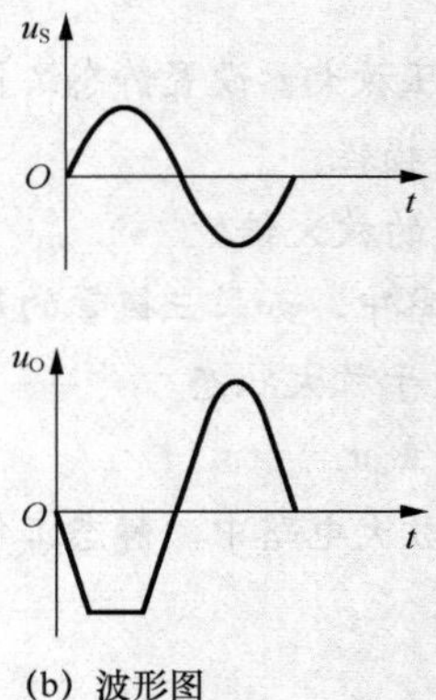

(b) 波形图

图 9.14　计算题 1 图

（1）画出直流通路。

（2）估算该电路的静态工作点。

（3）画出交流通路。

（4）求该电路的电压增益 A_u，输入电阻 r_i；输出电阻 r_o。

（5）若要将 I_{CQ} 调到 5.6mA，问 R_b 应取多大的阻值？

（6）输入正弦波信号，若输出电压出现如图 9.14（b）所示的失真现象，问属于什么失真？为消除此失真，应调整电路中的哪个元件？如何调整？

2. 图 9.15 所示电路的参数为：电源工作电压 V_{CC}=12V，R_{b1}=20kΩ，R_{b2}=10kΩ，R_c=2kΩ，R_e=1kΩ，三极管的 β=50，U_{BEQ}=0.7V。

（1）估算该电路的静态工作点。

（2）求该电路的电压放大倍数 A_U、输入电阻 r_i、输出电阻 r_o。

（3）若接上 R_L=2kΩ 的负载电阻，再计算电压放大倍数 A_U。

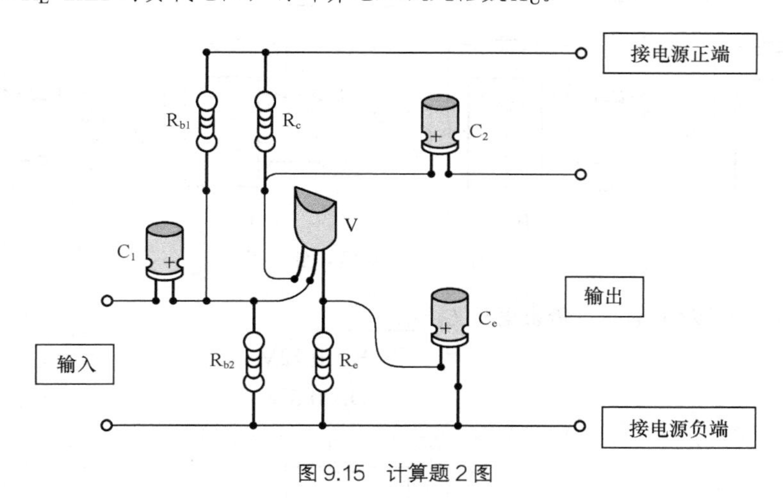

图 9.15　计算题 2 图

9.2　集成运算放大器

一、判断题

1. 集成运算放大器是一种放大倍数非常高的交流放大器件　（　　）
2. 集成运放符号上用“∞”表示开环增益极高。　（　　）
3. 理想集成运放开环电压放大倍数为无穷大。　（　　）
4. 集成运算放大器 CF741 中的 C 表示符合国家标准，F 表示为线性放大器。　（　　）
5. 理想集成运放中的“虚地”表示两输入端对地短路。　（　　）

二、填空题

1. 集成运放的内部主要由________、________、________和________等部分电路所组成。
2. 集成运放有两个输入端，标“+”的为________输入端，标“−”的为________输入端。
3. 一个理想集成运放具备条件：（1）________，（2）________，（3）________，（4）________。
4. 理想集成运放的同相输入端电位等于____________，输入电流等于________。
5. 集成运放按输入信号的接入方式不同可分为____________和________。
6. 集成运放构成的放大电路若出现“自激”现象，解决的方法是__________、__________

和______________。

三、选择题

1. 集成运放有________。

A. 一个输入端、一个输出端　　B. 一个输入端、二个输出端

C. 二个输入端、一个输出端　　D. 二个输入端、二个输出端

2. 关于理想集成运放特性的错误叙述是________。

A. 输入电阻为零，输出电阻无穷大　　B. 共模抑制比趋于无穷大

C. 开环放大倍数无穷大　　D. 频带宽度从零到无穷大

3. 对于理想集成运放可以认为________。

A. 输入电流非常大　　B. 输入电流为零

C. 输出电流为零　　D. 输出电压无穷大

4. 图 9.16 中正确的同相输入比例运算电路是________。

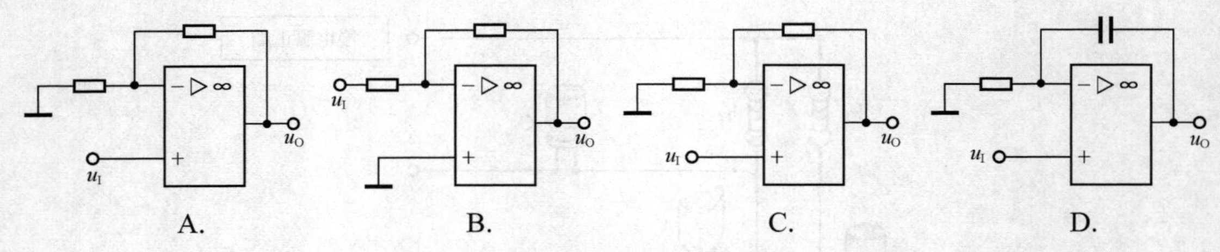

图 9.16　选择题 4 图

5. 如图 9.17 所示放大电路，输出电压 U_O=________。

A. 0.5V　　B. 0.12V

C. –0.5V　　D. 0.6 V

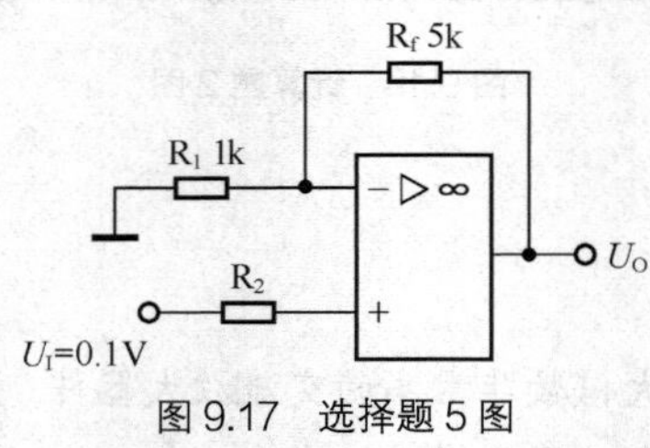

图 9.17　选择题 5 图

四、计算题

1. 电路如图 9.18 所示，已知 R_f=100 kΩ，如果测得输入电压 u_I 为 0.1V，输出电压 u_O 为–5 V，试确定 R_1、R_2 的阻值。

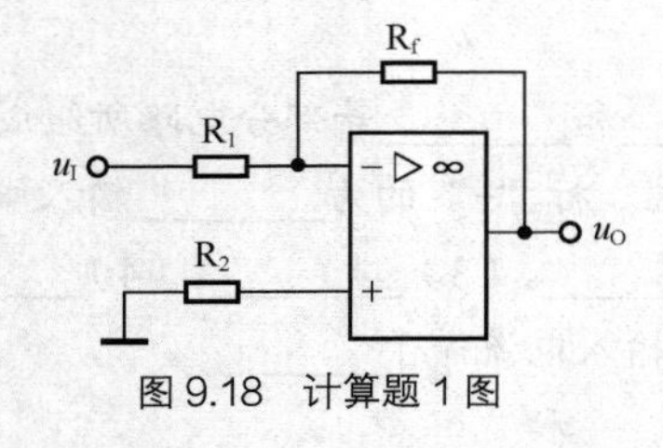

图 9.18　计算题 1 图

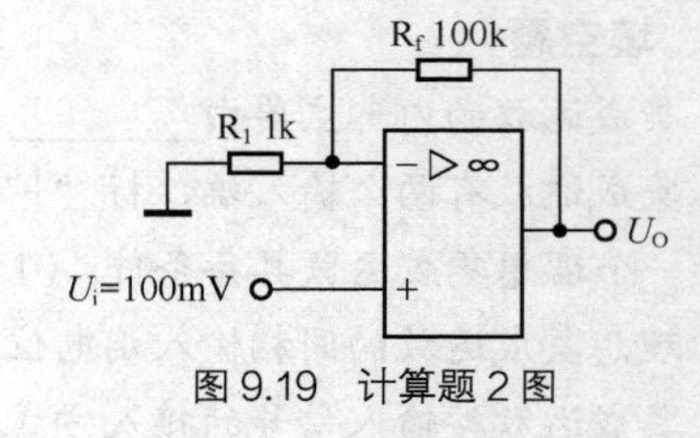

图 9.19　计算题 2 图

2. 求如图 9.19 所示电路的输出电压 U_o。

3. 电路如图 9.20 所示，设 R_1 =10 kΩ，R_f=100 kΩ，求：

（1）A_{uf};

（2）如果 u_I = −1 V，则输出电压 u_O 为多大？

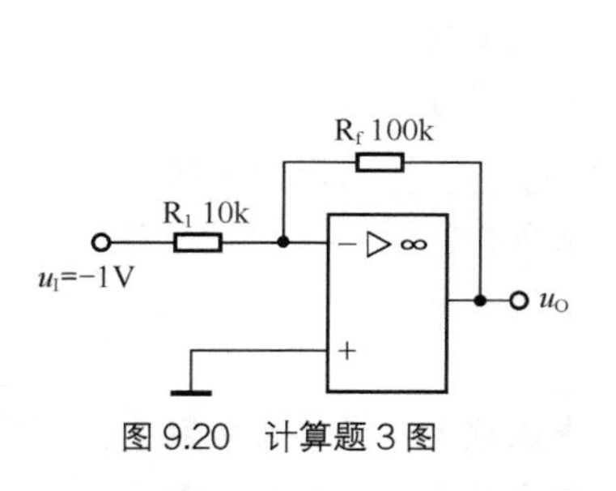

图 9.20　计算题 3 图

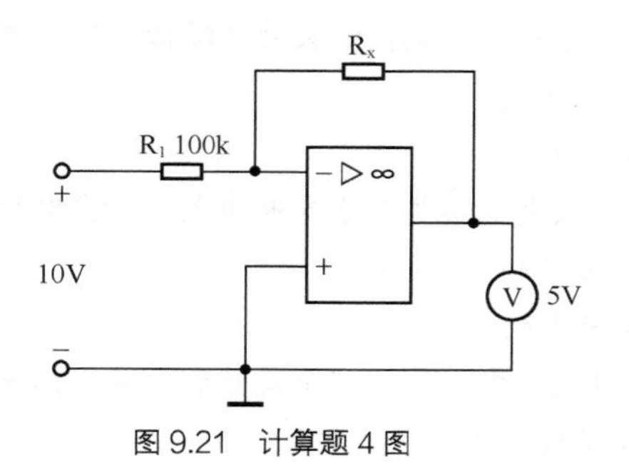

图 9.21　计算题 4 图

4. 如图 9.21 所示电路是应用集成运放测量电阻的电路。输出端接有 5 V 满量程的电压表。若此时输出端的电压表指在满刻度上，问被测电阻 R_x 的阻值是多少？

9.3　放大电路中的负反馈

一、判断题

1. 放大器通常采用负反馈来改善放大器的性能。　　（　　）
2. 在放大电路中，引入交流负反馈能提高电路静态工作点的稳定性。　　（　　）
3. 负反馈会削弱放大器的净输入信号。　　（　　）
4. 反相输入运算放大器属于电压并联负反馈放大器。　　（　　）
5. 要想降低放大电路的输入和输出电阻，电路应引入电流串联负反馈。　　（　　）
6. 放大电路中的直流负反馈能稳定电路的静态工作点。　　（　　）
7. 电流并联负反馈使放大器的输入电阻和输出电阻都增大。　　（　　）
8. 放大电路中接入了负反馈，则其放大倍数 A_u 为负值。　　（　　）

二、填空题

1. 反馈是指将放大电路的________的一部分或全部返回到________，并与________叠加的过程。

2. 放大电路支路跨接在放大器的________端和________端之间。

3. 使净输入信号减小的反馈称为________，使净输入信号增加的反馈称为________。

4. 通常用____________来判正负别反馈。

5. 放大电路引入直流负反馈，可以稳定________；引入交流负反馈，可以稳定放大器的________。

6. 为了提高放大电路输入电阻，应引入____________；为了在负载变化时能稳定输出电流可引入____________，为了在负载变化时能稳定输出电压，应引入____________。

7. 负反馈对放大电路有下列几方面的影响：使放大倍数________，放大倍数的稳定性________，输出波形的非线性失真________，通频带宽度________。

三、选择题

1. 放大器的反馈是指________。

A. 将外加信号送回到输入端　　B. 将放大信号送到输出端

C. 将输出信号送回到输入端　　D. 将输入信号送到输出端

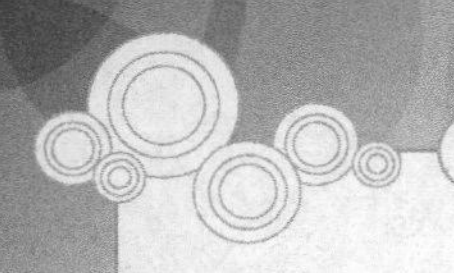

2. 放大电路加入负反馈，对放大电路的影响是________。

A. 放大倍数提高　　B. 放大倍数减少，而放大倍数更加稳定了

C. 放大倍数的稳定性减低　　D. 放大倍数增大，同时放大倍数更加稳定了

3. 要使输出电流既稳定又具有较低的输入电阻，放大器应引入________负反馈。

A. 电压并联　　B. 电流串联

C. 电压串联　　D. 电流并联

4. 一个放大电路要求输入电阻大、输出电阻小，应选________负反馈电路。

A. 电压串联　　B. 电压并联

C. 电流串联　　D. 电流并联

5. 在放大器中加入交流负反馈的主要目的是________。

A. 提高放大器的放大倍数　　B. 降低放大器的放大倍数

C. 稳定放大器的放大倍数　　D. 提高放大器的输出功率

四、分析题

指出图 9.22 所示电路中的反馈元件，并判断反馈的类型和极性。

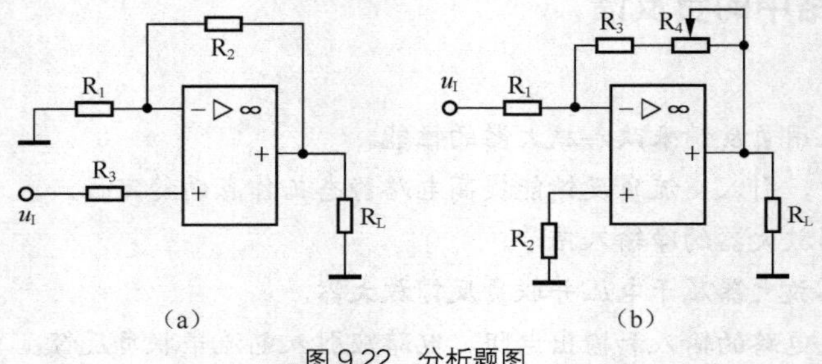

图 9.22　分析题图

五、计算题

某放大器输入信号 U_i=50mV 时，输出电压 u_O=3V；加入电压串联负反馈后，保持输入信号 u_I 大小不变，测得输出电压 u_O=1V。求放大器的开环电压放大倍数 A_u、闭环电压放大倍数 A_{uf}、反馈系数 F。

技能拓展

1. 选用 PNP 的三极管 9012，按图 9.23 所示电路在面包板上完成电路的接线。

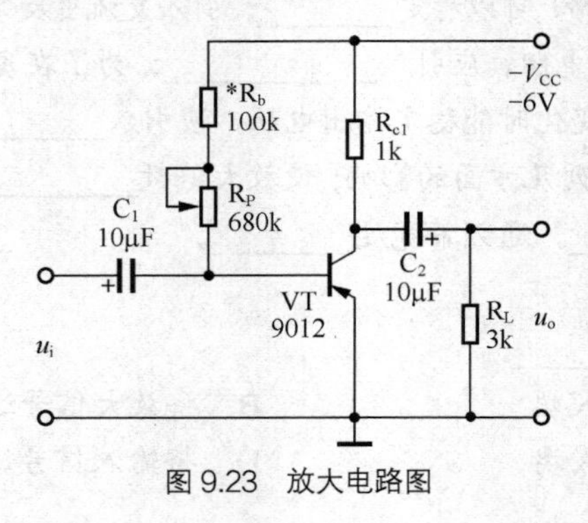

图 9.23　放大电路图

（1）使用万用表，将放大器的集电极电流调整为 1.5mA，测量上偏置电阻（R_P+R_b）的阻值。

（2）使用万用表，将放大器的集电极压调整为 3V，测量上偏置电阻的阻值。

（3）输入 u_i=30mV，f=1kHz 的正弦波信号，调整可变电阻 R_P，使 u_o 达到最大不失真输出，测量上偏置电阻的阻值。

2. 取出半导体收音机或电话机的电路板，认识电路板上的静态工作点稳定放大电路，并根据实物描绘出电路图、元件代号和型号。

3. 选用三极管 9013 及阻容元件，在面包板上安装分压偏置放大电路，接上+12V 工作电源，输入 u_i=50mV，f=3kHz 的正弦波信号，调整偏置电阻，使 u_o 达到最大不失真输出，测量偏置电阻的阻值。

4. 在电工电子实验台上，用集成运放 OP07 搭接电压放大倍数为 10 倍（$u_o=10u_i$）的同相放大器。

（1）通过互联网或集成电路手册查阅集成运放 OP07 的使用资料，画出引脚功能图。

（2）设计同相放大电路图，计算并标出电路中电阻的参数。

（3）按设计的电路图在实验台上接线，检查电路无误，接通电源。

（4）放大器输入端由信号发生器接入正弦信号，其峰—峰值为 30mV，频率为 1kHz，负载为 1kΩ 的电阻。用示波器观察输入和输出的电压波形，估算出电压放大倍数，并记录于表 9.2 中。

表 9.2　　输入和输出波形的测量

示波器测得输入波形	示波器测得输出波形
输入交流电压峰峰值：______ V	输出交流电压峰峰值：______ V
电压放大倍数：__________倍	

5. 对图 9.24 所示的集成运放多级负反馈放大器的性能进行测试。

（1）按图 9.24 连接电路，经检查无误后，接通正、负电源。

（2）无负反馈状态的测试。

① 将开关 S 接 L 点，电路处于开环状态，将负载 R_L 开路。

② 将信号发生器输出信号频率调为 1kHz，幅度调至最小，然后接入放大器的输入端。放大器输出端接示波器，逐步增大输入信号 u_i，直至输出电压 u_o 为最大不失真为止。

③ 用电子毫伏表（或示波器）分别测出此时的 u_i、u_{i1}、u_o、u_f，计算放大倍数 A_{uo} 并记于

表 9.3 中。

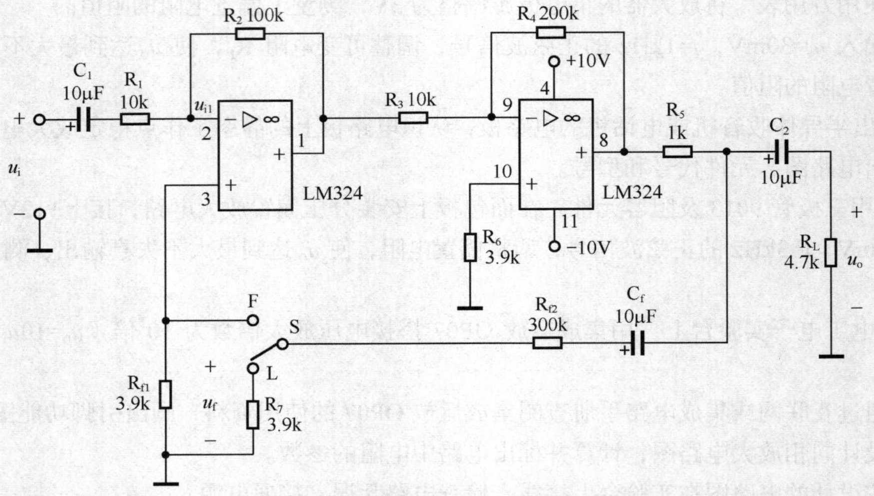

图 9.24 集成运放多级负反馈放大器

表 9.3 负反馈放大电路测试

测试条件	u_i	u_{i1}	u_o	u_{oL}	u_f	A_u（不接 R_L）	A_u（接 R_L）
无负反馈						A_{uo}=	A'_{uo} =
有负反馈						A_{uf}=	A'_{uf} =

④ 放大器输出端接入负载 R_L，保持输入电压 u_i 的大小不变，测出此时的输出电压 u_{oL}，算出无反馈时的电压放大倍数 A'_{uo}，并记于表 9.3 中。

（3）负反馈状态的测试。

① 负载 R_L 处于开路状态，开关 S 接 F 点，使放大电路处于闭环状态。

② 逐步增大输入信号 u_i，使输出电压 u_o 达到无反馈时的值，然后分别测出此时的 u_i、u_{i1}、u_o 和 u，计算放大倍数 A_{uf}，并记于表 9.3 中。

③ 放大器输出端接入负载 R_L，保持输入电压 u_i 的大小不变，测出此时的输出电压 u_{oL}，算出加负反馈时的电压放大倍数 A'_{uf}，并记于表 9.3 中。

第 10 章

数字电路基础知识

本章属于数字电子技术方面的内容。数字电路工作在开关状态，处理的电信号在时间上和数量上都是不连续变化的，在学习数字电路时要注意这种电路的特点。

本章的内容是学习数字电子技术的知识基础，学习时应重点掌握脉冲信号与数字信号的定义、数制和码制以及逻辑门电路的基本功能。本章的应用要点是逻辑门电路的型号与功能、引脚识读和电路的搭接使用。

要点归纳

一、脉冲与数字信号

1. 脉冲的基本概念

（1）定义。脉冲是指持续时间短暂的电信号。

（2）常见的种类。常见种类有矩形波、锯齿波、尖脉冲和阶梯波。

（3）主要参数。脉冲的主要参数包括脉冲幅度 V_m、脉冲上升时间 t_r、脉冲下降时间 t_f、脉冲宽度 t_w 和脉冲周期 T。

2. 数字信号

（1）定义。数字信号是在时间和数值变化上都离散的信号。

（2）特点。数字信号属于二值信号，用高电平和低电平来表示。

二、数制与码制

1. 数制

选取一定的进位规则，用多位数码来表示某个数的值，这就是所谓的数制。

（1）十进制。以 10 为基数的计数体制，“逢十进一”。

（2）二进制。以 2 为基数的计数体制，“逢二进一”。

（3）十六进制。以 16 为基数的计数体制，“逢十六进一”。

2. 不同数制的转换

（1）二进制转换十进制。把二进制数按权展开，再把每一位的位值相加，即可得到相应的十进制数。

（2）十进制转换二进制。采用的方法为“除二取余倒记法”，即将十进制数逐次地用2除得余数，一直除到商数为零，最先得到的余数为二进制数最低位数码。

（3）二进制转换十六进制。采用的方法为“四位并一位”，即以小数点为基准，整数部分从右到左，每四位一组，最高位不足四位时，添0补足四位。小数部分从左到右，每四位一组，最低有效位不足四位时，添0补足四位。最后将各组的四位二进制数对应的十六进制写出即可。

3. 码制

用于表示十进制数的二进制代码称为BCD码。最常见的是8421BCD码，它是用四位二进制数码表示十进制数，位数由高至低依次代表8、4、2、1。

三、逻辑门电路

逻辑门电路是指能实现一定逻辑功能的电路。在数字电路中，逻辑门电路起着控制信号的作用，它根据一定的条件（如与、或条件）决定信号是否可以通过。真值表是描述逻辑函数的一种表，表中列出输入值的全部可能组合，并列出与每种输入组合相对应的实际输出值。

1. 基本逻辑门电路

基本逻辑门电路的归纳对比如表10.1所示。

表10.1 基本逻辑门电路的归纳对比

逻辑电路	逻辑符号	真值表	逻辑表达式	逻辑功能
与门	A、B —[&]— Y	A B Y 0 0 0 0 1 0 1 0 0 1 1 1	$Y=A\cdot B$	有0出0，全1出1
或门	A、B —[≥1]— Y	A B Y 0 0 0 0 1 1 1 0 1 1 1 1	$Y=A+B$	有1出1，全0出0
非门	A —[1]o— Y	A Y 1 0 0 1	$Y=\overline{A}$	入1出0，入0出1

2. 复合逻辑门

复合逻辑门电路的归纳对比如表10.2所示。

表 10.2　　　　复合逻辑门电路的归纳对比

逻辑电路	逻辑符号	真值表	逻辑表达式	逻辑功能
与非门	A, B, &, Y	A B Y 0 0 1 0 1 1 1 0 1 1 1 0	$Y=\overline{A\cdot B}$	有 0 出 1，全 1 出 0
或非门	A, B, ≥1, Y	A B Y 0 0 1 0 1 0 1 0 0 1 1 0	$Y=\overline{A+B}$	有 1 出 0，全 0 出 1
与或非门	A, B, C, D, &, &, ≥1, Y	A B C D Y 0 0 0 0 1 0 0 0 1 1 0 0 1 0 1 0 0 1 1 0 0 1 0 0 1 0 1 0 1 1 0 1 1 0 1 0 1 1 1 0 1 0 0 0 1 1 0 0 1 1 1 0 1 0 1 1 0 1 1 0 1 1 0 0 0 1 1 0 1 0 1 1 1 0 0 1 1 1 1 0	$Y=\overline{AB+CD}$	输入端的任何一组全 1 时，输出为 0；任何一组输入都至少有一个为 0 时，输出端才能为 1

3．集成逻辑门

（1）TTL 集成门电路。TTL 是晶体管—晶体管逻辑门电路（Transistor-Transistor Logic）的英文缩写，它具有工作速度快、带负载能力强，工作稳定等优点。常用的 TTL 门电路有反相器、与非门、或非门等。

（2）CMOS 集成门电路。CMOS 是互补金属氧化物半导体（Complementary Metal-Oxide-Semiconductor）的英文缩写，是由 PMOS 管与 NMOS 管组成的互补型集成门电路。它具有功耗低、抗干扰性强、工作速度快、制造工艺简单，易于大规模集成等优点。常用的 CMOS 门电路有反相器、与非门、或非门等。

典题解析

【例题 1】 将十进制数（385）$_{10}$转换为二进制数。

解：采用的转换方法是“除 2 取余倒记法”，要注意余数的先后顺序，先得到的余数是二进数的低位，后得到的余数是二进制数的高位。

除数	被除数		余数
2	385	…………	1
2	192	…………	0
2	96	…………	0
2	48	…………	0
2	24	…………	0
2	12	…………	0
2	6	…………	0
2	3	…………	1
	1	…………	1

读数方向（由下向上）

所以，$(385)_{10}=(110000001)_2$。

【例题 2】 将二进制数 $(11011)_2$ 转换 8421BCD 码。

解：先将二进制数码转换为十进数码，然后再转换为 8421BCD 码。

$(11011)_2=(27)_{10}=(0010\ 0111)_{8421}$

【例题 3】 图 10.1 所示各电路中，能实现 Y=1 的电路是哪一个?

解：解题时要根据各类门电路的逻辑功能来分析输入、输出之间的逻辑关系。输入端接地，表示该输入端输入为 0；输入端接电源正极，表示该输入端为 1。

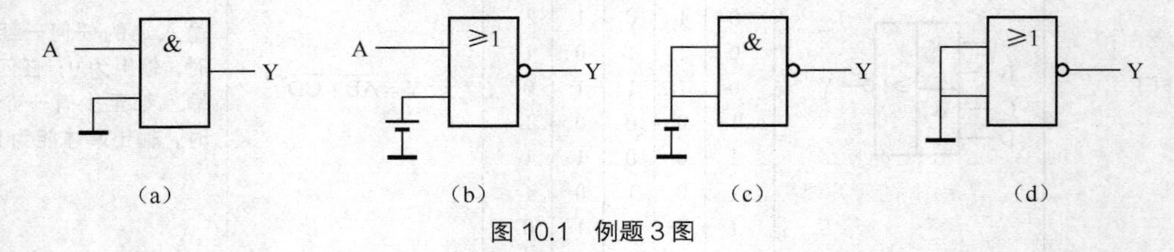

图 10.1 例题 3 图

图（a）所示为与逻辑门电路，有一个输入端接地，表示该端输入为 0。因此 $Y=A\cdot 0=0$。

图（b）所示为或非逻辑门电路，一个输入端接电源正极，表示该输入端输入为 1，因此 $Y=\overline{A+1}=0$。

图（c）所示为与非逻辑门电路，输入端均接电源正极，表示输入端均输入 1，因此 $Y=\overline{1\cdot 1}=0$。

图（d）所示为或非逻辑门电路，输入端均接地，表示输入端均输入 0。因此 $Y=\overline{0+0}=1$。

所以，能实现 Y=1 逻辑功能的是图（d）所示电路。

【例题 4】 如果与门的两个输入端中，A 为信号输入端，B 为控制端。输入 A 的信号波形及控制端 B 的波形如图 10.2 所示，试画出输出波形。

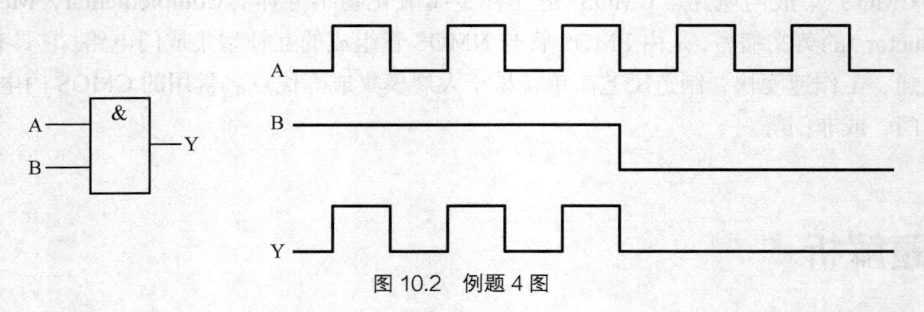

图 10.2 例题 4 图

解：本题的意图是要求根据输入波形画出逻辑门电路的输出波形。首先要明确逻辑门电路的

逻辑功能，然后根据输入波形变化情况，分段画出输出端波形。

当 B=1 时，与门的逻辑关系式为 Y=A·B=A·1=A。可见控制端 B 为高电平时，与门打开，输入信号 A 能顺利通过门电路。

当 B=0 时，与门的逻辑关系式为 Y=A·B=A·0=0。可见控制端 B 为低电平时，与门封锁，输入信号 A 不能通过门电路，Y=0。

根据以上分析，做出的输出端 Y 的波形如图 10.2 所示。

【例题 5】 某逻辑电路的输入、输出波形如图 10.3，试写出它的真值表和逻辑表达式。

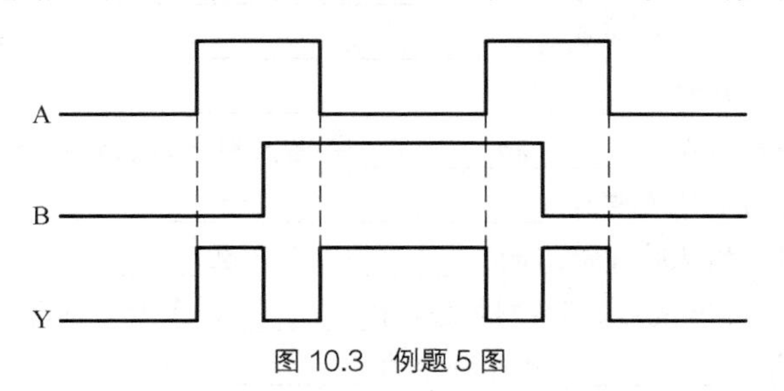

图 10.3　例题 5 图

解：输入信号 A、B 及输出信号 Y 用 1 表示高电平，用 0 表示低电平。根据波形指示的高低电平可写出各种可能的输入情况对应的真值表，然后再由真值表写出函数表达式。

列出输入信号 A、B 分别为 00、01、10、11 的 4 种输入情况，根据波形写出对应的输出信号 Y 值，即可得到以下的真值表。

表 10.3　　例题 5 真值表

A	B	Y
0	0	0
0	1	1
1	0	1
1	1	0

由真值表可知该电路具有“入同出 0；入异出 1”的逻辑功能，即异或逻辑功能。由真值表写逻辑函数式的方法如下。

（1）将函数值 Y 等于 1 的变量组合挑出，变量为 1 的写出原变量，变量为 0 的写出非变量，然后把各组合中各变量相与。

（2）将各与项相加，即可得到相应得逻辑表达式。

根据以上方法写出逻辑函数的表达式为 $Y=\mathrm{A}\overline{\mathrm{B}}+\overline{\mathrm{A}}\mathrm{B}$。

同步练习

10.1　脉冲与数字信号

一、判断题

1. 由脉冲组成的数字信号不易产生失真，且在传送过程中信号不易受干扰。　（　　）
2. 脉冲下降时间 t_f 表示脉冲后沿从 $0.707U_m$ 下降到 $0.1U_m$ 所需的时间。　（　　）

3. 数字信号是用 0 和 1 来表示数量的大小。 ( )

4. 在负逻辑数字电路中，规定高电平为逻辑 1，低电平为逻辑 0。 ( )

5. 脉冲信号的占空比 $D=\dfrac{T}{t_{\mathrm{w}}}$。 ( )

6. 锯齿波可作为电视机、示波器的扫描信号。 ( )

二、填空题

1. 在电子技术中，通常把持续时间极短的________和________称为脉冲信号。

2. 脉冲信号有多种形状，最常见的有________、________、________和________。

3. 描述脉冲的主要参数有________、________、________、________和________。

4. 数字信号是由一系列在________和________变化上都是离散的脉冲信号所组成。

5. 脉冲的宽度使用的单位主要有________、________和________。

6. 脉冲的上升时间是指从脉冲前沿的________V_{m}上升至________V_{m}所需的时间。

7. 如图 10.4 所示的脉冲波形，脉冲幅度等于________，上升时间等于________，下降时间等于________，脉冲宽度等于________，脉冲频率为________。

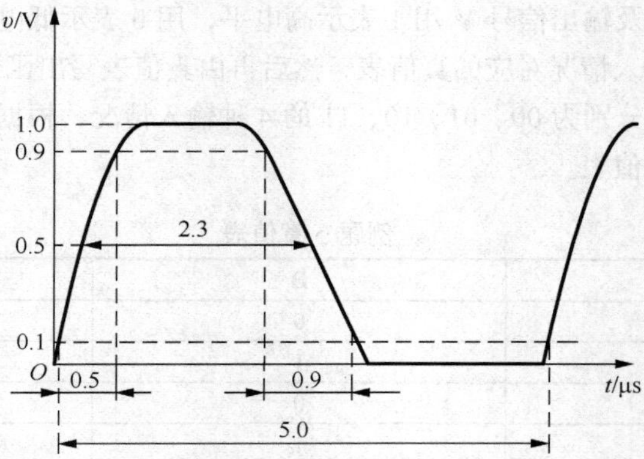

图 10.4 填空题 7 图

三、选择题

1. 脉冲信号是________的信号。

A. 随时间连续变化　　B. 作用时间极短、间断

C. 正弦波　　D. 非正弦波

2. 图 10.5 中的尖脉冲波形是________。

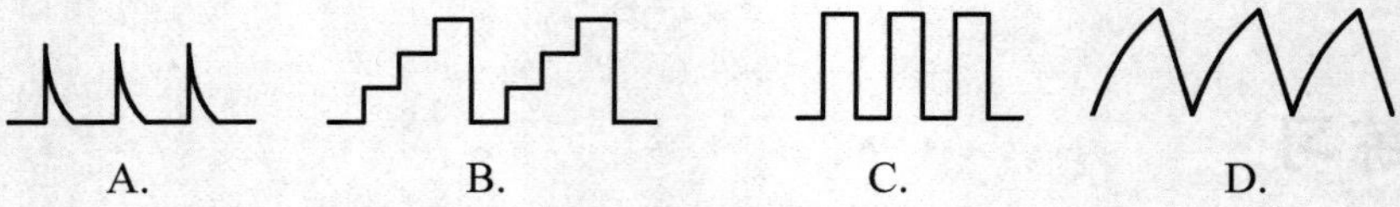

图 10.5 选择题 2 图

3. 脉冲的上升时间越短，表征脉冲的________。

A. 前沿上升得越快　　B. 前沿上升得越慢

C. 周期短　　D. 周期长

4. 脉冲的下降时间越长，表征脉冲的________。

A. 后沿下降得越快　　B. 后沿下降得越慢

C. 周期短　　D. 周期长

5. 在数字信号中，高电平用逻辑 0 表示，低电平用逻辑 1 表示，称为________。

A. 正逻辑　　B. 1 逻辑

C. 负逻辑　　D. 0 逻辑

6. 在数字电路中，高电平的值一般为________。

A. 0～0.4V　　B. 1～2V

C. 2～3V　　D. 3～5V

7. 在数字电路中，低电平的值一般为________。

A. 0V　　B. −3～0V

C. 0～0.4V　　D. 0～2V

10.2　数制与码制

一、判断题

1. 二进制数的进位规则是“逢十进一”。（　　）

2. 二进制数运算公式 1+1=11 是正确的。（　　）

3. 用 4 位二进制数码表示 1 位十进制数码称为 BCD 码。（　　）

4. 8421 码是 BCD 码的一种类型。（　　）

5. 二进制数（10010010）$_2$和 8421BCD 码（10010010）$_{8421}$都表示十进制数 92。（　　）

6. 二进制数（1010）$_2$用十六进制数表示为（A）$_{16}$。（　　）

二、填空题

1. 二进制数只有________和________两种数码，二进制数的进位规则是________，借位规则是__________。

2. 十进数（30）$_{10}$转换为二进制数为________，转换为十六进制数为________。

3. 二进制数（110101）$_2$转换为十进制数为________，它的 8421BCD 编码为________。

4. 8421BCD 编码为（00110100）$_{8421}$的十进制数是________，它转换为二进制数是________。

5. 十六进制数（F6）$_{16}$转换为十进数为________。

三、选择题

1. 选取一定的________，用多位数码来表示某个数的值，这就是所谓的数制。

A. 取舍规则　　B. 运算规则

C. 进位规则　　D. 编码方式

2. 二进制数（11101）$_2$转换为十进制数为________。

A. 29　　B. 57

C. 4　　D. 15

3. 十进制数 366 转换为二进制数为________。

A. 101101111　　B. 10111001

C. 101101110　　D. 111101110

4. 与（6B. 2）$_{16}$相对应的二进制数为________。

A.（1101011.001）$_2$　　B.（01101010.01）$_2$

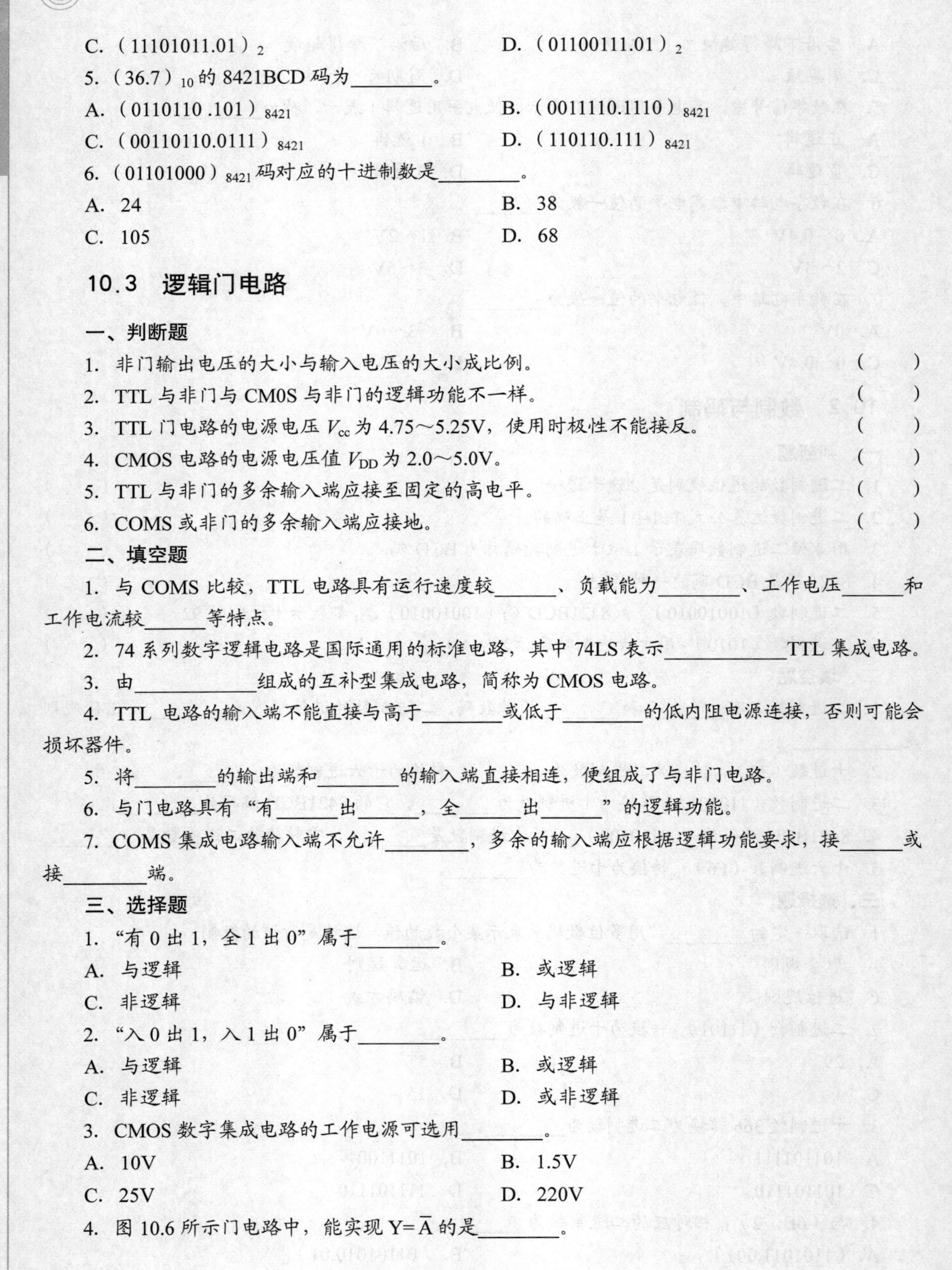

C. $(11101011.01)_2$　　　　D. $(01100111.01)_2$

5. $(36.7)_{10}$的8421BCD码为________。

A. $(0110110.101)_{8421}$　　　　B. $(0011110.1110)_{8421}$

C. $(00110110.0111)_{8421}$　　　　D. $(110110.111)_{8421}$

6. $(01101000)_{8421}$码对应的十进制数是________。

A. 24　　　　B. 38

C. 105　　　　D. 68

10.3 逻辑门电路

一、判断题

1. 非门输出电压的大小与输入电压的大小成比例。 (　　)
2. TTL与非门与CM0S与非门的逻辑功能不一样。 (　　)
3. TTL门电路的电源电压V_{cc}为4.75～5.25V，使用时极性不能接反。 (　　)
4. CMOS电路的电源电压值V_{DD}为2.0～5.0V。 (　　)
5. TTL与非门的多余输入端应接至固定的高电平。 (　　)
6. COMS或非门的多余输入端应接地。 (　　)

二、填空题

1. 与COMS比较，TTL电路具有运行速度较______、负载能力________、工作电压______和工作电流较______等特点。

2. 74系列数字逻辑电路是国际通用的标准电路，其中74LS表示____________TTL集成电路。

3. 由____________组成的互补型集成电路，简称为CMOS电路。

4. TTL电路的输入端不能直接与高于________或低于________的低内阻电源连接，否则可能会损坏器件。

5. 将________的输出端和________的输入端直接相连，便组成了与非门电路。

6. 与门电路具有“有______出______，全______出______”的逻辑功能。

7. COMS集成电路输入端不允许________，多余的输入端应根据逻辑功能要求，接______或接________端。

三、选择题

1. “有0出1，全1出0”属于________。

A. 与逻辑　　　　B. 或逻辑

C. 非逻辑　　　　D. 与非逻辑

2. “入0出1，入1出0”属于________。

A. 与逻辑　　　　B. 或逻辑

C. 非逻辑　　　　D. 或非逻辑

3. CMOS数字集成电路的工作电源可选用________。

A. 10V　　　　B. 1.5V

C. 25V　　　　D. 220V

4. 图10.6所示门电路中，能实现$Y=\overline{A}$的是________。

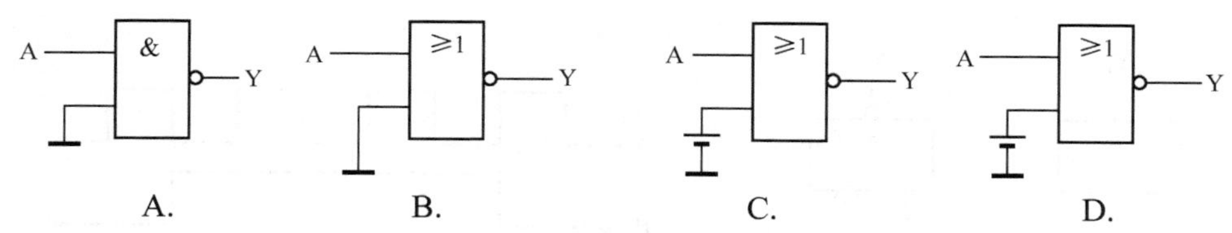

图 10.6　选择题 4 图

5. 或非门的逻辑函数式为________。

A. $Y=\overline{A}+\overline{B}$　　B. $Y=\overline{A+B}$

C. $Y=\overline{AB}$　　D. $Y=\overline{A}\,\overline{B}$

6. 与非门的逻辑函数式为________。

A. $Y=\overline{A}+\overline{B}$　　B. $Y=\overline{A+B}$

C. $Y=\overline{AB}$　　D. $Y=\overline{A}\,\overline{B}$

7. 图 10.7 所示的是________逻辑符号。

A. 非门　　B. 或非门

C. 异或门　　D. 同或门

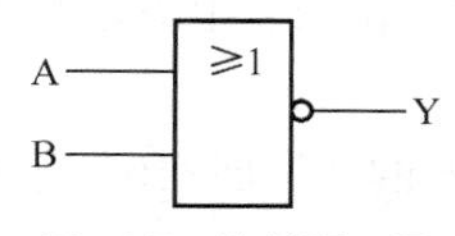

图 10.7　选择题 7 图

8. 表 10.4 所示真值表所对应的逻辑表达式是________。

A. $Y=A\overline{B}+\overline{A}B$　　B. $Y=AB\overline{A}\,\overline{B}$

C. $Y=\overline{A}+\overline{B}$　　D. $Y=\overline{A}\,\overline{B}+AB$

表 10.4　真值表

A	B	Y
0	0	1
0	1	0
1	0	0
1	1	1

四、分析题

1. 图 10.8 所示的电路，若用 1 表示开关闭合，用 0 表示开关断开，灯亮用 1 表示，求灯 F 点亮的逻辑表达式。

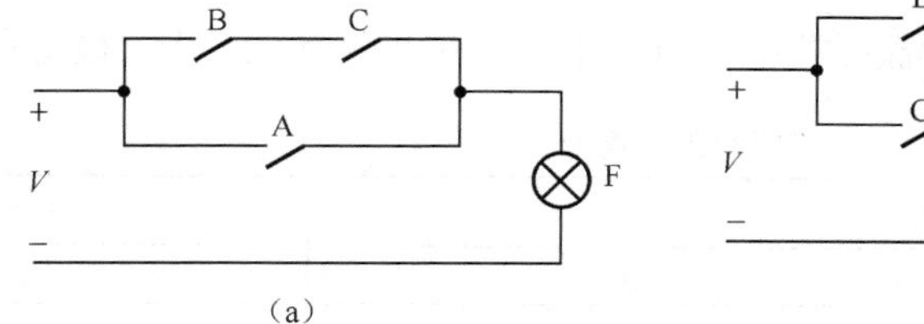

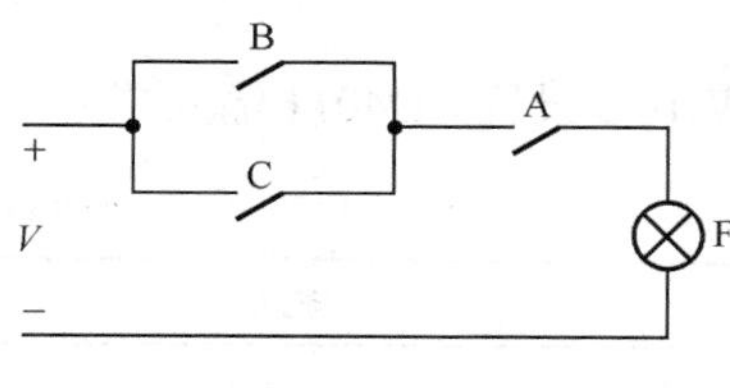

图 10.8　分析题 1 图

2. 常用 TTL 集成电路如图 10.9（a）所示，已知输入 A、B 波形如图 10.9（b）所示，试写出 Y_1、Y_2 的逻辑表达式，并画出输出波形。

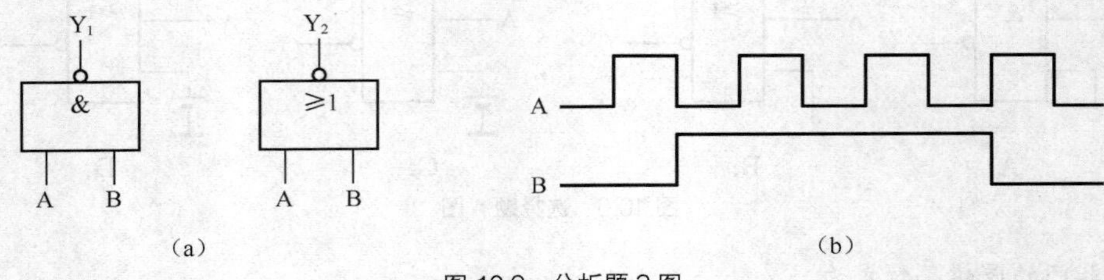

图 10.9 分析题 2 图

3. 写出逻辑函数表达式 $Y=A\overline{B}$ 对应的真值表。

技能拓展

1. 如图 10.10 所示，选择合适的脉冲信号源（示波器上的方波校正信号或信号发生器的脉冲信号），用示波器测出脉冲信号源的主要参数：脉冲幅度 V_m、上升时间 t_r、下降时间 t_f、脉冲宽度 t_w、周期 T，说明以上参数是如何影响脉冲波的特性。

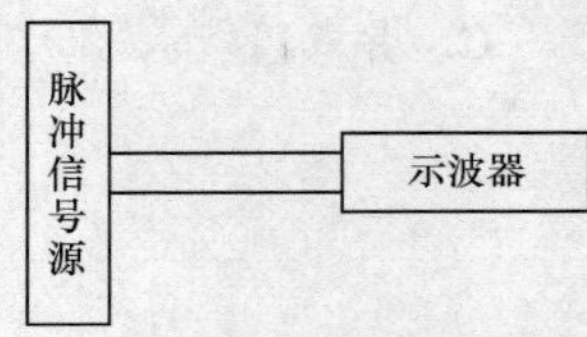

图 10.10 仪器连接图

为了便于观测 t_r 和 t_f，可拉出示波器的“扩展×10”开关，此时观测到比实际增加 10 倍的 t_r 和 t_f。

2. 检测逻辑集成电路 CD4011 的逻辑功能。

（1）通过互联网或集成电路手册查阅逻辑集成电路 CD4011 的使用资料，说明 CD4011 的逻辑功能，并画出引脚功能图。

（2）如图 10.11 所示，在电工电子实验台上搭接好电路。

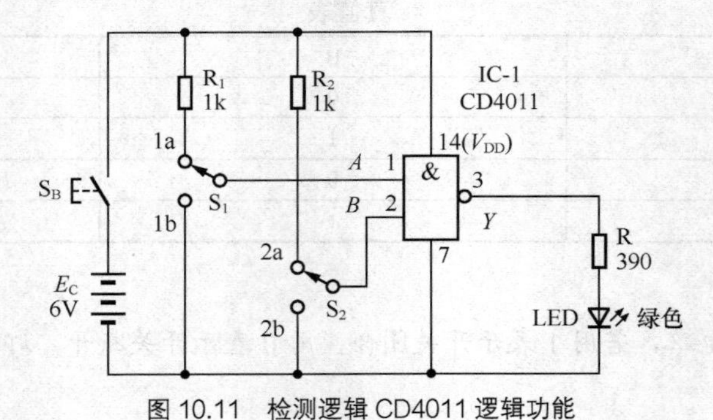

图 10.11 检测逻辑 CD4011 逻辑功能

（3）根据表 10.5 设置 CD4011 输入端 A、B 电位，观测输出端绿色发光二极管亮、暗情况。

表 10.5 CD4011 真值表

输入		输出
A	B	Y
0	0	
0	1	
1	0	
1	1	

（4）填写真值表，验证 CD4011 的逻辑功能。

3. 用与非门 74LS00 来实现对输出信号的控制。

（1）如图 10.12 所示，在电工电子实验台上搭接好电路。

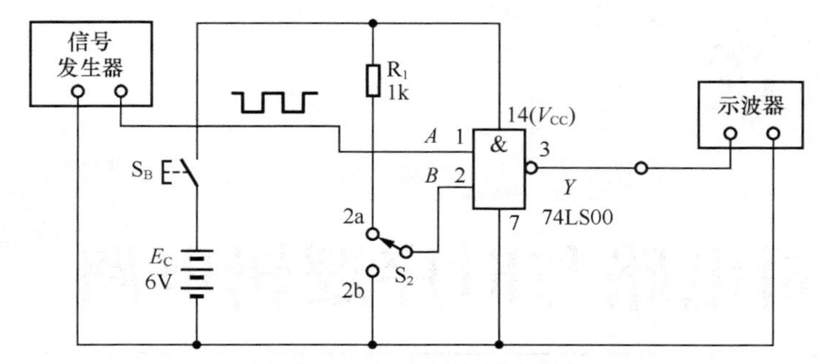

图 10.12 与非门 74LS00 电路

（2）输入端 A 接信号发生器，输入信号为频率 1kHz、幅度 4V 的矩形脉冲信号。

（3）示波器接输出端，分别观察输入端 B 接高电平 1 和低电平 0 的输出波形，并记录于表 10.6 中。

表 10.6 输入状态对与非门输出的影响

输入		输出波形
A	B	Y
周期性矩形脉冲信号	1	
周期性矩形脉冲信号	0	

第11章

组合逻辑电路与时序逻辑电路

组合逻辑电路是由常用的门电路组合而成的，用以实现一定的逻辑功能。在组合逻辑电路中不含可以存储信号的记忆元件。触发器具有记忆和存储功能，是时序逻辑电路的基础，时序电路是由触发器和门电路所构成，寄存器和计数器是它的典型应用。

在组合逻辑电路部分应掌握组合逻辑电路读图方法，为分析组合逻辑电路打下基础。要掌握两种常用组合逻辑电路（编码器、译码器）的逻辑功能、集成器件的使用。对于触发器部分，重点是了解触发器的类型、电路构成和逻辑功能，能按要求组装触发器应用电路。时序电路部分重点掌握寄存器、计数器的电路构成和基本功能，并掌握集成计数器的应用。

要点归纳

一、组合逻辑电路

组合逻辑电路不具有记忆功能，它的输出仅取决于当时的输入状态，而与电路原来的状态无关。最常用的组合逻辑部件有编码器、译码器等。

1. 组合逻辑电路的读图方法

组合逻辑电路的一般分析方法和步骤如下。

（1）由逻辑电路图写出逻辑函数表达式。

（2）化简函数表达式。

（3）列出真值表，根据真值表分析电路的逻辑功能。

2. 编码器

（1）基本概念

① 编码器。将含有特定意义的数字、文字、符号信息，转换成若干位二进制码的功能电路称为编码器。

② 优先编码器。优先编码器设置了优先权级，当同时输入多个输入信号时，只对优先级别高的输入信号编码，优先级别低的信号则不起作用。

③ 类型。编码器的类型主要有二进制编码器和二—十进制编码器。

（2）编码器介绍

常用的两种编码器的功能示意图、编码功能表及典型集成电路如表11.1所示。

表 11.1 编码器的类型、功能比较表

<table>
<tr><th>项目 \ 类型</th><th>二进制编码器</th><th>二—十进制编码器</th></tr>
<tr><td>功能</td><td>用 n 位二进制代码对 2^n 个信号进行编码</td><td>将十进制数的 10 个数字 0～9 编成二进制代码的电路</td></tr>
<tr><td>编码器功能示意图</td><td>输入 I_0 I_1 I_2 I_3 I_4 I_5 I_6 I_7
3 位二进制编码器
输出 Y_0 Y_1 Y_2</td><td>输入 I_0 I_1 I_2 I_3 I_4 I_5 I_6 I_7 I_8 I_9
二—十进制编码器
输出 Y_0 Y_1 Y_2 Y_3</td></tr>
<tr><td>编码功能表</td><td>
<table>
<tr><th rowspan="2">输入</th><th colspan="3">输出</th></tr>
<tr><th>Y_2</th><th>Y_1</th><th>Y_0</th></tr>
<tr><td>I_0</td><td>0</td><td>0</td><td>0</td></tr>
<tr><td>I_1</td><td>0</td><td>0</td><td>1</td></tr>
<tr><td>I_2</td><td>0</td><td>1</td><td>0</td></tr>
<tr><td>I_3</td><td>0</td><td>1</td><td>1</td></tr>
<tr><td>I_4</td><td>1</td><td>0</td><td>0</td></tr>
<tr><td>I_5</td><td>1</td><td>0</td><td>1</td></tr>
<tr><td>I_6</td><td>1</td><td>1</td><td>0</td></tr>
<tr><td>I_7</td><td>1</td><td>1</td><td>1</td></tr>
</table>
</td><td>
<table>
<tr><th rowspan="2">输入</th><th colspan="4">输出</th></tr>
<tr><th>Y_3</th><th>Y_2</th><th>Y_1</th><th>Y_0</th></tr>
<tr><td>I_0</td><td>0</td><td>0</td><td>0</td><td>0</td></tr>
<tr><td>I_1</td><td>0</td><td>0</td><td>0</td><td>1</td></tr>
<tr><td>I_2</td><td>0</td><td>0</td><td>1</td><td>0</td></tr>
<tr><td>I_3</td><td>0</td><td>0</td><td>1</td><td>1</td></tr>
<tr><td>I_4</td><td>0</td><td>1</td><td>0</td><td>0</td></tr>
<tr><td>I_5</td><td>0</td><td>1</td><td>0</td><td>1</td></tr>
<tr><td>I_6</td><td>0</td><td>1</td><td>1</td><td>0</td></tr>
<tr><td>I_7</td><td>0</td><td>1</td><td>1</td><td>1</td></tr>
<tr><td>I_8</td><td>1</td><td>0</td><td>0</td><td>0</td></tr>
<tr><td>I_9</td><td>1</td><td>0</td><td>0</td><td>1</td></tr>
</table>
</td></tr>
</table>

续表

项目＼类型	二进制编码器	二一十进制编码器
优先编码表	见下表（二进制编码器）	见下表（二一十进制编码器）
典型集成器件引脚排列	3位二进制优先编码器74LS148	8421BCD码优先编码器74LS147

优先编码表——二进制编码器

输入							输出		
$\overline{I_1}$	$\overline{I_2}$	$\overline{I_3}$	$\overline{I_4}$	$\overline{I_5}$	$\overline{I_6}$	$\overline{I_7}$	$\overline{Y_2}$	$\overline{Y_1}$	$\overline{Y_0}$
×	×	×	×	×	×	0	0	0	0
×	×	×	×	×	0	1	0	0	1
×	×	×	×	0	1	1	0	1	0
×	×	×	0	1	1	1	0	1	1
×	×	0	1	1	1	1	1	0	0
×	0	1	1	1	1	1	1	0	1
0	1	1	1	1	1	1	1	1	0
1	1	1	1	1	1	1	1	1	1

优先编码表——二一十进制编码器

输入									输出			
$\overline{I_1}$	$\overline{I_2}$	$\overline{I_3}$	$\overline{I_4}$	$\overline{I_5}$	$\overline{I_6}$	$\overline{I_7}$	$\overline{I_8}$	$\overline{I_9}$	$\overline{Y_3}$	$\overline{Y_2}$	$\overline{Y_1}$	$\overline{Y_0}$
×	×	×	×	×	×	×	×	0	0	1	1	0
×	×	×	×	×	×	×	0	1	0	1	1	1
×	×	×	×	×	×	0	1	1	1	0	0	0
×	×	×	×	×	0	1	1	1	1	0	0	1
×	×	×	×	0	1	1	1	1	1	0	1	0
×	×	×	0	1	1	1	1	1	1	0	1	1
×	×	0	1	1	1	1	1	1	1	1	0	0
×	0	1	1	1	1	1	1	1	1	1	0	1
0	1	1	1	1	1	1	1	1	1	1	1	0
1	1	1	1	1	1	1	1	1	1	1	1	1

典型集成器件引脚排列

3位二进制优先编码器74LS148

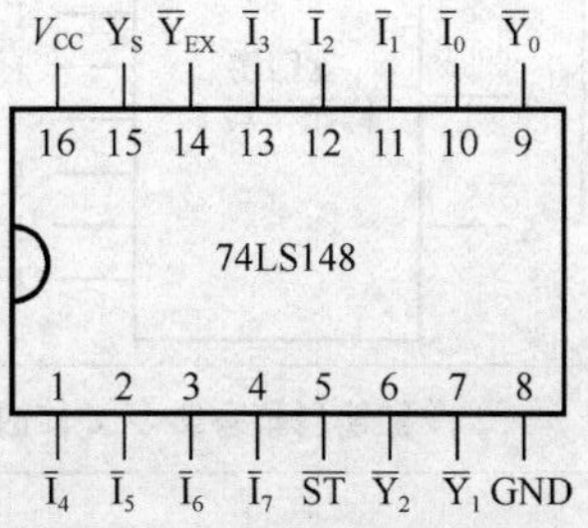

74LS148

引脚	16	15	14	13	12	11	10	9
名称	V_{CC}	Y_S	$\overline{Y_{EX}}$	$\overline{I_3}$	$\overline{I_2}$	$\overline{I_1}$	$\overline{I_0}$	$\overline{Y_0}$

引脚	1	2	3	4	5	6	7	8
名称	$\overline{I_4}$	$\overline{I_5}$	$\overline{I_6}$	$\overline{I_7}$	$\overline{ST}$	$\overline{Y_2}$	$\overline{Y_1}$	GND

8421BCD码优先编码器74LS147

74LS147

引脚	16	15	14	13	12	11	10	9
名称	V_{CC}	NC	$\overline{Y_3}$	$\overline{I_3}$	$\overline{I_2}$	$\overline{I_1}$	$\overline{I_9}$	$\overline{Y_0}$

引脚	1	2	3	4	5	6	7	8
名称	$\overline{I_4}$	$\overline{I_5}$	$\overline{I_6}$	$\overline{I_7}$	$\overline{I_8}$	$\overline{Y_2}$	$\overline{Y_1}$	GND

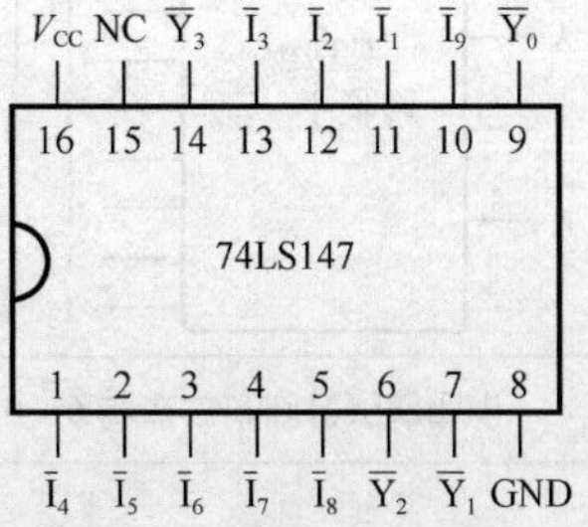

3. 译码器

译码是编码的逆过程，其功能是把某种代码“翻译”成一个相应的输出信号。译码器主要有通用译码器和显示译码器两大类。

（1）通用译码器。主要有二进制译码器和二—十进制译码器两类。

二进制译码器：将二进制码按其原义翻译成相应输出信号的电路。

二—十进制译码器：将 BCD 码翻译成对应的 10 个十进制输出信号的电路。

通用译码器的功能示意图、译码功能表及典型集成电路如表 11.2 所示。

表 11.2　　通用译码器的类型、功能比较简表

<table>
<tr><th>类型
项目</th><th>二进制译码器</th><th>二—十进制译码器</th></tr>
<tr><td>功能</td><td>将二进制码按原义翻译成对应输出信号</td><td>将 BCD 码翻译成对应的 10 个十进制数字输出</td></tr>
<tr><td>译码路功能示意图</td><td>3—8 线译码器
输入：A_0—1，A_1—2，A_2—4
输出：0—$\overline{Y_0}$，1—$\overline{Y_1}$，2—$\overline{Y_2}$，3—$\overline{Y_3}$，4—$\overline{Y_4}$，5—$\overline{Y_5}$，6—$\overline{Y_6}$，7—$\overline{Y_7}$</td><td>二—十进制译码器
输入：A_0—1，A_1—2，A_2—4，A_3—8
输出：0—$\overline{Y_0}$，1—$\overline{Y_1}$，2—$\overline{Y_2}$，3—$\overline{Y_3}$，4—$\overline{Y_4}$，5—$\overline{Y_5}$，6—$\overline{Y_6}$，7—$\overline{Y_7}$，8—$\overline{Y_8}$，9—$\overline{Y_9}$</td></tr>
<tr><td>译码功能表</td><td>
<table>
<tr><th rowspan="2">序号</th><th colspan="3">输入</th><th rowspan="2">输出</th></tr>
<tr><th>A_2</th><th>A_1</th><th>A_0</th></tr>
<tr><td>0</td><td>0</td><td>0</td><td>0</td><td>$\overline{Y_0}$</td></tr>
<tr><td>1</td><td>0</td><td>0</td><td>1</td><td>$\overline{Y_1}$</td></tr>
<tr><td>2</td><td>0</td><td>1</td><td>0</td><td>$\overline{Y_2}$</td></tr>
<tr><td>3</td><td>0</td><td>1</td><td>1</td><td>$\overline{Y_3}$</td></tr>
<tr><td>4</td><td>1</td><td>0</td><td>0</td><td>$\overline{Y_4}$</td></tr>
<tr><td>5</td><td>1</td><td>0</td><td>1</td><td>$\overline{Y_5}$</td></tr>
<tr><td>6</td><td>1</td><td>1</td><td>0</td><td>$\overline{Y_6}$</td></tr>
<tr><td>7</td><td>1</td><td>1</td><td>1</td><td>$\overline{Y_7}$</td></tr>
</table>
</td><td>
<table>
<tr><th rowspan="2">序号</th><th colspan="4">输入</th><th rowspan="2">输出</th></tr>
<tr><th>A_3</th><th>A_2</th><th>A_1</th><th>A_0</th></tr>
<tr><td>0</td><td>0</td><td>0</td><td>0</td><td>0</td><td>$\overline{Y_0}$</td></tr>
<tr><td>1</td><td>0</td><td>0</td><td>0</td><td>1</td><td>$\overline{Y_1}$</td></tr>
<tr><td>2</td><td>0</td><td>0</td><td>1</td><td>0</td><td>$\overline{Y_2}$</td></tr>
<tr><td>3</td><td>0</td><td>0</td><td>1</td><td>1</td><td>$\overline{Y_3}$</td></tr>
<tr><td>4</td><td>0</td><td>1</td><td>0</td><td>0</td><td>$\overline{Y_4}$</td></tr>
<tr><td>5</td><td>0</td><td>1</td><td>0</td><td>1</td><td>$\overline{Y_5}$</td></tr>
<tr><td>6</td><td>0</td><td>1</td><td>1</td><td>0</td><td>$\overline{Y_6}$</td></tr>
<tr><td>7</td><td>0</td><td>1</td><td>1</td><td>1</td><td>$\overline{Y_7}$</td></tr>
<tr><td>8</td><td>1</td><td>0</td><td>0</td><td>0</td><td>$\overline{Y_8}$</td></tr>
<tr><td>9</td><td>1</td><td>0</td><td>0</td><td>1</td><td>$\overline{Y_9}$</td></tr>
</table>
</td></tr>
<tr><td>典型集成器件引脚排列</td><td>3 位二进制译码器 74LS138
74LS138
16 V_{CC}，15 $\overline{Y_0}$，14 $\overline{Y_1}$，13 $\overline{Y_2}$，12 $\overline{Y_3}$，11 $\overline{Y_4}$，10 $\overline{Y_5}$，9 $\overline{Y_6}$
1 A_0，2 A_1，3 A_2，4 $\overline{S_B}$，5 $\overline{S_C}$，6 S_A，7 $\overline{Y_7}$，8 GND</td><td>8421BCD 译码器 74LS42
74LS42
16 V_{CC}，15 A_0，14 A_1，13 A_2，12 A_3，11 $\overline{Y_9}$，10 $\overline{Y_8}$，9 $\overline{Y_7}$
1 $\overline{Y_0}$，2 $\overline{Y_1}$，3 $\overline{Y_2}$，4 $\overline{Y_3}$，5 $\overline{Y_4}$，6 $\overline{Y_5}$，7 $\overline{Y_6}$，8 GND</td></tr>
</table>

（2）显示译码器。其功能是将输入的BCD码译成能用于显示器件的十进制数的信号，并驱动显示器显示数字。

译码显示器主要由译码器、驱动器和显示器3部分组成。

半导体数码管是由7个发光二极管排列成“日”字形状制成的。发光二极管分别用a、b、c、d、e、f、g7个字母表示，一定的发光线段组合就能显示相应的十进制数字。7段发光数码管有两种接法：一种为共阴极，另一种为共阳极。

二、触发器

触发器是具有记忆和存储功能的逻辑部件。

1. 基本RS触发器

（1）电路组成。它由两个与非门或或非门交叉耦合组成，电路图和符号如图11.1所示。S为置1端，R为置0端。

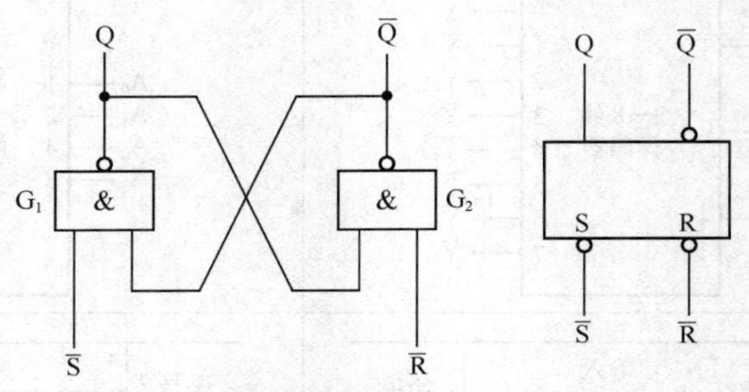

图11.1 基本RS触发器

（2）逻辑功能

表11.3 基本RS触发器真值表

输入信号		输出状态	功能说明
$\overline{S}$	$\overline{R}$	Q	
0	0	不确定	不允许
0	1	1	置1
1	0	0	置0
1	1	Q	保持

2. 同步RS触发器

（1）电路组成。它是在基本RS触发器的基础上增加两个控制门构成的，电路图和符号如图11.2所示。

（2）工作原理。利用CP时钟脉冲对两个控制门的开通与关闭进行控制。

CP=1时，控制门打开接收信号，R、S输入信号起作用。

CP=0时，控制门被封锁，R、S输入信号不起作用。

可见，同步RS触发器状态变化是与时钟脉冲同步的，这是同步RS触发器与基本RS触发器的主要区别。

（3）逻辑功能。同步RS触发器的功能真值表如表11.4所示。

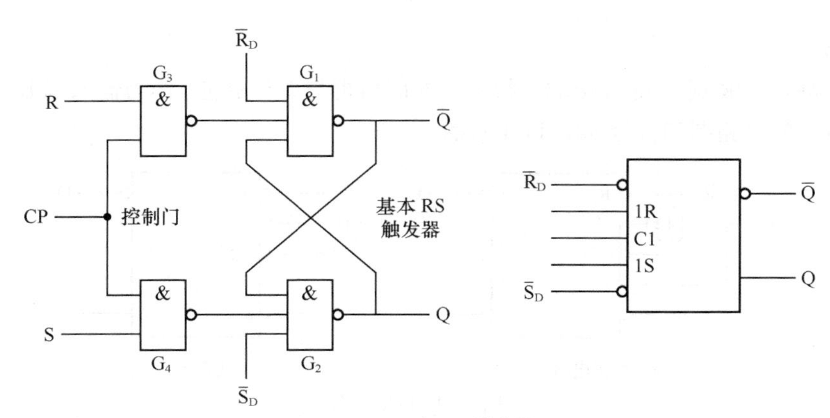

图 11.2　同步 RS 触发器

表 11.4　　同步 RS 触发器真值表

时钟脉冲 CP	输入信号		输出状态 Q^{n+1}	功能说明
	S	R		
0	×	×	Q^n	保持
1	0	0	Q^n	保持
1	0	1	0	复 0
1	1	0	1	置 1
1	1	1	不确定	禁止

3. JK 触发器

（1）电路符号。JK 触发器的电路符号如图 11.3 所示。

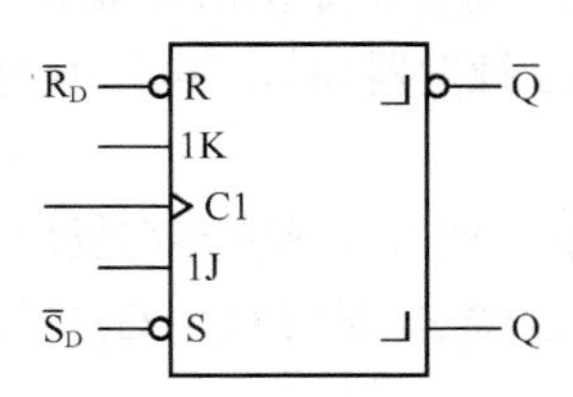

图 11.3　JK 触发器的电路符号

（2）逻辑功能。JK 触发器的逻辑功能如表 11.5 所示。

表 11.5　　JK 触发器的真值表

输入信号		输出状态	功能说明
J	K	Q^{n+1}	
0	0	Q^n	保持
0	1	0	复 0
1	0	1	置 1
1	1	$\overline{Q}^n$	翻转

（3）集成 JK 触发器。常用的器件型号有：74LS76、74LS70、74LS73、74H71、74H72 和 CC4027 等。

4. D触发器

（1）电路符号。JK触发器的K端串接一个非门后再与J端相连，作为输入端D，即构成D触发器。D触发器的电路图和符号如图11.4所示。

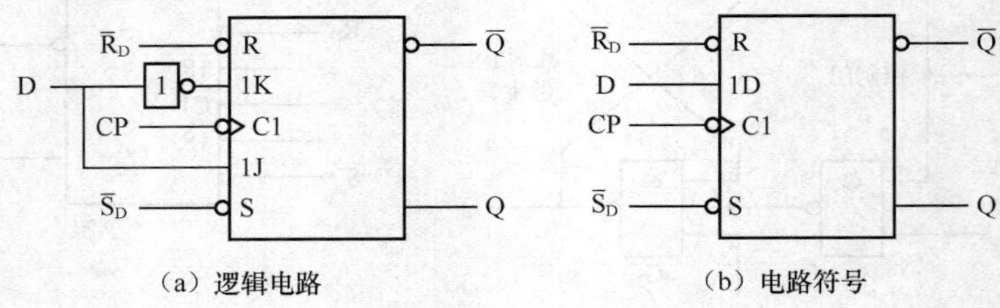

图11.4　D触发器

（2）逻辑功能。D触发器具有置0、置1的功能，其逻辑功能真值表如表11.6所示。

表11.6　D触发器真值表

输入D	输出Q^{n+1}	功能说明
1	1	时钟脉冲CP加入后，输出状态与输入状态相同
0	0	

（3）集成D触发器。常用的TTL型双D触发器有74LS74，CMOS型双D触发器有CC4013，常见的还有4D触发器74LS175、CC4042B和8D触发器74LS273等。

三、时序逻辑电路

1. 寄存器

寄存器主要用来暂存数码和信息，寄存器是由触发器和门电路组成的。

（1）电路组成。寄存器由基本RS触发器和与门电路所组成。

（2）工作原理如下。

① 清零。在清零脉冲CR作用下，把所有触发器都复位到0状态。

② 接收并保存数码。接收脉冲CP把与非门G_0～G_3打开，将输入数码D_0～D_3送进寄存器，并保存起来。

2. 计数器

（1）功能。计数器是用来统计输入脉冲个数的电路，它常用于测量、运算和控制系统之中。

（2）分类。计数器按进制可分为二进制、十进制及N进制计数器；按计数器增减顺序可分为加法、减法及可逆计数器；按时钟脉冲控制方式可分为同步和异步计数器。

（3）计数器的组成与状态分别介绍如下。

① 二进制计数器

a. 电路组成。二进制加法计数器是将JK触发器接成T触发器使用，把低位触发器的Q端接高一位触发器的CP端。

b. 计数状态。4位二进制加法计数器的计数状态如图11.5所示。

② 十进制计数器

a. 电路组成。由4个JK触发器组成，FF_3的J端输入的是Q_1、Q_2的逻辑与信号，FF_3的输出信号$\overline{Q}$反馈到FF_1的J端。

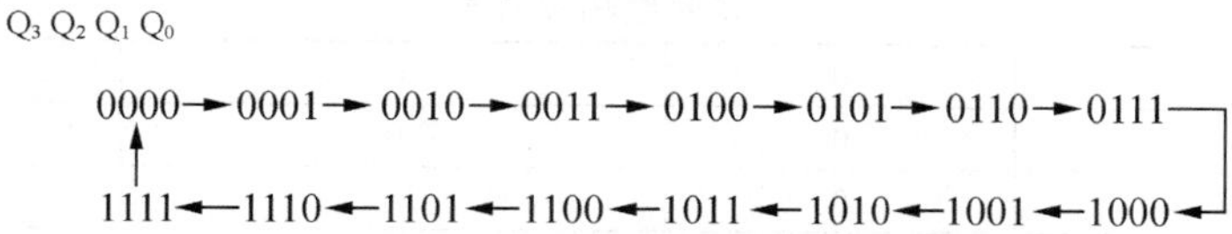

$Q_3\ Q_2\ Q_1\ Q_0$

0000→0001→0010→0011→0100→0101→0110→0111
↑ ↓
1111←1110←1101←1100←1011←1010←1001←1000

图 11.5 4 位二进制加法计数器计数状态

b. 计数状态。十进制计数器的状态图如图 11.6 所示。

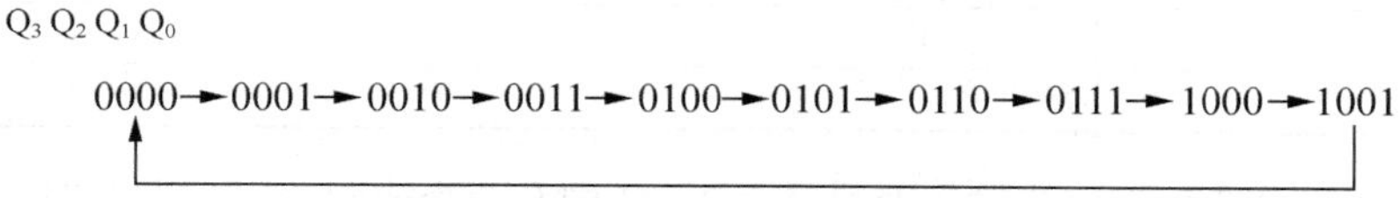

$Q_3\ Q_2\ Q_1\ Q_0$

0000→0001→0010→0011→0100→0101→0110→0111→1000→1001
(1001 返回 0000)

图 11.6 十进制计数器的状态图

c. 集成计数器。常用的集成计数器件为 74LS160。

典题解析

【例题 1】 分析图 11.7 所示电路的逻辑功能。

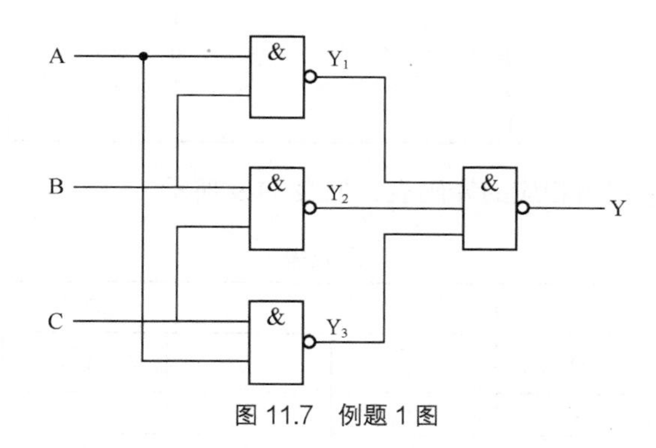

图 11.7 例题 1 图

解：（1）由逻辑图逐级写出表达式，可采用逐级推导法。

$$Y_1 = \overline{AB},\ Y_2 = \overline{BC},\ Y_3 = \overline{AC}$$

由 Y_1、Y_2、Y_3 得

$$Y = \overline{Y_1\ Y_2\ Y_3} = \overline{\overline{AB} \cdot \overline{BC} \cdot \overline{AC}}$$

（2）化简函数 Y 的表达式

$$\begin{aligned} Y &= \overline{\overline{AB} \cdot \overline{BC} \cdot \overline{AC}} \\ &= AB + BC + AC \end{aligned}$$

（3）根据逻辑函数表达式列真值表，如表 11.7 所示。

表 11.7　　　　逻辑电路真值表

A	B	C	Y
0	0	0	0
0	0	1	0
0	1	0	0
0	1	1	1
1	0	0	0
1	0	1	1
1	1	0	1
1	1	1	1

（4）从真值表 11.7 可知，当输入变量 A、B、C 中有两个或两个以上为 1 时，输出 Y=1。所以图 11.7 所示的组合逻辑电路是一个多数表决电路。

【例题 2】 画出与表 11.8 编码表相对应的由与非门组成的译码器，要求低电平输出有效。

表 11.8　　　　编码表

输入	输出		
	Y_2	Y_1	Y_0
I_0	0	0	0
I_1	1	1	0
I_2	0	0	1
I_3	0	1	1
I_4	1	0	0

解：（1）按题目要求列出相应的译码表，如表 11.9 所示。

表 11.9　　　　译码表

输入			输出				
A_2	A_1	A_0	$\overline{Y_0}$	$\overline{Y_1}$	$\overline{Y_2}$	$\overline{Y_3}$	$\overline{Y_4}$
0	0	0	0	1	1	1	1
1	1	0	1	0	1	1	1
0	0	1	1	1	0	1	1
0	1	1	1	1	1	0	1
1	0	0	1	1	1	1	0

（2）根据表 11.9 写出各输出端逻辑函数表达式为

$$\overline{Y_0}=\overline{\overline{A_0}\,\overline{A_1}\,\overline{A_2}},\overline{Y_1}=\overline{\overline{A_0}A_1A_2},\overline{Y_2}=\overline{A_0\overline{A_1}\,\overline{A_2}},\overline{Y_3}=\overline{A_0A_1\overline{A_2}},\overline{Y_4}=\overline{\overline{A_0}\,\overline{A_1}A_2}$$

（3）根据逻辑函数表达式画出相应的译码电路，如图 11.8 所示。

【例题 3】 7 段数字显示器若要显示字母“E”，应如何设置发光线段。

解： 解题的要点是掌握 7 个发光段的组合形状及表示的字母。“日”字形状的字母标注是有一定规律的，从上开始顺时针绕行一周的发光段分别是 a、b、c、d、e、f，中间的一横发光段为 g。

对于 7 段数字显示器，只要将 a、d、e、f、g 发光段点亮，即显示为字母“E”，如图 11.9 所示。

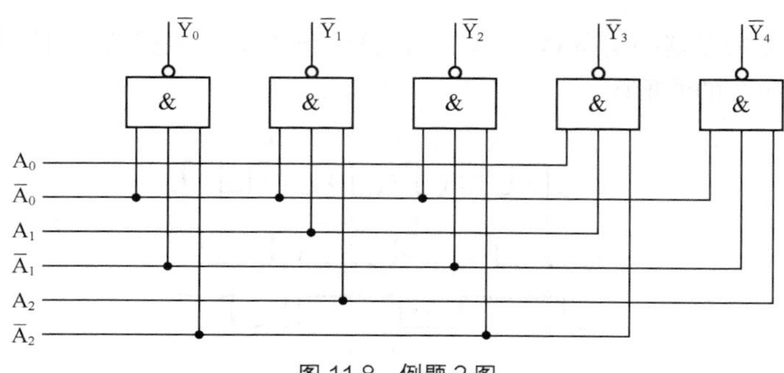

图 11.8　例题 2 图

【例题 4】 同步 RS 触发器初始处于 0 状态，已知时钟脉冲 *CP* 和输入信号 *S*、*R* 的波形如图 11.10 所示，画出输出 *Q* 的波形。

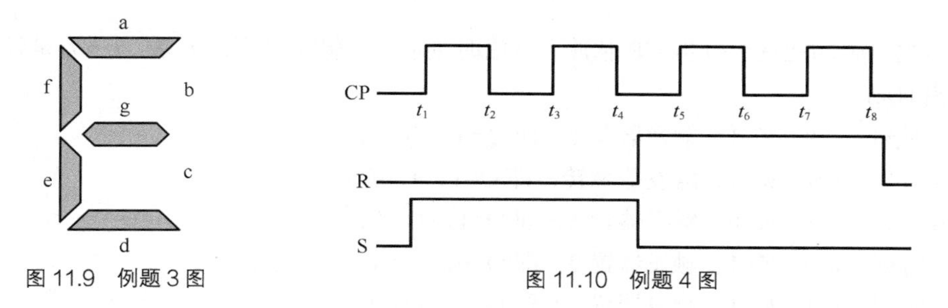

图 11.9　例题 3 图　　　图 11.10　例题 4 图

解： 同步 RS 触发器仅在 CP=1 时，输入信号 R、S 才能被触发器接收，并使输出状态发生相应的变化。CP 不在规定的电位时，触发器不接收输入信号 R、S，且维持原状态不变。解题方法是根据逻辑功能表逐个时间段分析输入、输出信号之间的关系。

（1）t_1 时刻前，CP=0，R、S 不起作用，Q 保持原状态 0 不变。

（2）t_1～t_2 期间，CP=1，R、S 起作用，此时 R=0，S=1，电路具有置 1 功能，Q 翻转为 1 状态。

（3）t_2～t_3 期间，CP=0，R、S 不起作用，Q 保持原状态 1 不变。

（4）t_3～t_4 期间，CP=1，R=0，S=1，电路具有置 1 功能，Q 保持原状态 1 不变。

（5）t_4～t_5 期间，CP=0，Q 保持原状态 1 不变。

（6）t_5～t_6 期间，CP=1，R=0，S=0，电路具有置 0 功能，Q 由 1 状态翻转为 0 状态。

（7）t_6～t_7 期间，CP=0，电路保持原状态。

（8）t_7～t_8 期间，CP=1，R=0，S=0，电路具有置 0 功能，Q 仍保持 0 状态不变。

根据逐个时间段的分析，画出的 Q 波形如图 11.11 所示。

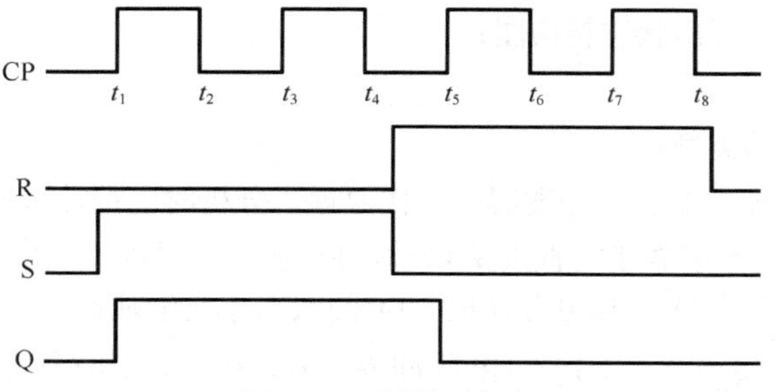

图 11.11　例题 4 波形

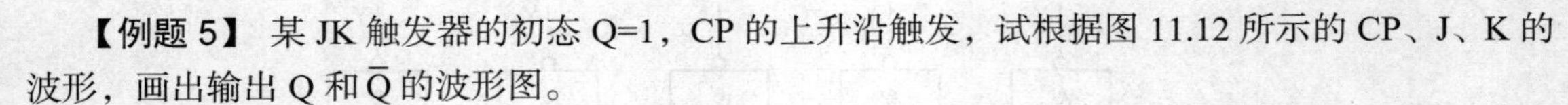

【例题5】 某JK触发器的初态Q=1，CP的上升沿触发，试根据图11.12所示的CP、J、K的波形，画出输出Q和$\overline{Q}$的波形图。

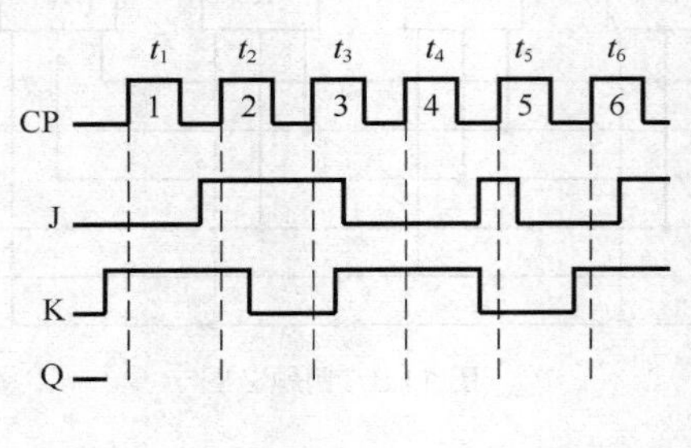

图11.12 例题5图

解：根据逻辑功能逐个分析CP脉冲上升沿时刻输入与输出之间的关系，t_1～t_6是各个时钟脉冲的上升沿时刻。

（1）t_1时刻，J=0，K=1，触发器置0，即Q=0，$\overline{Q}$=1；

（2）t_2时刻，J=1，K=1，触发器翻转，即Q=1，$\overline{Q}$=0；

（3）t_3时刻，J=1，K=0，触发器置1，即Q=1，$\overline{Q}$=0；

（4）t_4时刻，J=0，K=1，触发器置0，即Q=0，$\overline{Q}$=1；

（5）t_5时刻，J=1，K=1，触发器置1，即Q=1，$\overline{Q}$=0；

（6）t_6时刻，J=0，K=1，触发器置0，即Q=0，$\overline{Q}$=1。

根据以上分析作图，输出Q和$\overline{Q}$的波形如图11.13所示。

【例题6】 分析图11.14所示电路的工作原理，要求：

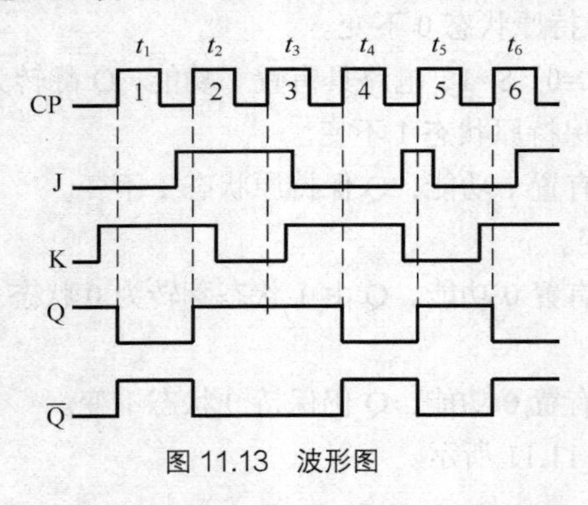

图11.13 波形图

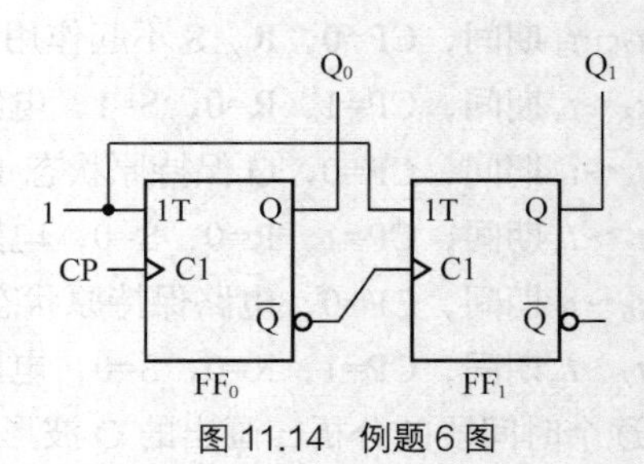

图11.14 例题6图

（1）列出其状态表，画出状态转换图；

（2）画出波形图；

（3）说明该计数器的类型。

解：本题要求理解异步二进制计数器的工作原理，分析时应按计数脉冲输入的顺序逐个确定触发器状态的翻转情况。触发器FF_0直接受CP脉冲控制，即每输入一个CP脉冲，Q_0状态就翻转一次；FF_1受$\overline{Q}_0$控制，只有当$\overline{Q}_0$由0变1时，Q_1的状态才发生翻转。

（1）设初始状态Q_1Q_0=00，第1个CP脉冲输入后，在上升沿时刻Q_0由0变为1。由于$\overline{Q}_0$由1变为0是下降沿，FF_1没被触发，仍保持0态不变。

第 2 个 CP 脉冲输入后，Q_0由 1 变为 0，同时$\overline{Q}_0$由 0 变为 1，FF_1受到触发，Q_1由 1 变为 0。第 3 个 CP 脉冲输入后，Q_0由 0 变为 1，$\overline{Q}_0$则由 1 变为 0，FF_1没被触发，Q_1仍保持 1 态不变。第 4 个 CP 脉冲输入后，Q_0由 1 变为 0，$\overline{Q}_0$由 0 变 1 为上升沿，FF_1又受触发，Q_1由 1 变 0。按此规律分析，即可得到该计数器的状态表，如表 11.10 所示。

表 11.10　电路的状态表

CP	Q_1	Q_0
0	0	0
1	0	1
2	1	0
3	1	1
4	0	0

根据状态表，画出状态转换图，如图 11.15 所示。

（2）画波形图如图 11.16 所示。

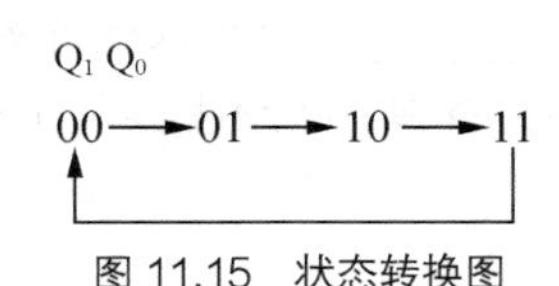

图 11.15　状态转换图

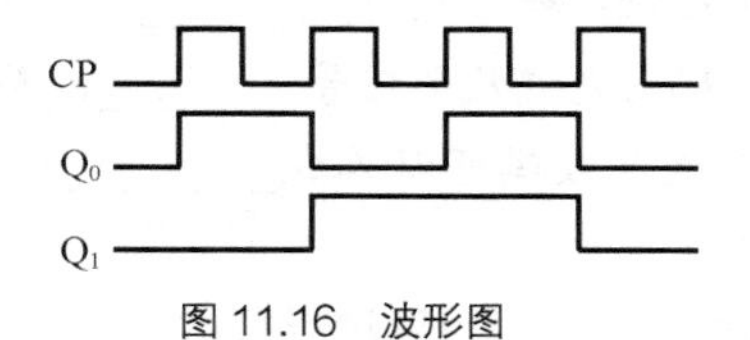

图 11.16　波形图

（3）从状态转换图可以看出，该计数器按加法规律计数，每输入 2^2 =4 个脉冲，状态即循环一次，故该计数器为 2 位二进制异步加法计数器。

同步练习

11.1　组合逻辑电路

一、判断题

1. 编码器、译码器是由逻辑门电路构成的组合逻辑电路。（　　）
2. 组合逻辑电路具有记忆功能。（　　）
3. 组合逻辑电路是由集成运送放大器所组成的。（　　）
4. 组合逻辑电路的读图就是分析电路所能实现的逻辑功能。（　　）
5. 与非门是一种常见的组合逻辑电路。（　　）
6. 在 3 位二进制编码器中，输入信号为 8 位二进制代码，输出为 3 个特定对象。（　　）
7. 8421BCD 编码器有 10 个输入端，BCD 码由 4 个输出端口输出。（　　）
8. 集成电路 74LS147 是优先编码器。（　　）
9. BCD 编码器的输出是十进制数码。（　　）
10. 普通编码器允许同时输入几个输入信号。（　　）
11. 译码器的功能是将十进制码复原为二进制码。（　　）
12. 显示器的作用仅显示数字。（　　）
13. 在输入端信号消失后，译码器的输出仍然维持不变。（　　）

14. 74LS138 集成电路是 3 线-8 线译码器。 ( )

15. 数码管某几个发光二极管损坏，会引起显示缺段的现象。 ( )

二、填空题

1. 组合逻辑电路是由______、______和______等几种逻辑电路组合而成的。

2. 逻辑电路按其逻辑功能和结构特点可分为两大类，一类为____________，另一类为________。

3. 组合逻辑电路不具有______功能，它的输出直接由电路的______决定，与输入信号前的______无关。

4. 本章学习的组合逻辑部件是______和________。

5. 组合逻辑电路的一般读图分析方法和步骤为：（1）由逻辑电路图写出________；（2）________；（3）列出______，然后分析________。

6. 所谓编码器是指________的数字电路。

7. 编码器的输入是________，编码器的输出是________。

8. 二—十进制译码器是将________翻译成相对应的______。

9. 优先编码器允许几个信号______，而电路对其中________的输入优先编码。

10. 4 位二进制数码可以编成______个代码，若编制 BCD 码，必须去掉其中的______个代码。

11. 译码是______的逆过程。

12. 二进制译码器的输入是______，输出是______。

13. 具有 3 个输入端的二进制译码器，共有____个输出端。对于每一组输入代码，有____个输出端输出有效电平。

14. 数字显示译码是用______去控制数字显示器工作。

15. 为了使用 74LS138 译码器处于译码工作状态，应设置 S_A=______、$\overline{S}_B$ =______和 $\overline{S}_C$ =______。

16. 将共阴极数码管的 a、b、c、d 和 g 段接上正电源，其他引脚接地，此时数码管将显示______。

三、选择题

1. 组合逻辑电路的特点是______。

A. 含有记忆元件　　B. 输出、输入间有反馈通路

C. 电路输出与以前状态有关　　D. 全部由门电路构成

2. 组合逻辑电路的功能是______。

A. 放大数字信号　　B. 实现一定的逻辑功能

C. 放大脉冲信号　　D. 存储数字信号

3. 组合逻辑电路中一般不包括以下器件______。

A. 与门　　B. 非门

C. 放大器　　D. 或非门

4. 表 11.11 的真值表所对应的逻辑表达式是______。

A. $Y = A\overline{B} + \overline{A}B$　　B. $Y = AB + \overline{AB}$

C. $Y = AB + \overline{A}\overline{B}$　　D. $Y = \overline{A} + \overline{B}$

表 11.11　　选择题 4 真值表

A	B	Y
0	0	0
0	1	1
1	0	1
1	1	0

5. 组合逻辑电路的读图分析就是________。

A. 根据实际问题的逻辑关系画逻辑电路图

B. 根据逻辑电路图确定其完成的逻辑功能

C. 根据真值表写出逻辑函数式

D. 根据逻辑函数式画逻辑电路图

6. 已知组合逻辑电路如图 11.17 所示，对应的逻辑表达式为________。

A. $Y=AB+BC+AC$　　B. $Y=\overline{(A+B)}(B+C)\overline{(A+C)}$

C. $Y=AB\cdot\overline{BC}\cdot AC$　　D. $Y=(\overline{A}+\overline{C})(B+C)(\overline{A}+\overline{C})$

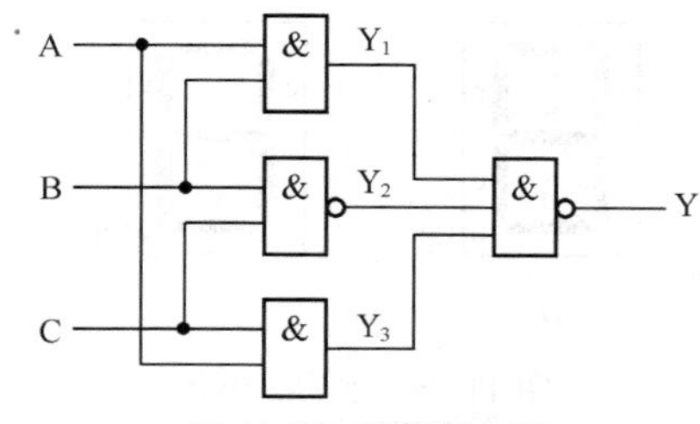

图 11.17　选择题 6 图

7. 一个输出 n 位代码的二进制编码器，可以表示________种输入信号。

A. 2^n　　B. $2n$

C. n^2　　D. n

8. 输出 3 位代码的二进制编码器，可以表示________种输入信号。

A. 3　　B. 6

C. 8　　D. 9

9. 编码器输出的是________。

A. 十进制数　　B. 十六进制数

C. 二进制数　　D. 八进制数

10. BCD 编码器的输入变量为________个。

A. 4　　B. 8

C. 9　　D. 10

11. BCD 编码器的输出变量为________位。

A. 1　　B. 2

C. 4　　D. 8

12. 优先编码器 74LS147 的 $\overline{I}_3$、$\overline{I}_6$ 输入低电平，其余输入端为高电平时，输出 $\overline{Y}_3\overline{Y}_2\overline{Y}_1\overline{Y}_0$=________。

A. 0011　　B. 1100

C. 0110　　D. 1001

13. 关于译码器，以下说法不正确的是________。

A. 译码器主要由集成门电路构成

B. 译码器有多个输入端和多个输出端

C. 译码器能将二进制码翻译成相应的输出信号

D. 对应输入信号的任一状态，一般有多个输出端输出状态有效

14. 3线-8线译码器有________。

A. 3个输入端、8个输出端　　B. 8个输入端、3个输出端

C. 3个输入端、10个输出端　　D. 8个输入端、11个输出端

15. 显示译码器通常由________所组成。

A. 译码集成电路和显示器　　B. 编码器和显示器

C. 驱动电路和译码电路　　D. 编码集成电路和数码管

16. 图11.18中半导体数码管的发光段标注正确的是________。

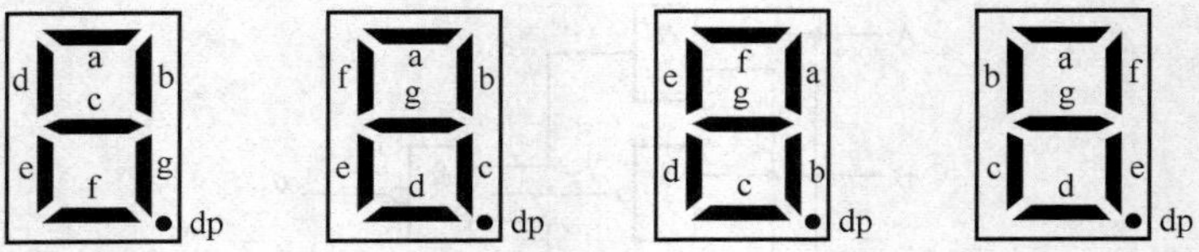

A.　　B.　　C.　　D.

图11.18　选择题16图

17. 将共阳极数码管的b、c段接地，其他引脚接上正电源，此时数码管将显示________。

A. E　　B. 1

C. 3　　D. 6

11.2　触发器

一、判断题

1. 触发器具有记忆功能。　　(　　)
2. 基本RS触发器的S端为置1端，R为置0端。　　(　　)
3. 与非门组成的基本RS触发器，当$\overline{R}$=1、$\overline{S}$=0时，触发器被置1。　　(　　)
4. 与非门组成的基本RS触发器，当$\overline{R}$=1、$\overline{S}$=1时，触发器保持原状态不变。　　(　　)
5. 同步RS触发器在CP脉冲没到来时，输入触发信号也能起作用。　　(　　)
6. JK触发器不具有记忆功能。　　(　　)
7. JK触发器的$\overline{S}_D$端为预置1端，$\overline{R}_D$为预置0端。　　(　　)
8. JK触发器在CP脉冲到来后，J、K输入信号才对触发器起作用。　　(　　)
9. JK触发器的J、K不允许同时设置为1。　　(　　)
10. JK触发器在CP脉冲到来后，$\overline{S}_D$、$\overline{R}_D$预置信号才对触发器起作用。　　(　　)
11. JK触发器的J=1、K=1时，触发器被置1。　　(　　)
12. JK触发器$\overline{R}_D$=0、$\overline{S}_D$=1，触发器被置0。　　(　　)

13. JK触发器在J=0、K=0时，每来一个CP脉冲，就翻转一次。 (　　)
14. 下降沿D触发器的输出状态，取决于CP=1期间输入D的状态。 (　　)
15. D触发器有2个触发信号输入端。 (　　)
16. D触发器图形符号的CP处加小圆圈，表明触发器是由CP脉冲的下降沿触发。 (　　)
17. D触发器图形符号的CP处不加小圆圈，表明触发器是由CP脉冲的上升沿触发。 (　　)
18. D触发器具有JK触发器的全部功能。 (　　)

二、填空题

1. 基本RS触发器输入端$\overline{R}$、$\overline{S}$应避免的状态是________。
2. 基本RS触发器具有________、________和________3项功能。
3. 从结构上看，同步RS触发器是在基本RS触发器的基础上增加了________构成的。
4. 时钟脉冲CP的主要作用是使触发器的________状态按一定的________变化。
5. ________________是构成各种触发器的基础，它不受CP脉冲的控制。
6. 与非门构成的基本RS触发器，置1端用字母________表示，置0端用字母________表示，两个输出端是________和________。
7. 同步RS触发器状态的改变与________________同步。
8. JK触发器的两个输入端分别用字母______和______表示，两个输出端分别用字母______和______。
9. JK触发器的J=0、K=1，时钟脉冲到来后，触发器被________。
10. JK触发器的J=1、K=0，时钟脉冲到来后，触发器被________。
11. JK触发器的J=______、K=______，时钟脉冲到来后，触发器保持原状态并不翻转。
12. JK触发器与RS触发器比较，增加的功能是________。
13. JK触发器的J=______、K=______，每来一个时钟脉冲，触发器就翻转一次。
14. D触发器的逻辑功能是________和________。
15. D触发器的触发输入端用字母________表示，预置输入端分别用字母________和________表示，两个输出端分别用字母________和________表示。
16. D触发器的D=0，时钟脉冲加入后，触发器被________。
17. D触发器的D=1，时钟脉冲加入后，触发器被________。
18. 要将D触发器预先设置为0状态，应将$\overline{S}_D$设置为______电平，$\overline{R}_D$设置为______电平。
19. JK触发器的K端串联一个________后，再与J端相连，作为输入端D，就构成D触发器。

三、选择题

1. 基本RS触发器的S称为________。

A. 置1端　　B. 置0端
C. 直接置1端　　D. 直接置0端

2. 同步RS触发器的直接置1端是________。

A. S　　B. R
C. $\overline{S}_D$　　D. $\overline{R}_D$

3. 同步RS触发器的$\overline{R}_D$是________。

A. 直接置1端　　B. 直接置0端
C. 置1端　　D. 置0端

4. 基本RS触发器不具有的一项逻辑功能是________。

A. 置1　　B. 置0

C. 计数　　D. 保持

5. 由与非门组成的基本*RS*触发器，当$\overline{R}=\overline{S}=0$的输出信号同时撤除后，输出状态处于________。

A. 置1　　B. 置0

C. 保持　　D. 不确定

6. 由与非门组成的基本RS触发器，当$\overline{R}=0$，$\overline{S}=1$时，输出状态处于________。

A. 置1　　B. 置0

C. 保持　　D. 不确定

7. JK触发器在CP脉冲消失后，输出状态将________。

A. 恢复原态　　B. 保持现态

C. 发生翻转　　D. 输出为0态

8. JK触发器在CP脉冲作用下，若J、K同时接地，触发器实现的功能是________。

A. 保持　　B. 置0

C. 置1　　D. 翻转

9. JK触发器的J、K端同时接正电源，在CP脉冲作用下，触发器实现的功能是________。

A. 保持　　B. 置0

C. 置1　　D. 翻转

10. 若D触发器在时钟脉冲到来后要为1状态，输入端D设置________。

A. 低电平　　B. 高电平

C. 正CP脉冲　　D. 负CP脉冲

11. 图11.19所示的电路图形符号是________。

A. 基本RS触发器　　B. 同步RS触发器

C. JK触发器　　D. D触发器

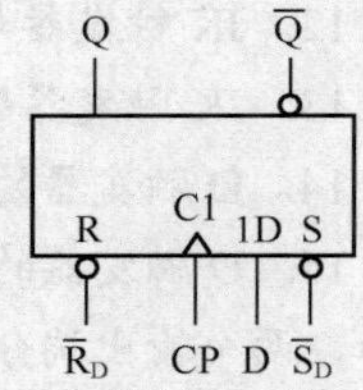

图11.19 选择题11图

12. 图11.19所示的触发器$\overline{S}_D=1$，$\overline{R}_D=1$，则触发器________。

A. 预置1　　B. 预置0

C. 处于工作状态　　D. 禁止工作状态

13. 图11.19所示的触发器$\overline{S}_D=1$，$\overline{R}_D=0$，则触发器________。

A. 预置1　　B. 预置0

C. 处于工作状态　　D. 禁止工作状态

14. 图11.19所示的触发器在时钟脉冲的________触发翻转。

A. 上升沿时刻　　B. 下降沿时刻

C. 高电平期间　　D. 低电平期间

四、作图题

1. 基本RS触发器的初始状态Q=0，输入波形如图11.20所示，试画出输出端Q和$\overline{Q}$的波形。

2. 同步RS触发器的初始状态Q=0，输入波形如图11.21所示，试画出输出端Q和$\overline{Q}$的波形。

3. 按以下的要求，画出相应的JK触发器的逻辑符号。

（1）CP上升沿触发，预置输入端高电平有效。

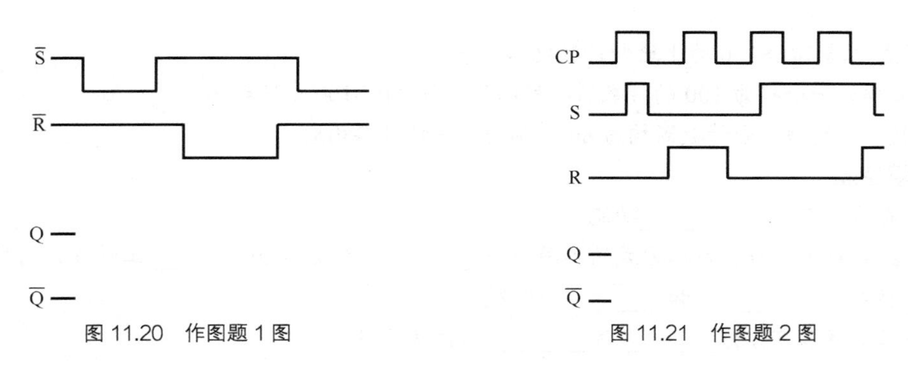

图 11.20　作图题 1 图　　　　图 11.21　作图题 2 图

（2）CP 下降沿触发，预置输入端低电平有效。

4. 根据图 11.22 所示的触发器类型及输入的波形，画出触发器的输出端 Q 的波形。（设触发器的初始状态为 0）。

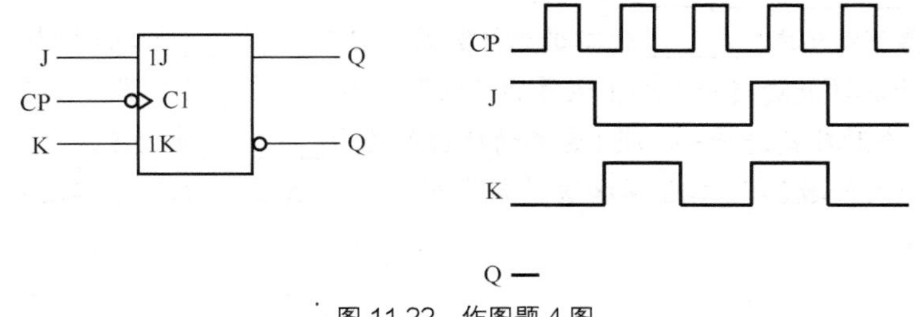

图 11.22　作图题 4 图

5. 试将图 11.23 所示的 JK 触发器加上适当的逻辑门电路，连接成具有 D 触发器功能的触发器。

6. 根据图 11.24 所示的触发器类型及输入的波形，画出触发器的输出端 Q 的波形。（设触发器的初始状态为 0）。

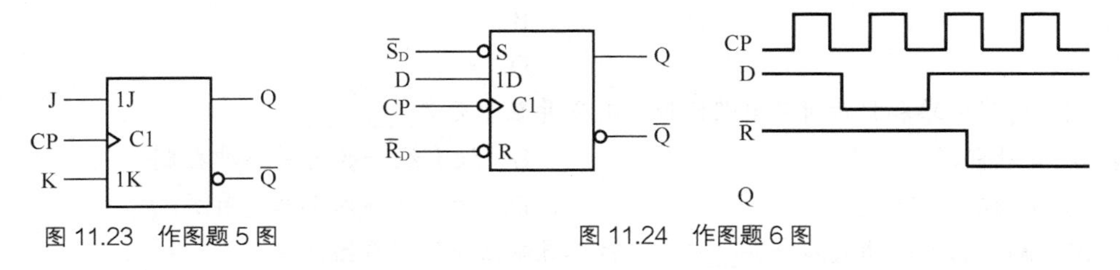

图 11.23　作图题 5 图　　　　图 11.24　作图题 6 图

11.3　时序逻辑电路

一、判断题

1. 寄存器是能存储数码和信息的电路。　（　　）
2. 同步 RS 触发器、D 触发器都能构成寄存器。　（　　）
3. D 触发器都能构成移位寄存器。　（　　）
4. 寄存器由编码器和门电路所组成。　（　　）
5. N 位移位寄存器能构成模为 $2N$ 的计数器。　（　　）
6. 在数字系统中，能统计输入脉冲个数的电路称为计数器。　（　　）
7. 计数器的模是指构成计数器的触发器的个数。　（　　）
8. 计数器的模是指输入的计数脉冲的个数。　（　　）

9. 集成电路74LS160为十进制计数电路。 ( )

10. 要构成一个模为100的计数器，可以将2片74LS160串联起来。 ( )

11. 数字钟的秒、分计数器均由60进制的加法计数器构成。 ( )

二、填空题

1. 寄存器具有____________功能。

2. 数据寄存器按接收数码方式的不同分为________工作方式和________工作方式两种。

3. 寄存器是由________和________所组成。

4. 移位寄存器可分为________和________移位寄存器。

5. 3位移位寄存器经过________个CP脉冲后，3位数码全部移入寄存器，再经过________个CP脉冲，可以得到3位串行输出。

6. 在数字系统中，能统计输入脉冲个数的电路称为________。

7. 计数器由________和________所组成。

8. 4个触发器可以构成________位二进制计数器，它有________种工作状态。

9. 每输入一个脉冲就进行一次加1运算的计数器称为________计数器。

10. 每输入一个脉冲就进行一次减1运算的计数器称为________计数器。

11. 十进制加法计数器与二进制加法计数器的主要差异是：跳过了二进制数码______至______的6个状态。

三、选择题

1. 下列逻辑电路中为时序逻辑电路的是________。

A. 译码器　　B. 加法器

C. 数码寄存器　　D. 编码器

2. 8位移位寄存器，串行输入时经________个脉冲后，8位数码全部移入寄存器中。

A. 1　　B. 2

C. 4　　D. 8

3. 同步时序电路和异步时序电路比较，其差异在于后者________。

A. 没有触发器　　B. 没有统一的时钟脉冲控制

C. 没有稳定状态　　D. 输出只与内部状态有关

4. N个触发器可以构成能寄存________位二进制数码的寄存器。

A. $N-1$　　B. N

C. $N+1$　　D. $2N$

5. 把一个五进制计数器与一个四进制计数器串联可得到________进制计数器。

A. 4　　B. 5

C. 9　　D. 20

6. 有一组代码需暂时存放，应选用________。

A. 计数器　　B. 寄存器

C. 编码器　　D. 译码器

7. 构成同步二进制计数器一般选用的触发器是________。

A. D触发器　　B. 基本RS触发器

C. 同步RS触发器　　D. T触发器

8. 图 11.25 所示计数器的模 M=________。

A. 3　　　　B. 6

C. 8　　　　D. 12

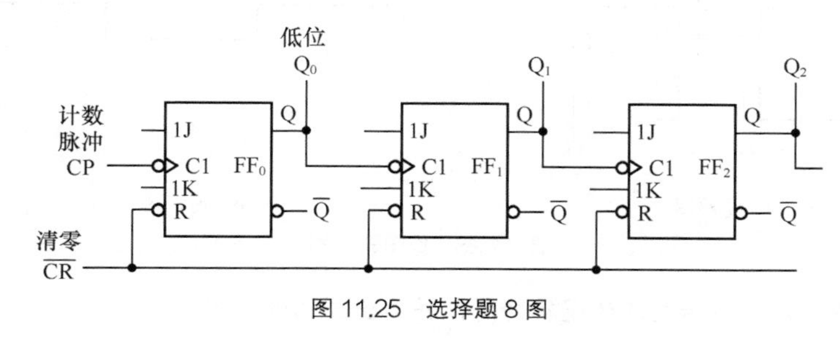

图 11.25　选择题 8 图

9. 图 11.25 所示电路的 JK 触发器的 J、K 端悬空，相当于 J、K 端处于________。

A. 低电平　　　　B. 零电平

C. 高电平　　　　D. 电平不确定状态

10. 图 11.25 所示电路为________计数器。

A. 异步减法　　　　B. 异步加法

C. 同步减法　　　　D. 同步加法

四、作图题

1. 连接如图 11.26 所示的控制信号和输入数据信号连线，构成 3 位单拍接收式数码寄存器。

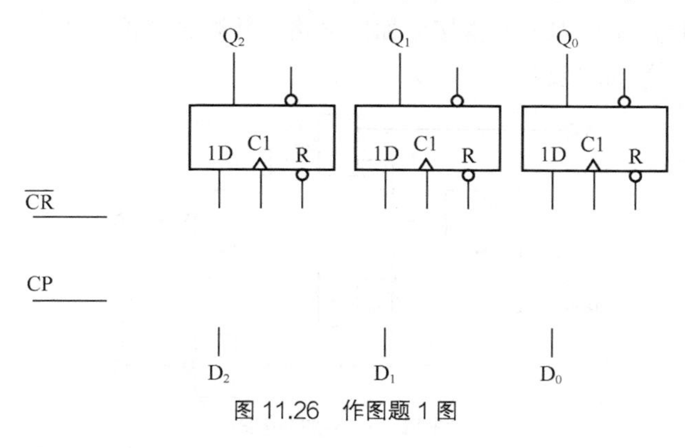

图 11.26　作图题 1 图

2. 按照图 11.27 所示电路连接触发器，构成异步十进制加法计数器。

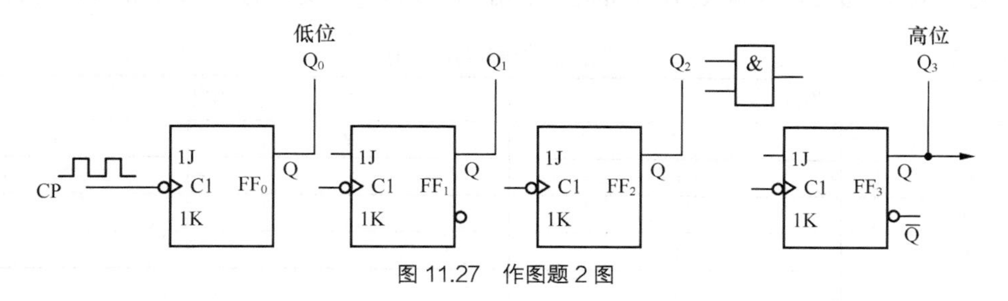

图 11.27　作图题 2 图

3. 寄存器如图 11.28（a）所示，设初始状态均为 0。根据图 11.28（b）的 CP 和 D_0 波形，画出

Q_0、Q_1的波形，并说明寄存器的类型。

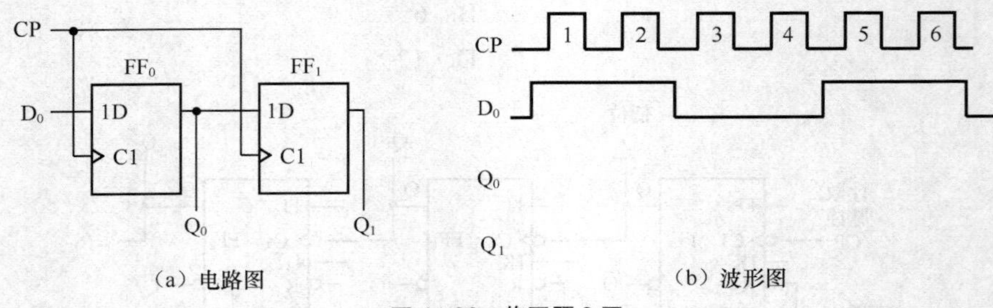

（a）电路图　　（b）波形图

图 11.28　作图题 3 图

4. 试分析如图 11.29 所示电路的逻辑功能，并画出工作波形图。

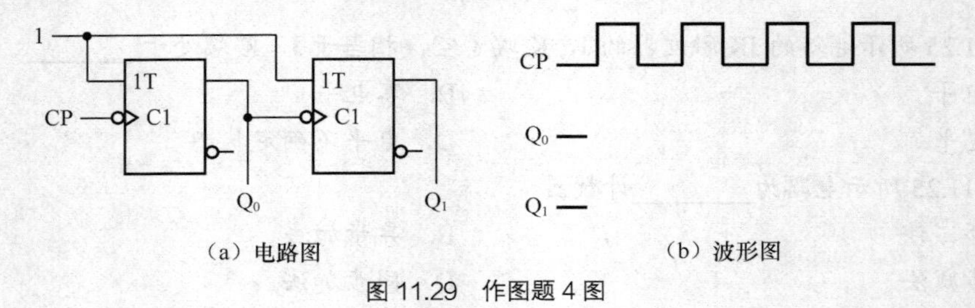

（a）电路图　　（b）波形图

图 11.29　作图题 4 图

技能拓展

1. 在电路板上用与非门 74LS00 搭接半加器电路，并测试逻辑功能。

（1）按图 11.30 所示电路接线。

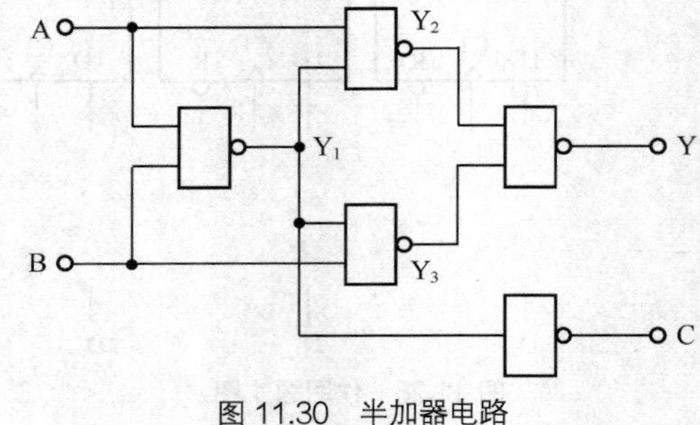

图 11.30　半加器电路

（2）接通电源，改变输入端 A、B、C 的电平，用万用表测试 Y 及 C 的电平，并记录在表 11.12 中。

表 11.12　半加器的逻辑功能测试

输入		输出	
A	B	Y	C
0	0		
0	1		
1	0		
1	1		

2. 通过互联网或集成电路手册查阅数字集成电路 74LS148 的使用资料，叙述 74LS148 的逻

辑功能，并画出引脚功能图。

3. 将优先编码器 74LS148 插入试验台的 IC 空插座中，按照图 11.31 所示电路接线，其中输入接逻辑 0-1 开关，输出 Y_0、Y_1、Y_2、Y_3 接 0-1 显示器。接通电源，按表 11.13 所示参数输入各逻辑电平，观察输出结果并填入表 11.13 中。

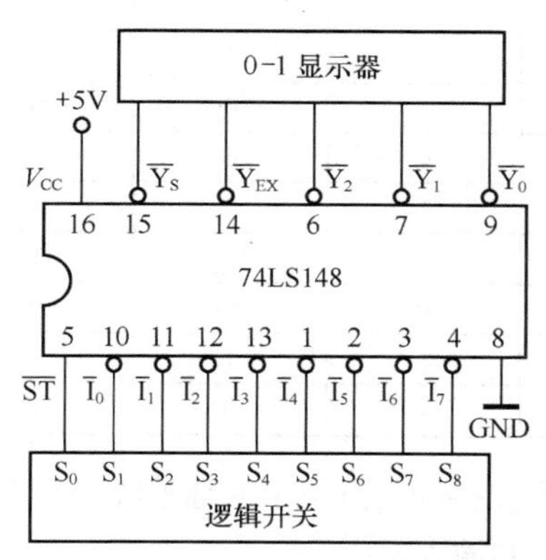

图 11.31 优选编码器实验图

表 11.13 8-3 线编码器功能表

输入									输出				
$\overline{ST}$	$\overline{I_0}$	$\overline{I_1}$	$\overline{I_2}$	$\overline{I_3}$	$\overline{I_4}$	$\overline{I_5}$	$\overline{I_6}$	$\overline{I_7}$	$\overline{Y_2}$	$\overline{Y_1}$	$\overline{Y_0}$	$\overline{Y_S}$	$\overline{Y_{EX}}$
1	×	×	×	×	×	×	×	×	1	1	1	1	1
0	1	1	1	1	1	1	1	1					
0	×	×	×	×	×	×	×	0					
0	×	×	×	×	×	×	0	1					
0	×	×	×	×	×	0	1	1					
0	×	×	×	×	0	1	1	1					
0	×	×	×	0	1	1	1	1					
0	×	×	0	1	1	1	1	1					
0	×	0	1	1	1	1	1	1					
0	0	1	1	1	1	1	1	1					

4. 数码管 BS202 的引脚如图 11.32 所示，将数码管的各个引脚按表 11.14 所示参数输入逻辑电平，观察数码管显示的数字，并填入表中。

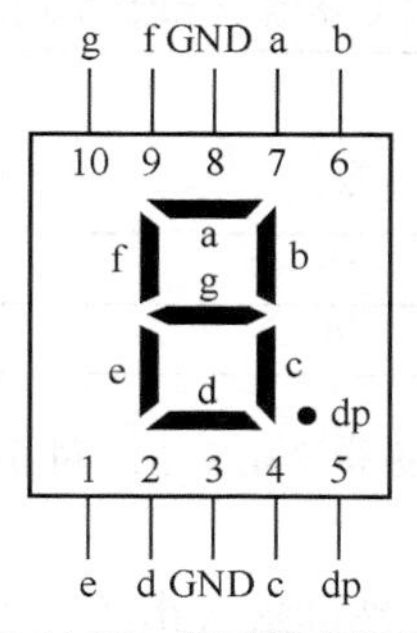

图 11.32 数码管 BS202

表 11.14　　数码管的显示数字实验

输入							显示数字
a	b	c	d	e	f	g	
1	1	1	1	1	1	0	
0	1	1	0	0	0	0	
1	1	0	1	1	0	1	
1	1	1	1	0	0	1	
0	1	1	0	0	1	1	
1	0	1	1	0	1	1	
1	0	1	1	1	1	1	
1	1	1	0	0	0	0	
1	1	1	1	1	1	1	
1	1	1	1	0	1	1	

5. 用基本 RS 触发器组成一个无抖动的开关（或称消除外动开关）。电路连接图如图 11.33 所示，使用开关 S 作为 $\overline{R}$ 、$\overline{S}$ 端的控制输入。

6. 将 JK 触发器 74LS76 插入面包板，并按图 11.34 所示电路连接测试电路，对 74LS76 的预置功能进行测试。

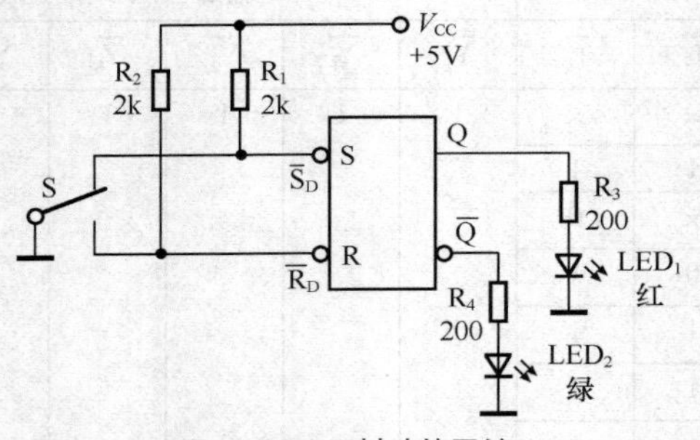

图 11.33　无抖动的开关

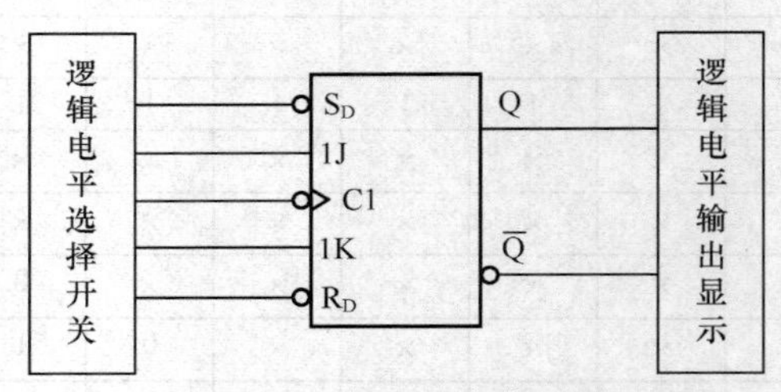

图 11.34　74LS76 的预置功能测试

（1）直接置 0 功能检测。置 $\overline{R}_D$=0，$\overline{S}_D$=1，观察 Q 端状态，将测试结果填入表 11.15 中。改变 J、K 和 CP 的输入情况，再观察 Q 状态是否变化。

（2）直接置 1 功能检测。置 $\overline{R}_D$=1，$\overline{S}_D$=0，观察 Q 端状态，将测试结果填入表 11.15 中。改变 J、K 和 CP 的输入情况，再观察 Q 状态是否变化。

表 11.15　　JK 触发器置 0 和置 1 功能测试

输　入		输　出
$\overline{R}_D$	$\overline{S}_D$	
0	1	
1	0	

7. 按图 11.34 所示电路连接 JK 触发器 74LS76，对 74LS76 的逻辑功能进行测试。

（1）置 $\overline{R}_D$=1，$\overline{S}_D$=1。

（2）按表 11.16 所示参数设置 J、K 端的输入电平，CP 脉冲由 0-1 按钮提供，观察 Q 端的状态，并填入表 11.16 中。注意每次测量前，触发器应先置零。

表 11.16　　JK 触发器功能测试

输　入		输　出
J	K	Q
0	0	
0	1	
1	0	
1	1	

8. 用 JK 触发器构成 D 触发器。

（1）将 JK 触发器 74LS76、与非门 74LS00 按图 11.35 所示电路接成 D 触发电路。

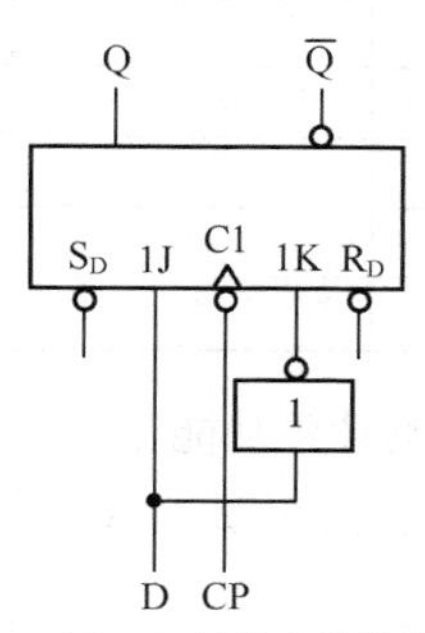

图 11.35　D 触发电路的构成

（2）D 端的输入电平由逻辑开关提供，按表 11.17 所示参数设置，CP 脉冲由 0-1 按钮提供，观察 Q 端的状态，并填入该表 11.17 中。

表 11.17　　D 触发器逻辑功能测试

输入		输出	
D	CP	Q^n	Q^{n+1}
0	0→1		
	1→0		
1	0→1		
	1→0		

9. 用四 D 触发集成电路 74LS74 搭接右移寄存器。

（1）按照图 11.36 所示的电路接线，Q_0、Q_1、Q_2、Q_3 接发光二极管显示器。

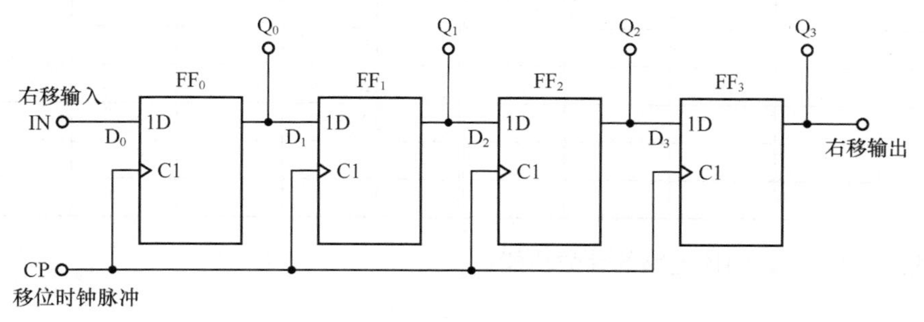

图 11.36　右移寄存器

（2）接上 5V 直流电源，D_0 端置入 1011，CP 端输入手动单脉冲信号，观察 Q_0、Q_1、Q_2、Q_3 输出状态，并填入表 11.18 中。

表 11.18　　移位寄存器状态测试

计数顺序	寄存器状态			
	Q_3	Q_2	Q_1	Q_0
0				
1				
2				
3				
4				
5				
6				
7				
8				

10. 安装二进制加法计数器，并观测计数功能。

（1）用 2 片 JK 集成触发器 74LS73，按照图 11.37 所示的电路接线，Q_0、Q_1、Q_2、Q_3 接发光二极显示器。

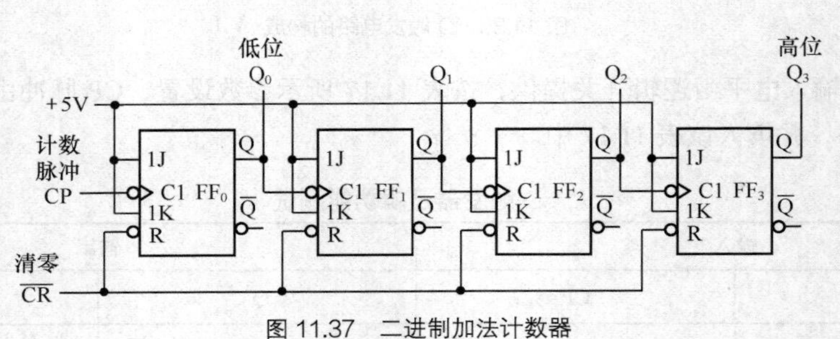

图 11.37　二进制加法计数器

（2）由 CP 端输入单脉冲信号，观察 Q_0、Q_1、Q_2、Q_3 输出状态，并填入表 11.19 中。

表 11.19　　二进制加法计数器状态表

计数脉冲	Q_3	Q_2	Q_1	Q_0	计数脉冲	Q_3	Q_2	Q_1	Q_0
0					8				
1					9				
2					10				
3					11				
4					12				
5					13				
6					14				
7					15				

（3）根据表 11.19 说明该电路的计数功能。

参考答案

第1章　直流电路

1.1　电　　路

一、判断题

1. ×　2. ×　3. ×　4. √　5. √

二、填空题

1. 传输　转换
2. 干电池　直流发电机
3. 内　外
4. R　C　L　S
5. 灯泡　干电池

三、选择题

1. C　2. D　3. A　4. B　5. D

1.2　电路的常用物理量

一、判断题

1. ×　2. ×　3. ×　4. ×　5. √　6. ×　7. √　8. ×　9. ×

二、填空题

1. 电荷量
2. 单位电荷　功
3. 单位正电荷　单位正电荷　参考点
4. 参考点之间的
5. 低　高　高　低
6. 高　低
7. 快慢　1kW　1h　电能　电场力　1C　1J
8. 60　60J　60J

三、选择题

1. C 2. A 3. A 4. D 5. C

四、计算题

1. 根据全欧姆定律得

$$E = I_1R_1 + I_1R_0$$
$$E = I_2R_2 + I_2R_0$$

解此二联立方程，得

$$R_0 = \frac{I_1R_1 + I_2R}{I_2 - I_1} = \frac{0.2\times14 - 0.3\times9}{0.3-0.2} = 1\Omega$$

将 R_0 值带入 E 的表达式，得

$$E = I_1R_1 + I_1R_0 = 0.2 \times 14 + 0.2 \times 1 = 3\text{ V}$$

2. 由功率的表达式得

$$U = \sqrt{PR} = \sqrt{4\times4\times10^4} = 400\text{V}$$

$$I = \frac{U}{R} = \frac{400}{4\times10^4} = 0.01\text{mA}$$

3. 由电能的表达式得

$$W = Pt = 100 \times 40 \times 2\times30 = 240000\text{W}\cdot\text{h} = 240\text{ 度}$$

4. 由电功率的表达式得

$$t = \frac{A}{P} = \frac{1000}{60} = 16.7\text{h}$$

1.3 电阻元件

一、判断题

1. × 2. × 3. √ 4. √ 5. × 6. × 7. √ 8. × 9. × 10. √ 11. √ 12. × 13. √ 14. √ 15. ×

二、填空题

1. 阻碍 碳膜电阻 金属膜电阻 线绕电阻 水泥电阻 阻值 额定功率
2. Ω Ω·m
3. ±5% ±10% ±20%
4. 黄 紫 红
5. 金 银 无色
6. 电压 电阻
7. 外部特性
8. 负载吸收功率的大小
9. 正比 外电阻 内电阻

三、选择题

1. D 2. C 3. C 4. A 5. A 6. A 7. B 8. C 9. D 10. C

四、计算题

1. $E = 20\text{V}$ $\quad I = \frac{U}{R} = \frac{18}{10} = 1.8\text{A}$ $\quad R_0 = \frac{E - U}{I} = \frac{20 - 18}{1.8} \approx 1.1\Omega$

2. $R_L = \frac{U^2}{P} = \frac{220^2}{60} \approx 806.6\Omega$

3. $U = \sqrt{PR} = \sqrt{\frac{1}{4} \times 10^2} = 5\text{V}$

1.4 电阻的连接

一、判断题

1. √ 2. √ 3. × 4. √ 5. √ 6. √

二、填空题

1. 相同
2. 正比
3. 各并联电阻的倒数之和的倒数
4. 电压 反
5. 30Ω $\quad \frac{10}{3}\Omega$ $\quad 15\Omega$ $\quad \frac{20}{3}\Omega$

三、选择题

1. C 2. C 3. A 4. A 5. D

四、计算题

1. 灯泡容许的电流 I 为

$$I = \frac{P}{U_1} = \frac{60}{110} \approx 0.54\text{A}$$

降压电阻的压降$\Delta U = U_2 - U_1 = 220 - 110 = 110\text{ V}$

应串入的降压电阻 R 为

$$R = \frac{\Delta U}{I} = \frac{110}{0.54} = 203.7\Omega$$

2.

$$R_1 = \frac{U_1}{I} - R_g = \frac{3}{100 \times 10^{-6}} - 1000$$
$$= 29000\Omega = 29\text{k}\Omega$$

$$R_2 = \frac{U_2}{I} - R_g - R_1 = \frac{30}{100 \times 10^{-6}} - 1000 - 29000$$
$$= 270\text{k}\Omega$$

$$R_3 = \frac{U_2}{I} - R_g - R_1 - R_2 = \frac{300}{100 \times 10^{-6}} - 1000 - 29000 - 2700000$$
$$= 270\text{k}\Omega$$

3. 总电压 U 为

$$U = IR = I\,(R_1 + R_2 + R_3)$$
$$= 2 \times (20 + 40 + 50) = 220\text{ V}$$

R_1上的电压U_1为

$$U_1 = IR_1 = 2 \times 20 = 40\ \text{V}$$

R_2上的电压P_2为

$$P_2 = I^2R_2 = 2^2 \times 40 = 160\ \text{W}$$

4. 图（a）S断开时

$$R_{AB} = R_2 /\!/ R_4 = 12 /\!/ 12 = 6\Omega$$

图（a）S闭合时

$$R_{AB} = R_1 /\!/ R_2 /\!/ R_3 /\!/ R_4 = 12 /\!/ 12 /\!/ 12 /\!/ 12 = 3\Omega$$

图（b）S打开时

$$R_{AB} = R_1 /\!/ (R_3 + R_4) + R_2 = 12 /\!/ (12 + 12) + 12 = 20\Omega$$

图（b）S闭合时

$$R_{AB} = (R_1 + R_2 /\!/ R_3) /\!/ R_4 = (12 + 12 /\!/ 12) /\!/ 12 = 7.2\Omega$$

1.5 电路基本定律

一、判断题

1. √ 2. × 3. × 4. × 5. √ 6. × 7. ×

二、填空题

1. 电流的代数和　$\Sigma I = 0$
2. 各电阻上电压降　各电源电动势　$\Sigma RI = \Sigma E$
3. 20.5V
4. 3A
5. 相反

三、选择题

1. C 2. D 3. B 4. C 5. D 6. A 7. A

四、计算题

1. −8V
2. $I_2 = 6\text{A}$　$I_5 = 4\text{A}$　$I_6 = 0\ \text{A}$
3. $I_2 = I - I_1 = 5 - 3 = 2\ \text{mA}$　$R_2 = \frac{I_1R_1}{I_2} = \frac{3 \times 200}{2} = 300\Omega$
4. 设各支路电流方向和回路的绕行方向如图所示

$$I_1 + I_2 - I_3 = 0$$

$$R_1I_1 - R_2I_2 = E_1 - E_2$$

$$R_2I_2 + R_3I_3 = E_2$$

将数据代入

$$I_1 + I_2 - I_3 = 0$$

$$10I_1 - 2I_2 = 120 - 130$$

$$2I_2 + 10I_3 = 130$$

解得

$$I_1 = 1\text{A}$$

$$I_2 = 10\text{A}$$

$$I_3 = 11\text{A}$$

$$U_{AB} = R_3 I_3 = 10 \times 11 = 110\text{ V}$$

5. $IR_1 + IR_2 + IR_3 + U_{S2} + IR_4 - U_{S1} = 0$　$E_2 = 6\text{V}$

第2章　电容与电感

2.1　电　　容

一、判断题

1. √　2. √　3. ×　4√　5. √　6. √　7. √　8. ×　9. √　10. √　11. ×　12. ×

二、填空题

1. 极板　介质
2. 10^6　10^{12}
3. 耐压　不小于
4. 小　反比
5. 32μF　15V　22V　10V　6.67μF
6. 负　正　充电过程　6V　b→c→a　放电
7. 5×10^{-8}　220
8. 欧姆　R × 1k　正常　短路

三、选择题

1. B　2. B　3. A　4. D　5. D　6. C　7. A　8. C

四、计算题

1. 电路的等效电容 $C = 6.7\mu\text{F}$，最高工作电压 $U = 75\text{V}$
2. $C = 50\mu\text{F}$，$U_{AB} = 300\text{V}$

2.2　电磁基础知识

一、判断题

1. ×　2. ×　3. √　4. √　5. ×　6. √　7. ×　8. ×　9. √

二、填空题

1. 磁力
2. 磁极　N 极和 S 极
3. 排斥　吸引
4. N 极　S 极　S 极　N 极　强　弱
5. 安培定则
6. 磁通　磁感应强度　$\Phi = BA$
7. 导磁性能　μ　亨/米（H/m）　$4\pi \times 10^{-7}\text{H/m}$
8. B 与 I 相互垂直

9. 电磁感应　感应电流
10. 相反　相同

三、选择题

1. D　2. A　3. C　4. A　5. B　6. A　7. B

四、计算题

1. $B=1\text{ T}$
2. $I=0.0024\text{A}$
3. $L=1.2\text{H}$

2.3 电　感

一、是非题

1. ×　2. √　3. √　4. ×　5. √　6. √　7. ×　8. √

二、填空题

1. 感应电压
2. 亨利
3. 形状　大小　线圈之间的距离
4. 自感电动势　电流变化
5. 电感量　品质因数　分布电容
6. 匝间形成的电容
7. 感抗　总损耗电阻　$Q=\frac{2\pi fL}{R}=\frac{\omega L}{R}$
8. 直标法　文字符号法　色标法
9. 铁心　绕组　低频电路
10. 电能　磁能

三、选择题

1. B　2. D　3. A　4. C　5. A

第3章　单相正弦交流电路

3.1　交流电的基本知识

一、判断题

1. ×　2. √　3. √　4. √　5. ×　6. ×　7. √　8. ×　9. √　10. √　11. √

二、填空题

1. T　s（秒）
2. 次数　f
3. 快慢
4. 倒数　快慢
5. $\omega=2\pi f$
6. 0.02s　50Hz

7. 110V 60

8. 155.5V

9. 10.6A 50Hz $\frac{\pi}{6}$

10. $i=30\sin(100\pi t+30°)$

11. 瞬时

12. 反相

13. 初相位

14. 2.828 A

15. 7.07A

三、选择题

1. C 2. C 3. D 4. A 5. B 6. A 7. C

四、计算题

1. $f=1\text{kHz}$ $T=1\text{ms}$ $\varphi_0=628\text{rad/s}$ $V_m=100\text{V}$ $U=70.7\text{V}$ $\varphi=-45°$

2. 选定矢量长度为 30，与横轴夹角为$\frac{\pi}{3}$，以 314 rad/s 的角速度逆时针旋转，可得旋转矢量如图 A3.1 所示。

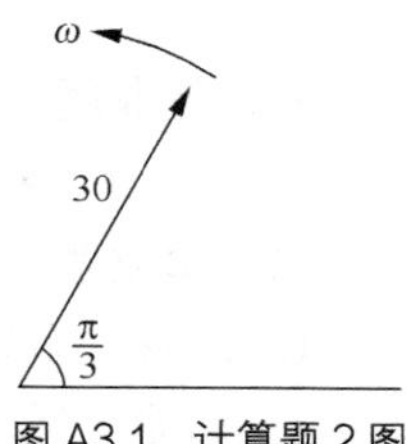

图 A3.1 计算题 2 图

3. 220V

3.2 基本正弦交流电路

一、判断题

1. √ 2. √ 3. √ 4. × 5. × 6. √ 7. × 8. √ 9. √ 10. × 11. × 12. √ 13. × 14. √ 15. √ 16. √

二、填空题

1. 超前

2. 滞后

3. 相同

4. $i=\frac{u}{R}=\frac{U_m}{R}\sin\omega t$

5. $i_L=\sqrt{2}I_L\sin(\omega t-90°)$

6. 零

7. 感抗

8. 任一

9. 零

10. 电磁能 磁场

11. 交换能量

12. 无功功率

13. 0.7H

14. $u_L=314\sin(314t+\frac{\pi}{2})$ V 157var

15. 充电　放电
16. 容抗
17. 无限大
18. 零

三、选择题

1. B　2. D　3. C　4. A　5. A　6. B　7. A　8. C　9. C　10. D

四、计算题

1. (1) $I_R = 1A$　(2) $i_R = \sqrt{2}\sin(\omega t - 30°)$ A　(3) $P_R = 100W$

2. (1) $X_L = 314\Omega$　(2) $I_L = 0.7A$　(3) $i_L = 0.7\sqrt{2}\sin(314t - 135°)$ A　(4) $Q_L = 154var$

3. (1) $X_C = 100\Omega$　(2) $I_C = 2.2A$　(3) $i_C = 2.2\sqrt{2}\sin(100\pi t + 60°)$ A　(4) $P_C = 0$　$Q_C = 484var$

3.3　串联交流电路

一、是非题

1. ×　2. ×　3. ×　4. √　5. ×　6. √

二、填空题

1. 灯管　启辉器　镇流器　产生瞬时高电压使灯管点燃　降压限流
2. 储能　耗能
3. 减小　增大　减小
4. 50 V　86.6 V　500 W　866 var
5. U_L　U
6. U_R　U
7. $I = \dfrac{U}{Z}$　u 比 i 滞后 φ　$UI\cos\varphi$　$UI\sin\varphi$
8. $\cos\varphi = \dfrac{P}{S}$　并联电容器

三、选择题

1. D　2. B　3. C　4. B　5. A　6. D

四、计算题

1. $Z = \sqrt{R^2 + X_L^2} \approx 600\Omega$

$I = \dfrac{U}{Z} = \dfrac{220}{600} \approx 0.37A$

(2) $U_R = IR = 111$ V　$U_L = IX_L = 192$ V

(3) $P = I^2R \approx 41$ W　$Q = I^2X_L \approx 71$ var　$S = IU = 81.4$ V·A

2. $Z = \sqrt{R^2 + X_C^2} = 1000\Omega$

(1) $I = \dfrac{U}{Z} = \dfrac{220}{1000} = 0.22A$

(2) $U_R = IR = 132V$

(3) $U_C = IX_C = 196V$

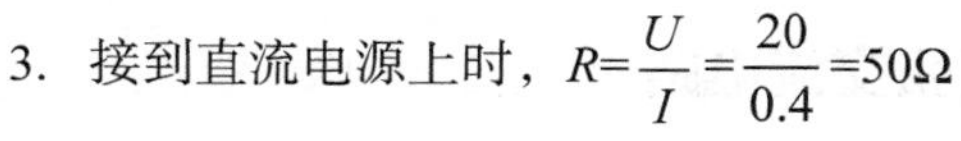

3. 接到直流电源上时，$R=\dfrac{U}{I}=\dfrac{20}{0.4}=50\Omega$

接到直流电源上时，$z=\dfrac{U}{I}=\dfrac{65}{0.5}=130\Omega$

$X_L=\sqrt{z^2-R^2}=\sqrt{130^2-50^2}=120\Omega$

$L=\dfrac{X_L}{2\pi f}=\dfrac{120}{2\times3.14\times150}=0.382\text{H}$

3.4 LC 谐振电路

一、判断题

1. √ 2. × 3. √ 4. × 5. √ 6. √

二、填空题

1. $X_L=X_C$ $f_0=\dfrac{1}{2\pi\sqrt{LC}}$

2. 电感 电容 电阻

3. 12V

4. 电容

5. 10V 10

三、选择题

1. B 2. C 3. A 4. A 5. C 6. D 7. B 8. A 9. A

四、计算题

1. 实际电容值 C 为

$$C=\frac{1}{2\pi fX_C}=\frac{1}{2\times3.14\times50\times60\times10^3}=0.053\mu\text{F}$$

在 20kHz 的交流信号作用下，电路发生谐振，根据谐振条件解出电感 L 为

$$L=\frac{1}{\omega^2X_C}=\frac{1}{(2\times3.14\times50)^2\times0.053\times10^{-6}}=1.2\text{mH}$$

2. 由于电容电流 I_C 超前电感电流 I_L 相位 180°，而电阻电流 I_R 滞后总电流 I，又超前 I_L 90°，所以电路中的总电流 I 为：

$$I^2=I_R^2+(I_L-I_C)^2$$

$$I=\sqrt{I_R^2+(I_L-I_C)^2}=\sqrt{40^2+(80-50)^2}=50\text{mA}$$

3. $U^2=U_R^2+(U_L-U_C)^2$

$$(U_L-U_C)^2=U^2-U_R^2=10^2-6^2=64$$

$U_C=6\text{V}$

4. $L=0.578\text{mH}$ $R=17\Omega$

第4章　三相正弦交流电路

4.1　三相正弦交流电源

一、判断题

1. √　2. ×　3. √　4. √　5. √　6. ×

二、填空题

1. 三相交流发电机　最大值　频率　120°
2. 末　首
3. 3根相线和1根中线　相电压　线电压　$\sqrt{3}$
4. 380V　220V
5. 0　220

三、选择题

1. C　2. B　3. C　4. A　5. D

四、计算题

1. $U_{相}=220V$　$U_{线}=380V$
2. 190V

4.2　三相负载的联结

一、判断题

1. ×　2. √　3. √　4. ×　5. ×　6. ×　7. ×　8. √　9. √

二、填空题

1. 星形接法　三角形接法　星型接法　三角形接法
2. 星形接法　三角形接
3. 3　3
4. 使不对称负载两端的电压保持对称
5. 0　5A
6. 线电压
7. $\sqrt{3}$倍
8. 低　高
9. 保险丝　闸刀开关　不平衡

三、选择题

1. A　2. B　3. D　4. C　5. B　6. B　7. A　8. C

四、计算题

1. 星形接法有$I_{线}=I_{相}$，故负载电流为$I_{线}=I_{相}=22A$
2. $I_{相}=2.73A$　$I_{线}=4.73A$
3. $P=23kW$
4. （1）各相的负载电流为

$$I_U = \frac{U_U}{R_U} = \frac{220}{10} = 22\text{A}$$

$$I_V = \frac{U_V}{R_V} = \frac{220}{20} = 11\text{A}$$

$$I_W = \frac{U_W}{R_W} = \frac{220}{40} = 5.5\text{A}$$

由于三相均为纯负载，因此各相电流的瞬时值表达式为

$$i_u = 22\sqrt{2}\sin\omega t\text{A}$$

$$i_v = 11\sqrt{2}\sin(\omega t - 120^\circ)\text{A}$$

$$i_w = 5.5\sqrt{2}\sin(\omega t + 120^\circ)\text{A}$$

零线电流 i_N 为：

$$\begin{aligned} i_N &= i_u + i_v + i_w \\ &= 22\sqrt{2}\sin\omega t + 11\sqrt{2}\sin(\omega t - 120^\circ) + 5.5\sqrt{2}\sin(\omega t + 120^\circ)\text{A} \end{aligned}$$

（2）当 U 相和零线断开后，$I_V = I_W = 6.3\text{A}$、$U_V = I_V R_V = 126.8\text{V}$、$U_W = I_W R_W = 253.6\text{V}$。

（3）U 相短路和零线又断开时，U 和 W 两相负载承受 380V 电压，$I_V = 19\text{A}$，$I_W = 9.5\text{A}$。

4.3 安全用电

一、判断题

1. × 2. × 3. √ 4. √ 5. ×

二、填空题

1. 保护接地
2. 保护接零
3. 电击 电伤
4. 36V
5. 机械损伤、电压过高击穿、绝缘老化击穿
6. 有易燃易爆危险
7. 拉闸断电、拨离带电体、拽触电者衣服脱离电源
8. 呼吸停止但有心跳

三、选择题

1. B 2. A 3. C 4. C 5. D

第 5 章 用电技术和常用低压电器

5.1 电力供电与节约用电

一、判断题

1. √ 2. × 3. × 4. √ 5. √

二、填空题

1. 水力 火力 核能 风力 太阳
2. 管理节电 结构节电 技术节电

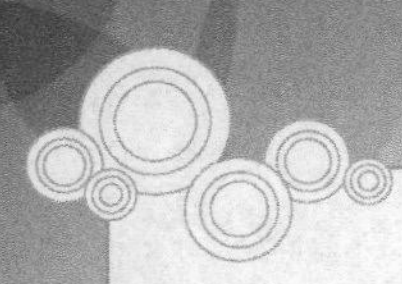

3. 将电能分配给多个负载使用
4. 能源　环境
5. 改造或更新用电设备，推广节能新产品　新技术和新工艺　电气设备　管理和考核

三、选择题

1. B　2. C　3. B　4. C　5. D　6. A

5.2 变压器

一、判断题

1. √　2. ×　3. ×　4. √　5. ×　6. √　7. ×　8. √

二、填空题

1. 自耦变压器　双绕组变压器　三绕组变压器　多绕组变压器
2. 电磁感应　变电压　变电流　变阻抗
3. 24V　0.0545A
4. 100V　200Ω
5. 2420　不能
6. 216
7. 单相变压器 三相变压器

三、选择题

1. D　2. C　3. B　4. B　5. C　6. A　7. D　8. C

四、计算题

1. 一次绕组匝数 $N_1=\frac{U_1}{U_2}N_2=\frac{380}{100}\times 50=190$ 匝

2. $n=\frac{U_1}{U_2}=\frac{220}{110}=2$

   $z_1=n^2 z_2=2^2\times 60=240\Omega$

3. 选用变压器匝数比 $n=\sqrt{\frac{z_1}{z_2}}=\sqrt{\frac{100}{4}}=5$

5.3 照明灯具的选用及安装

一、是非题

1. √　2. √　3. ×　4. ×　5. ×

二、填空题

1. 零线　相线
2. 白炽灯
3. 耐热　阻燃
4. 白炽灯　开关　灯座
5. 固定灯泡　供给电源
6. 螺口　插口
7. 悬吊式　吸顶式　壁挂式

三、选择题

1. B 2. A 3. A 4. D 5. B

5.4 常用低压电器

一、判断题

1. × 2. × 3. √ 4. √ 5. × 6. √ 7. √ 8. √ 9. √ 10. √ 11. √ 12. √ 13. × 14. × 15. × 16. √ 17. √ 18. √ 19. × 20. √

二、填空题

1. 低压开关　熔断器　主令电器　交流接触器　继电器
2. 刀开关　熔断器
3. 刀开关　熔断器　操作机构　外壳
4. 弹簧速动　联锁装置
5. 组合开关　380　220
6. 过电流　电流　熔断熔体
7. 可迅速降温，熄灭电弧
8. 短路电流大的电路　有易燃气体
9. 快速动作型　熔断管　触点底座　动作指示器　熔体　半导体器件
10. 额定电流
11. 按钮帽　复位弹簧　桥式动触点　静触点　外壳
12. 红　绿
13. 电磁式　远　频繁

三、选择题

1. A 2. A 3. D 4. C 5. A 6. D 7. B 8. D

第6章　电动机及基本控制电路

6.1 交流异步电动机

一、判断题

1. × 2. × 3. × 4. √ 5. √ 6. √

二、填空题

1. 定子　转子
2. 星形接法　三角形接法
3. 转差　同步转速
4. 下降　增大
5. 旋转　脉动

三、选择题

1. D 2. B 3. C 4. B 5. C 6. A 7. A

四、计算题

1. 依题意可知磁极对数 $p=3$

由同步转速公式可得

$$n_1=\frac{60f_1}{p}=\frac{60\times50}{3}=1000\text{r/min}$$

2. 依题意可知磁极对数 $p=2$

由同步转速公式可得

$$n_1=\frac{60f_1}{p}=\frac{60\times50}{2}=1500\text{r/min}$$

由转差率公式可求得

$$S=\frac{n_1-n}{n_1}\times100\%=\frac{1500-1430}{1500}\times100\%=4.7\%$$

3. 依题意可知磁极对数 $p=2$

由同步转速公式和转差率公式可得

$$n=\frac{60f_1}{p}（1-S）$$

当 $S=0.5\%$时，$n=\frac{60\times50}{2}\times（1-0.5\%）=1492.5\text{r/min}$

当 $S=4\%$时，$n=\frac{60\times50}{2}\times（1-4\%）=1440\text{r/min}$

由此，转速 n 的变化范围为 1492.5r/min～1440r/min

4. 已知 $P_N=4.5\text{kW}$，$n_N=1440\ \text{r/min}$，

根据额定转矩公式得：

$$T_N=9550\frac{P_N}{n_N}=9550\times\frac{4.5}{1440}=29.84\text{N·m}$$

$\because$ 启动能力 $=\frac{启动转矩T_{st}}{额定转矩T_N}=1.4$，过载能力 $=\frac{最大转矩T_m}{额定转矩T_N}=2.0$

$\therefore$ $T_{st}=1.4\ T_N=1.4\times29.84=41.78\text{N·m}$

$$T_m=2.0\ T_N=2.0\times29.84=59.68\text{N·m}$$

6.2 三相异步电动机基本控制电路

一、判断题

1. × 2. × 3. × 4. √ 5. √ 6. ×

二、填空题

1. 7.5kW
2. 符号 箭头
3. 短路 过载
4. 停止
5. 串联电阻 星形-三角形 自耦变压器 延边三角形

三、选择题

1. B 2. A 3. C 4. B 5. C

四、分析题

1. 合上电源开关 QS；

启动：按下启动按钮 SB12（或 SB22）→KM 线圈得电 → KM 主触点闭合、KM 自锁触点闭合自锁 → 电动机 M 启动运转

停止：按下停止按钮 SB11（或 SB21）→KM 线圈失电 → KM 主触点断开、KM 自锁触点断开解锁 → 电动机 M 停转

2. 合上电源开关 QS；

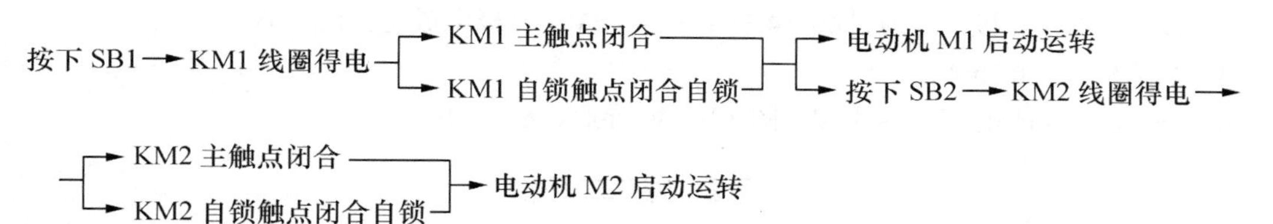

3. 既能实现点动控制又能实现连续运转控制电路如图 A6.1 所示。

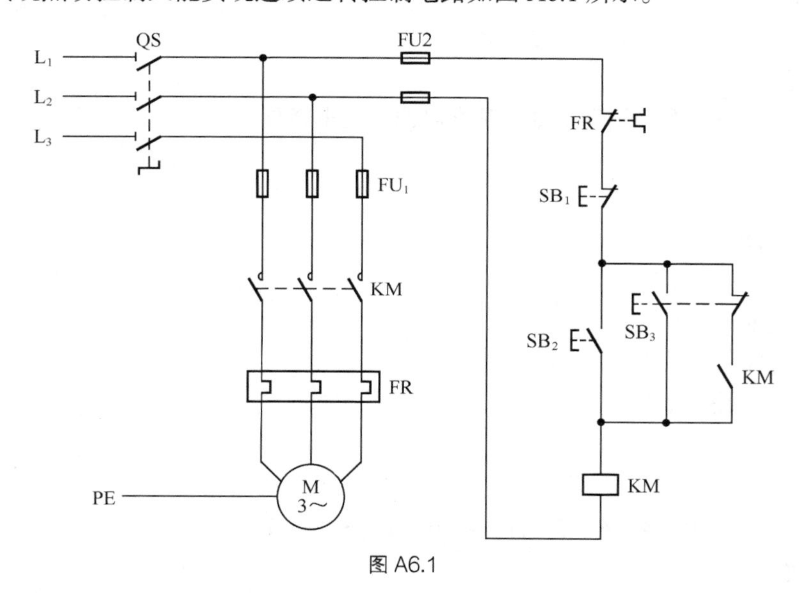

图 A6.1

第 7 章　常用半导体器件

7.1　晶体二极管

一、判断题

1. ×　2. ×　3. √　4. √　5. √　6. ×　7. ×　8. √　9. ×　10. ×

二、填空题

1. 导体　绝缘体
2. 3 价
3. PN 结
4. 正极　负极

5. V　D
6. 偏置
7. 单向导电性　最大整流电流　最高反向工作电压　反向饱和电流　最高工作频率
8. 锗　硅

三、选择题

1. B　2. C　3. B　4. A　5. A　6. B　7. C　8. D　9. B

四、计算题

1. $I_D = 0mA$，$U_D = 10V$
2. $U_A = +5V$，二极管导通，$U_B = 4.3V$；$U_A = -5V$，二极管截止，$U_B = 0V$
3. $U_R = 6.3V$，6.3mA
4. 图（a）V_1 截止，$U_{AB} = 12V$；图（b）V_2 导通，$U_{AB} = 14.3V$

7.2　特殊二极管

一、判断题

1. √　2. ×　3. ×　4. √　5. ×

二、填空题

1. 稳定电压　恒压源　辅助电源　基准电源　电平转移
2. 反向击穿电压
3. 正　负
4. 电能　光能
5. 正　负
6. 光能　电能
7. 0.7V　7.5V
8. 几至几十　1.5～2.5
9. 光电流

三、选择题

1. D　2. C　3. D　4. A　5. D　6. B　7. B　8. D

四、计算题

1. 图（a）$U_2 = 7V$　图（b）$U_2 = 0.7V$
2. R 的取值范围是 233～700Ω

7.3　晶体三极管

一、判断题

1. √　2. ×　3. √　4. ×　5. ×　6. √　7. √

二、填空题

1. 发射极　基极　集电极
2. 硅　锗
3. NPN 型　PNP 型
4. 发射结加正偏压　集电结加反向偏压

5. i_C
6. 共发射极交流电流放大系数
7. $\frac{i_c}{i_b}$ 或 $\frac{\Delta I_c}{\Delta I_B}$
8. 集电　基　发射
9. 共集电极 共基极

三、选择题

1. A　2. A　3. B　4. D　5. C　6. B　7. D　8. B

四、计算题

1. （1）$I_C=4.8mA$

（2）$\overline{\beta}=24$

2. $I_C=1.18mA$　$I_E=1.2mA$
3. $\beta=80$

7.4 晶 闸 管

一、是非题

1. ×　2. ×　3. √　4. √　5. ×

二、填空题

1. 可控整流　交流调压　无触点电子开关　逆变及变频
2. 阳极 a　阴极 k　控制极 g
3. 散热片
4. 晶闸管阳极与阴极间接正向电压　控制极与阴极之间也接正向电压
5. 阳极电压降低到足够小　加瞬间反向阳极电压
6. 正向阻断　触发导通　反向阻断

三、选择题

1. C　2. A　3. B　4. C　5. D

第 8 章　直流稳压电源

8.1 整 流 电 路

一、判断题

1. ×　2. √　3. √　4. ×　5. √　6. ×

二、填空题

1. 半波整流　桥式整流
2. 整流二极管　电源变压器　用电负载
3. 220V 交流市电　合适的交流电压
4. 全波脉动
5. 单向导电

6. 零　无穷大
7. 12.7V
8. 较高　较大　较高　小

三、选择题

1. B　2. A　3. C　4. C　5. B　6. C　7. D　8. B

四、计算题

1. $U_L=9U$，$U_{RM}\geqslant 14V$，$I_{FM}=90mA$
2. （1）$U_2=22.2V$，（2）$U_{RM}\geqslant 31.3V$，$I_{FM}=1A$

8.2　滤 波 电 路

一、判断题

1. ×　2. ×　3. √　4. √　5. √　6. ×　7. √　8. √

二、填空题

1. 滤波
2. 电容器　电感器
3. 漏电流　温度　爆裂
4. 电感　电容
5. 大　大
6. 输出电压脉动大

三、选择题

1. D　2. B　3. A　4. B　5. D

四、计算题

1. （1）$u_o=12V$

（2）滤波电容开路

（3）滤波电容开路，同时一只二极管断路，电路处于半波整流状态

2. $u_2=12.5V$

8.3　稳 压 电 路

一、是非题

1. ×　2. ×　3. √　4. ×　5. ×　6. ×

二、填空题

1. 输入电压　负载变化　稳压
2. 并联型稳压电路　串联型稳压电路
3. 并联
4. 降低　降低　减小　减小　减小
5. 小　不够好　要求不高的小电流
6. 输入端　公共端　输出端
7. 调整端　输出端　输入端

三、选择题

1. D　2. B　3. A　4. C　5. A　6. B　7. B

第 9 章　放大电路与集成运算放大器

9.1　基本放大电路

一、判断题

1. √　2. ×　3. ×　4. √　5. ×　6. ×　7. √　8. ×　9. √　10. ×　11. √　12. √　13. ×　14. √　15. ×　16. √

二、填空题

1. 将输入的微弱电信号放大成幅度足够大的输出信号
2. 放大输出波形失真
3. 交流信号输入时，电路中的电压、电流都不变化
4. 为电路提供工作电压和电流　为输出信号提供能量
5. 电流放大　基极偏置　基极电流 I_B　集电极负载　电压的变化量　耦合电容　隔直通交
6. 偏置
7. 共发射极放大电路　共集电极放大电路　共基极放大电路
8. 共发射极
9. 偏大　负　饱和
10. 偏小　正　截止
11. 放大倍数　输入电阻　输出电阻
12. 电压增益　$G_u = 20\lg A_u$
13. 大
14. 静态工作点　放大倍数　输入电阻　输出电阻
15. 耦合
16. 阻容耦合　变压器耦合　直接耦合

三、选择题

1. D　2. B　3. A　4. A　5. A　6. C　7. B　8. D　9. B　10. D　11. A　12. C

四、计算题

1.（1）直流通路

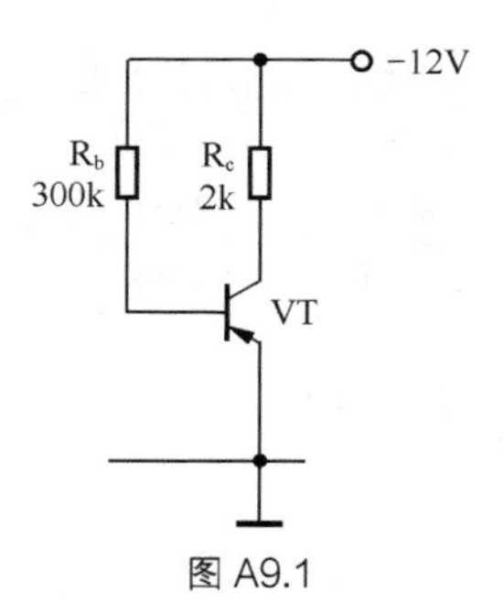

图 A9.1

（2）$I_{BQ} = 40\mu A$　$I_{CQ} = 4mA$　$U_{CEQ} = -4V$

（3）交流通路：

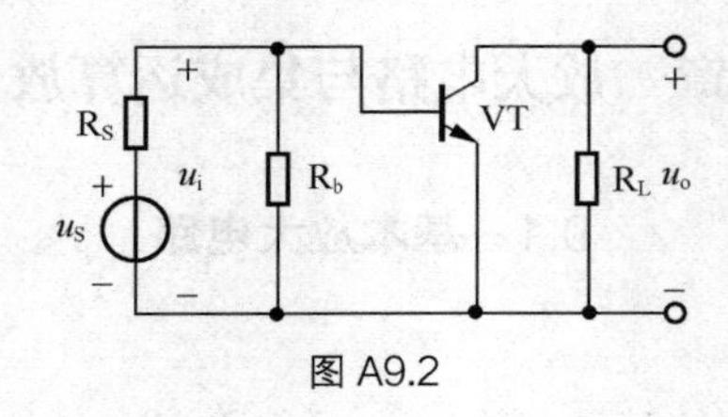

图 A9.2

（4）$A_u=-155$　$r_i=0.85k\Omega$　$r_o=2k\Omega$

（5）$R_b=200\ k\Omega$

（6）此为 PNP 型的晶体管，图（b）中所出现的失真为截止失真。调小偏置电阻 R_b，I_B 将增大，可消除失真。

2.（1）$I_{EQ}=3.3mA$　$I_{BQ}=66\mu A$　$U_{CEQ}=2.1V$

（2）$A_u=-142.5$　$r_i=0.7k\Omega$　$r_o=2k\Omega$

（3）$A_u=-71$

9.2　集成运算放大器

一、判断题

1. ×　2. √　3. √　4. √　5. ×

二、填空题

1. 输入级　中间级　输出级　偏置电路
2. 同相　反相
3. $A_{DC}=\infty$　$r_i=\infty$　$r_o=0$　$BW=\infty$
4. 反相输入端电位　零
5. 反相放大器　同相放大器
6. 加强对电源的滤波　调整电路板的布线结构　避免电路接线过长

三、选择题

1. C　2. A　3. B　4. C　5. D

四、计算题

1. 反相放大器的输出电压 $u_O=-\dfrac{R_f}{R_1}u_I$，根据该式可得

$$R_1=-R_f\frac{u_I}{u_O}=100\times\frac{0.1\ V}{5\ V}=2\ k\Omega$$

$$R_2=\frac{R_1R_f}{R_1+R_f}=\frac{2\times100}{2+100}=1.96k\Omega$$

2. $U_O=\left(1+\dfrac{R_f}{R_1}\right)U_I=\left(1+\dfrac{100}{1}\right)\times100=10.1V$

3.（1）$A_{uf}=-\dfrac{R_f}{R_1}=-\dfrac{100}{10}=-10$

（2）$u_O=A_{uf}u_I=(-10)\times(-1)=10\ V$

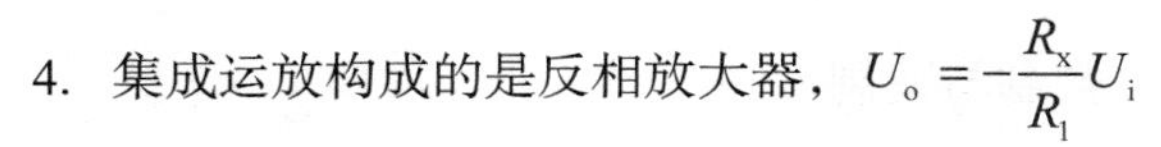

4. 集成运放构成的是反相放大器，$U_o = -\frac{R_x}{R_1}U_i$

因此 $R_x = \left|\frac{U_o}{U_i}\right| R_1 = \frac{5}{10} \times 100 = 50\ \text{k}\Omega$

9.3　放大电路中的负反馈

一、是非题

1. √　2. ×　3. √　4. √　5. ×　6. √　7. ×　8. ×

二、填空题

1. 输出信号　输入端　输入信号
2. 输入　输出
3. 负反馈　正反馈
4. 瞬时极性法
5. 静态工作点　放大倍数
6. 串联负反馈　电流负反馈　电压负反馈
7. 降低　提高　减小　展宽

三、选择题

1. C　2. B　3. D　4. A　5. C

四、分析题

图（a）R_2 为电压串联负反馈，图（b）R_3、R_4 为电压并联负反馈

五、计算题

$A_u = 60$　$A_{uf} = 20$　$F = 0.033$

第 10 章　数字电路基础知识

10.1　脉冲与数字信号

一、判断题

1. √　2. ×　3. ×　4. ×　5. ×　6. √

二、填空题

1. 电压　电流
2. 矩形波　锯齿波　尖脉冲　阶梯波
3. 脉冲幅度　脉冲上升时间　脉冲下降时间　脉冲宽度　脉冲周期
4. 时间　数值
5. 秒（s）　毫秒（ms）　微秒（μs）
6. 0.1　0.9
7. 1V　0.5μs　0.9μs　2.3μs　200kHz

三、选择题

1. B　2. A　3. A　4. B　5. C　6. D　7. C

10.2 数制与码制

一、判断题

1. × 2. × 3. √ 4. √ 5. × 6. √

二、填空题

1. 1 0 逢二进一 借一当二

2 $(11110)_2$ $(1E)_{16}$

3. $(53)_{10}$ $(01010011)_{8421}$

4. $(34)_{10}$ $(100010)_2$

5. $(246)_{10}$

三、选择题

1. C 2. A 3. C 4. A 5. C 6. D

10.3 逻辑门电路

一、判断题

1. × 2. × 3. √ 4. × 5. √ 6. √

二、填空题

1. 快 较强 低 大
2. 低功耗肖特基
3. P 型和 N 型绝缘栅场效应管
4. +5.5V −0.5V
5. 与门 非门
6. 0 0 1 1
7. 悬空 地 正电源

三、选择题

1. D 2. C 3. A 4. B 5. B 6. C 7. B 8. D

四、分析题

1. (a) $F=A+BC$ (b) $F=(B+C)A$

2. $Y_1=\overline{AB}$ $Y_2=\overline{A+B}$

Y_1、Y_2 输出波形图如图 A10.1 所示。

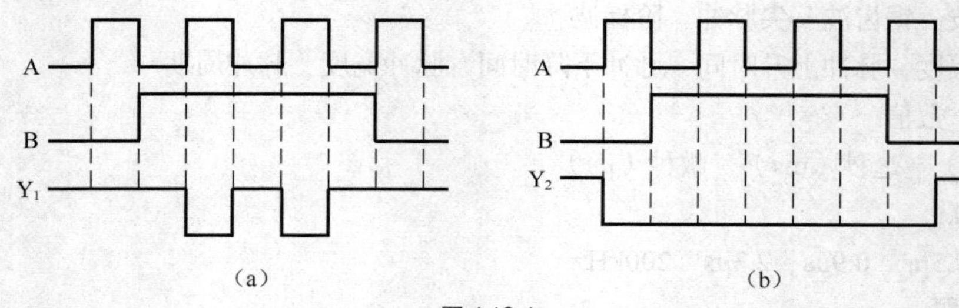

图 A10.1

3. 真值表如表 A10.1 所示。

表 A10.1　　$Y=A\bar{B}$ 真值表

A	B	Y
0	0	0
0	1	0
1	0	1
1	1	0

第 11 章　组合逻辑电路与时序逻辑电路

11.1　组合逻辑电路

一、判断题

1. √　2. ×　3. ×　4. √　5. ×　6. ×　7. √　8. √　9. ×　10. ×　11. ×　12. ×　13. ×　14. √　15. √

二、填空题

1. 与门　或门　与非门　或非门
2. 组合逻辑电路　时序逻辑电路
3. 记忆　输入状态　电路状态
4. 译码器　编码器
5. 逻辑函数表达式　化简逻辑函数表达式　真值表　电路所完成的逻辑功能
6. 完成编码操作
7. 被编码的信号　相对应的代码
8. 十进制的数字 0～9　BCD 代码
9. 同时输入　优先级别最高
10. 16　6
11. 编码
12. 二进制码　与二进制码对应的信息
13. 8　1
14. BCD 码
15. 1　0　0
16. 3

三、选择题

1. D　2. B　3. C　4. A　5. B　6. A　7. A　8. C　9. C　10. D　11. C　12. D　13. C　14. A　15. A　16. B　17. B

11.2　触　发　器

一、判断题

1. √　2. √　3. √　4. √　5. ×　6. ×　7. √　8. √　9. ×　10. ×　11. ×　12. √　13. ×　14. √　15. ×　16. √　17. √　18. ×

二、填空题

1. $\overline{R}=\overline{S}=0$
2. 置1　置0　保持
3. 两个与非门
4. 输出　节拍
5. 基本RS触发器
6. $\overline{S}$　$\overline{R}$　Q　$\overline{Q}$
7. 时钟脉冲CP
8. J　K　Q　$\overline{Q}$
9. 置0
10. 置1
11. 0　0
12. 翻转
13. 1　1
14. 置0　置1
15. D　$\overline{S}_D$　$\overline{R}_D$　Q　$\overline{Q}$
16. 置0
17. 置1
18. 高　低
19. 非门

三、选择题

1. A　2. C　3. B　4. C　5. D　6. B　7. B　8. A　9. D　10. B　11. D　12C　13. B　14. A

四、作图题

1. 同步RS触发器的初始状态Q＝0，输出端Q和$\overline{Q}$的波形如图A11.1所示。
2. 同步RS触发器的初始状态Q＝0，输出端Q和$\overline{Q}$的波形如图A11.2所示。

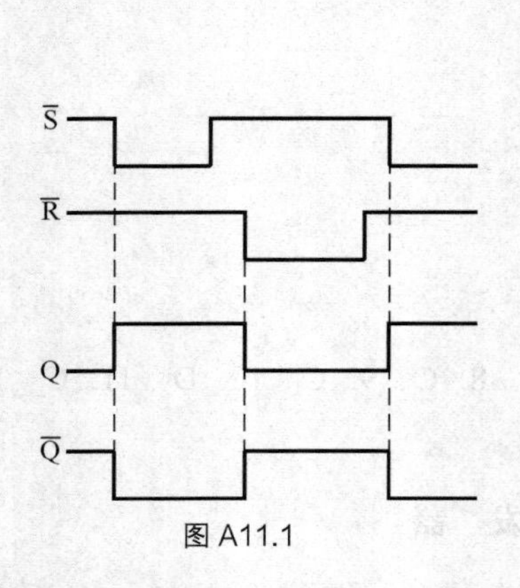

图A11.1

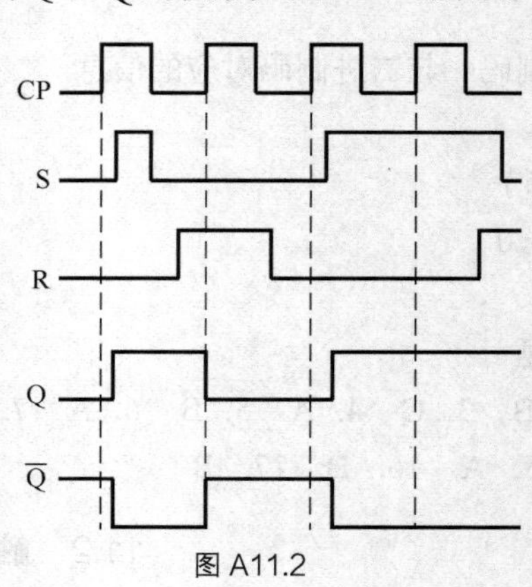

图A11.2

3. JK触发器的逻辑符号如图A11.3所示。
4. 触发器的输出端Q的波形如图A11.4所示。
5. 将JK触发器连接成D触发器的电路图如图A11.5所示。

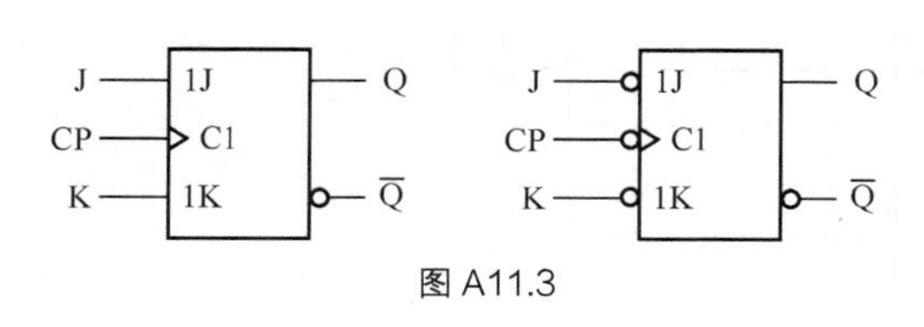

图 A11.3

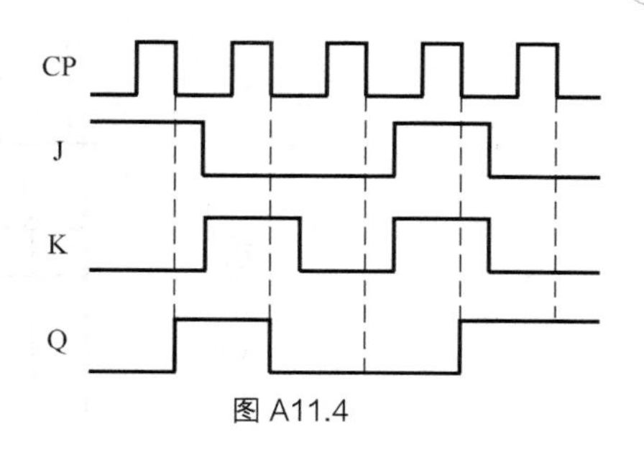

图 A11.4

6. D 触发器的输出端 Q 的波形如图 A11.6 所示。

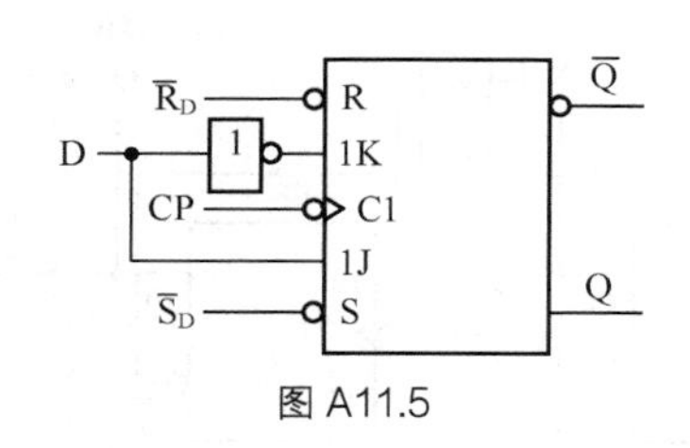

图 A11.5

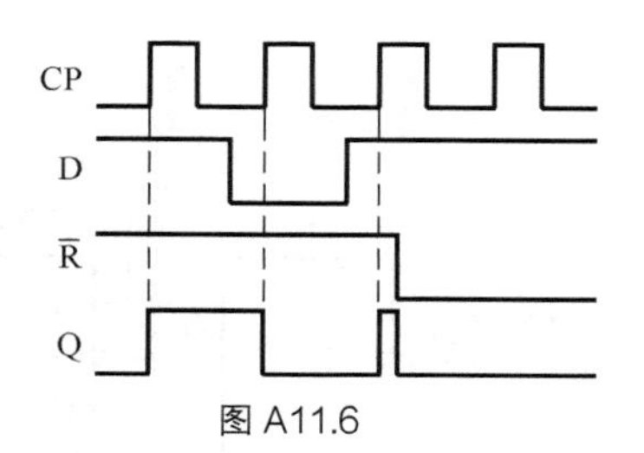

图 A11.6

11.3　时序逻辑电路

一、是非题

1. √　2. √　3. √　4. ×　5. ×　6. √　7. ×　8. ×　9. √　10. √　11. √

二、填空题

1. 存储数码和信息

2. 双拍　单拍

3. 触发器　门电路

4. 单向　双向

5. 3　3

6. 计数器

7. 触发器　门电路

8. 4　16

9. 加法

10. 减法

11. 1010　1111

三、选择题

1. C　2. D　3. B　4. B　5. D　6. B　7. D　8. C　9. C　10. B

四、作图题

1. 3 位单拍接收式数码寄存器如图 A11.7 所示。

2. 异步十进制加法计数器如图 A11.8 所示。

3. 为移位寄存器，画出的工作波形见图 A11.9 所示。

4. 各触发器的时钟 $CP_0=CP$，$CP_1=Q_0$，CP 下跳沿到达时，触发器翻转。显然，电路实现了 2 位二进制异步加法计数器的功能，图 A11.10 是其工作波形图。

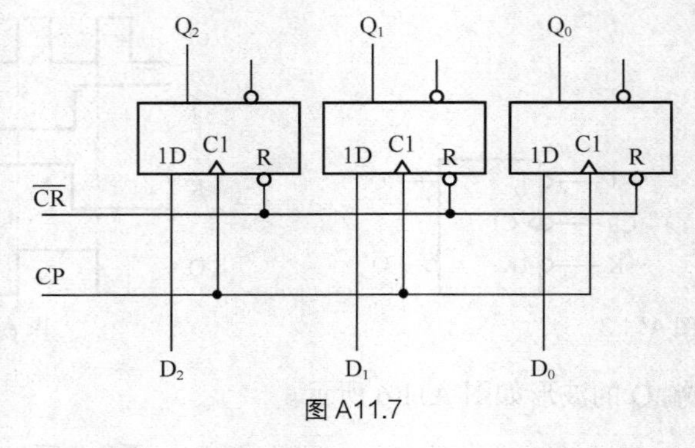

图 A11.7

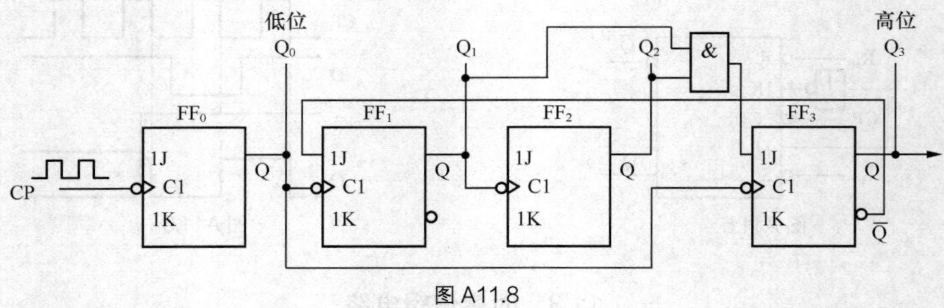

图 A11.8

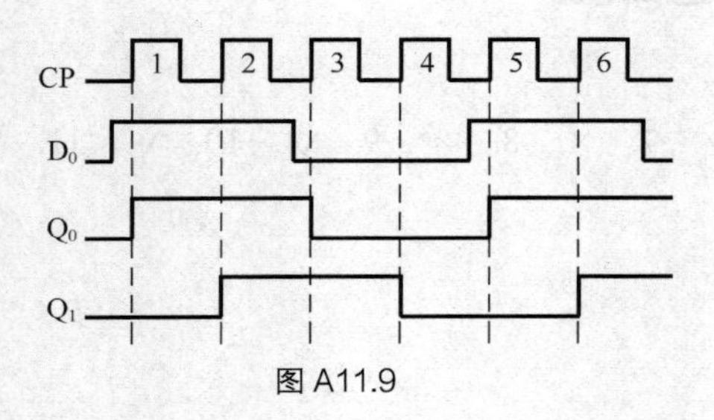

图 A11.9

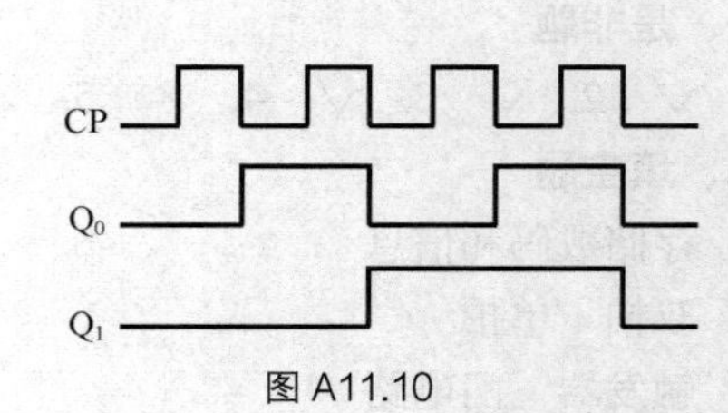

图 A11.10